Training Grundwissen

1 Wiederholung Grundlagen

1 a) $3x - 7$

b) $4x + 18$

c) $\frac{x}{2} - 6$ oder $0{,}5x - 6$

---

2 a) $x \cdot (x + 4)$

b) $(x + 4) + x + (x + 4) + x = 4x + 8$

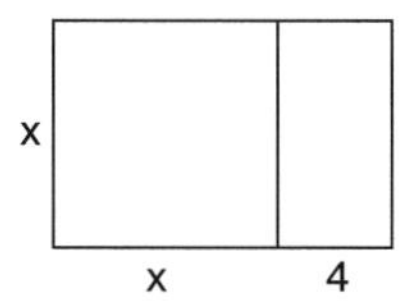

---

3 Ganzer Kreis: $\pi \cdot r^2$

Viertelkreis: $\frac{\pi \cdot r^2}{4}$ oder $\frac{1}{4} \cdot \pi \cdot r^2$

---

4 a) $\frac{3{,}2 \cdot 2^2}{0{,}2 \cdot 4{,}1} = \frac{12{,}8}{0{,}82} = 15{,}609\ldots$ Gerundet auf Hundertstel: 15,61

b) $10 + 5{,}25 - 30{,}5 = -15{,}25$ Punkt- vor Strichrechnung

---

5 Fläche des rechtwinkligen Dreiecks + Fläche des Rechtecks:

$\frac{a \cdot h}{2} + x \cdot h$

---

6 a) $14 - 28x - 54 + x - 2 = -28x + x + 14 - 54 - 2 = -27x - 42$

b) $-a + b + 46 + 44a - 15b - 7 = -a + 44a + b - 15b + 46 - 7 = 43a - 14b + 39$

c) $-16 + 1{,}6x + 8{,}2 - 1{,}5x - 6{,}4 = 1{,}6x - 1{,}5x - 16 + 8{,}2 - 6{,}4 = 0{,}1x - 14{,}2$

d) $\frac{1}{4}x + 2\frac{1}{4} - 2\frac{1}{4}x = \frac{1}{4}x - 2\frac{1}{4}x + 2\frac{1}{4} = -2x + 2\frac{1}{4}$

---

7 a) $a + a + a = 3a$

b) $1 + x + 2x + 2 + 2x + 1 + 2 + x = 6x + 6$

---

8 a) $-3x - (4x + 2) + (3 - 5x) = -3x - 4x - 2 + 3 - 5x = -12x + 1$

b) $-(4{,}5a - 3{,}5b) - (3{,}5b + 4{,}5a) = -4{,}5a + 3{,}5b - 3{,}5b - 4{,}5a = -9a$

c) $(4x + 2{,}5) - (1 - x) - (x + 1) = 4x + 2{,}5 - 1 + x - x - 1 = 4x + 0{,}5$

---

9 a) $16 + 3a - (15 + 2a) = 16 + 3a - 15 - 2a = a + 1$

b) $-(16 + 3a - 15) + 2a = -16 - 3a + 15 + 2a = -a - 1$

c) $-16 - (-3a - 15 + 2a) = -16 + 3a + 15 - 2a = a - 1$

d) $-(16 - 3a) + (15 - 2a) = -16 + 3a + 15 - 2a = a - 1$

Nur die Terme c und d sind gleich.

10 Rechne bequem! Löse zuerst die Klammern auf und fasse zusammen:
$-2x-(7{,}4y-6x+10)+(4x-2{,}6y)=-2x-7{,}4y+6x-10+4x-2{,}6y=8x-10y-10$

Setze dann die Werte $x=2$ und $y=-1{,}5$ ein:
$8\cdot 2-10\cdot(-1{,}5)-10=16+15-10=21$

11
a) $(4-2x)+5(x-3)=4-2x+5x-15=3x-11$
b) $3(4a-5)-3a-6(a-2)=12a-15-3a-6a+12=3a-3$
c) $5x-(3+4x)\cdot 2=5x-6-8x=-3x-6$
d) $(4x+5)(4x-5)-2x(8x-10)=16x^2-25-16x^2+20x=20x-25$

---

12 Löse die Klammern auf und fasse zusammen:

$(x-10)^2+x(x-20)$
$=x^2-20x+100+x^2-20x$
$=2x^2-40x+100$

$(x+10)^2-x(x+20)$
$=x^2+20x+100-x^2-20x$
$=100$

$(x+10)^2-x(x-20)$
$=x^2+20x+100-x^2+20x$
$=40x+100$

☐ $(x-10)^2+x(x-20)$ ☒ $(x+10)^2-x(x+20)$ ☐ $(x+10)^2-x(x-20)$

13
a) $14x^2-8x=2x\cdot(7x-4)$
b) $10a+20b+30=10\cdot(a+2b+3)$
c) $9x^2-25=(3x+5)\cdot(3x-5)$ (3. binomische Formel)
d) $2{,}5a+3{,}5b+5=5\cdot(0{,}5a+0{,}7b+1)$ **oder** $0{,}5\cdot(5a+7b+10)$

14
a) $28x+49y=\mathbf{7}(4x+7y)$
b) $22xy+33x^2=\mathbf{11x}(2y+3x)$
c) $a^2+16a+64=(\mathbf{a}+\mathbf{8})^2$
d) $25-75a=\mathbf{25}(1-\mathbf{3a})$
e) $-12x^2+24xy-60x=\mathbf{-6x}(2x-4y+10)$
f) $81x^2-\mathbf{36x}+\mathbf{4}=(\mathbf{9x}-2)^2$

15
a)
$4x+5=9x-5 \quad |-5$
$4x=9x-10 \quad |-9x$
$-5x=-10 \quad |:(-5)$
$x=2$

b)
$10x-12+x=24-x \quad |+12$
$11x=36-x \quad |+x$
$12x=36 \quad |:12$
$x=3$

c)
$4-(8x+18)=10$
$4-8x-18=10$
$-8x-14=10 \quad |+14$
$-8x=24 \quad |:(-8)$
$x=-3$

d)
$5(2x+3)=4(x+3)$
$10x+15=4x+12 \quad |-15$
$10x=4x-3 \quad |-4x$
$6x=-3 \quad |:6$
$x=-0{,}5$

e)
$6(2x-3)-9(x-5)=0$
$12x-18-9x+45=0$
$3x+27=0 \quad |-27$
$3x=-27 \quad |:3$
$x=-9$

f)
$\frac{3}{4}x=\frac{15}{8} \quad \left|:\frac{3}{4}\right.$ oder $\cdot\frac{4}{3}$
$x=\frac{15\cdot 4}{8\cdot 3}$
$x=\frac{5}{2}$

2024

MSA · eBBR

Original-Prüfungen und Training

Berlin · Brandenburg

Mathematik

LÖSUNGEN

STARK

Bildnachweis

S. 64: © Sergey Peterman/Dreamstime.com

19. ergänzte Auflage
www.stark-verlag.de

Inhalt

Training Grundwissen

Original-Abschlussprüfung

Sobald die Original-Prüfungsaufgaben 2023 freigegeben sind, kannst du die Lösungen als PDF auf der Plattform MyStark herunterladen. Den Zugangscode findest du auf der Umschlaginnenseite.

Vorwort

Liebe Schülerin, lieber Schüler,

dies ist das Lösungsheft zu dem Band **Original-Prüfungen und Training MSA/eBBR 2024** (Best.-Nr.: D11100). Es enthält zu allen Aufgaben von unserem Autorenteam ausgearbeitete Lösungen, die jeden Rechenschritt ausführlich erklären. Dabei wird besonderer Wert auf die Lösungsansätze und Vorüberlegungen gelegt. Zur Veranschaulichung und zum besseren Verständnis der Lösungen helfen dir zahlreiche Skizzen.

Versuche stets, jede Aufgabe zunächst selbstständig zu lösen, und dann deine Lösung mit den Lösungen im Buch zu vergleichen. Nur was du dir selbst erarbeitet hast, bleibt im Gedächtnis und du lernst dazu. Halte dich deswegen konsequent daran, jede Aufgabe zunächst selbst zu rechnen. Hast du eine Aufgabe nicht richtig gelöst, ist es ganz wichtig, diese zu einem späteren Zeitpunkt noch einmal durchzurechnen.

Durch das Üben wirst du dich sicher fühlen und kannst beruhigt in die Prüfung gehen.

Wir wünschen dir viel Erfolg!

Autorinnen und Autor:
Heike Ohrt, Doris Cremer, Dietmar Steiner

g) $(1-x)(3-x) = (x-1)(x+1)$

$$\begin{aligned} 3-x-3x+x^2 &= x^2-1 && \mid -x^2 \\ 3-4x &= -1 && \mid -3 \\ -4x &= -4 && \mid :(-4) \\ x &= 1 \end{aligned}$$

---

16 Lösen der vorgegebenen Gleichungen:

$$\begin{aligned} 3y-5 &= 13 && \mid +5 \\ 3y &= 18 && \mid :3 \\ y &= 6 \end{aligned}$$

$$\begin{aligned} -12 &= 4-2y && \mid -4 \\ -16 &= -2y && \mid :(-2) \\ y &= 8 \end{aligned}$$

$$\begin{aligned} 10-2y &= 4-y && \mid +y-10 \\ -y &= -6 && \mid :(-1) \\ y &= 6 \end{aligned}$$

$$\begin{aligned} 4y+12 &= -12 && \mid -12 \\ 4y &= -24 && \mid :4 \\ y &= -6 \end{aligned}$$

Damit gilt:

☐ $3y-5=13$ ☐ $-12=4-2y$ ☐ $10-2y=4-y$ ☒ $4y+12=-12$

---

17 Hiescham sollte die Gleichung lösen.

$$\begin{aligned} 15-3(8x+6) &= 2(4-12x) && \mid \text{Klammern auflösen} \\ 15-24x-18 &= 8-24x \\ -24x-3 &= 8-24x && \mid +24x \\ -3 &\neq 8 \end{aligned}$$

Es gibt keine Zahl, die diese Gleichung erfüllt.

---

18 Zerlegen der Fläche in zwei rechteckige Teilflächen:

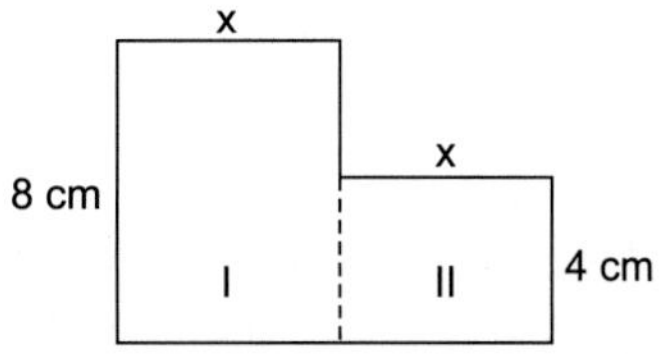

$A = A_I + A_{II}$

$$\left.\begin{aligned} A &= 60\text{ cm}^2 \\ A_I &= 8\text{ cm}\cdot x \\ A_{II} &= 4\text{ cm}\cdot x \end{aligned}\right\} \text{In die obige Gleichung einsetzen:}$$

$$\begin{aligned} 60 &= 8\cdot x + 4\cdot x && \text{Zusammenfassen} \\ 60 &= (8+4)\cdot x \\ 60 &= 12\cdot x && \mid :12 \\ 5 &= x \end{aligned}$$

Die Seite x ist 5 cm lang.

19

Gesuchte Zahl:	x
Zahl multipliziert mit 6:	$6x$
Doppelte der Zahl:	$2x$

Gleichung:

$6x+24=2x$

Damit gilt:

☐ $(6+x)\cdot 24=2x$ ☐ $6x+24=2\cdot 6x$ ☒ $6x+24=2x$ ☐ $6(x+24)=2x$

20

Länge der mittleren Seite:	x
Länge der längsten Seite:	$x+3{,}2$
Länge der kürzesten Seite:	$x-2{,}9$

Gleichung:

$$\begin{aligned} x+x+3{,}2+x-2{,}9 &= 28{,}5 && \mid \text{Zusammenfassen} \\ 3x+0{,}3 &= 28{,}5 && \mid -0{,}3 \\ 3x &= 28{,}2 && \mid :3 \\ x &= 9{,}4 \end{aligned}$$

Probe am Text:
Länge der mittleren Seite: 9,4
Länge der längsten Seite: $9{,}4 + 3{,}2 = 12{,}6$
Länge der kürzesten Seite: $9{,}4 - 2{,}9 = 6{,}5$
Umfang: $9{,}4\text{ cm} + 12{,}6\text{ cm} + 6{,}5\text{ cm} = 28{,}5\text{ cm}$

Antwort: Die mittlere Seite hat eine Länge von 9,4 cm.

---

21 Größte zweistellige Zahl: 99
Kleinste Zahl: x
Auf x folgende Zahl: $x + 1$
Auf $(x + 1)$ folgende Zahl: $x + 1 + 1$

Gleichung:

$$99 + x + (x + 1) + (x + 1 + 1) = 57$$
$$3x + 102 = 57 \quad |-102$$
$$3x = -45 \quad |:3$$
$$x = -15$$

Probe am Text:
Die drei Zahlen sind –15, –14 und –13. Ihre Summe ist $-15 - 14 - 13 = -42$. -42 addiert mit 99 ergibt 57.

Antwort: Die Zahlen heißen –15, –14 und –13.

---

22 Gesuchte Zahl: x

Gleichung:

$$4x - 22 = 5x + 4 \quad |-5x + 22$$
$$-x = 26 \quad |:(-1)$$
$$x = -26$$

Probe am Text:
4-mal (–26) ergibt –104, um 22 vermindert ergibt –126.
5-mal (–26) ergibt –130, um 4 vermehrt ergibt –126.

Antwort: Die unbekannte Zahl heißt –26.

---

23 a) Preis einer Nelke: x
Preis einer Tulpe: 2x (Eine Tulpe kostet doppelt so viel wie eine Nelke.)
Preis einer Rose: 3x (Eine Rose kostet dreimal so viel wie eine Nelke.)

Gleichung:

$$10 \cdot 3x + 5 \cdot 2x + 5 \cdot x = 27$$ (10 Rosen + 5 Tulpen + 5 Nelken kosten 27 €.)
$$30x + 10x + 5x = 27$$

b) Lösen der Gleichung:

$$30x + 10x + 5x = 27$$
$$45x = 27 \quad |:45$$
$$x = 0{,}6$$

Eine Nelke kostet 0,60 €, eine Rose 3-mal so viel, also 1,80 €.

Probe am Text:
Eine Rose kostet 1,80 €, 10 Rosen 18 €. Eine Nelke kostet 0,60 €, 5 Nelken kosten dann 3 €. Eine Tulpe kostet doppelt so viel wie eine Nelke, also 1,20 €, 5 Tulpen kosten dann 6 €.
18 € + 6 € + 3 € = 27 €

Antwort: Eine Rose kostet 1,80 €.

24 Größe des Grundstücks: x

Anteil für Familie Anders: $\frac{1}{3}x$

Anteil für Familie Bertold: $\frac{3}{8}x$

Anteil für Familie Cramer: 262,5

Gleichung:

$$\frac{1}{3}x + \frac{3}{8}x + 262{,}5 = x \quad |\cdot 24 \quad \text{(Hauptnenner: 24 (Brüche beseitigen))}$$

$$8x + 9x + 6\,300 = 24x$$

$$17x + 6\,300 = 24x \quad |-17x$$

$$6\,300 = 7x \quad |:7$$

$$x = 900$$

Probe am Text:

Ein Drittel von 900 m^2 sind 300 m^2 (Familie Anders), ein Achtel von 900 m^2 sind 112,5 m^2, also sind drei Achtel 337,5 m^2 (Familie Bertold), 300 m^2 + 337,5 m^2 + 262,5 m^2 ergibt 900 m^2.

Antwort:

Das Grundstück ist 900 m^2 groß.

---

25 a) Ausgefüllte Tabelle:

Zuordnung	p	a	k	Begründung
1 kg Kartoffeln kostet 1,99 €.	☒	☐	☐	Die doppelte, dreifache, … Kartoffelmenge kostet das Doppelte, Dreifache …
1 Kugel Eis für 1,30 €, 3 Kugeln Eis für 3,50 €.	☐	☐	☒	Dreimal so viele Kugeln Eis kosten nicht das Dreifache/ein Drittel von 1,30 €.
In jedem Glas Erdbeermarmelade stecken 150 g frische Erdbeeren.	☒	☐	☐	Die doppelte, dreifache, … Marmeladenmenge enthält doppelt, dreimal, … so viele Erdbeeren.
24 Stückchen Schokolade werden auf x Kinder verteilt.	☐	☒	☐	Bei doppelt, dreimal, … so vielen Kindern erhält jedes die Hälfte, ein Drittel … der Schokolade (24 Stückchen für 1 Kind, 12 für 2 , 8 für 3, …).
Flächeninhalt eines Quadrats in Abhängigkeit von seiner Seitenlänge.	☐	☐	☒	Die Verdopplung, Verdreifachung … der Seitenlänge ergibt nicht das Doppelte, Dreifache, … / die Hälfte, ein Drittel, … des Flächeninhalts.

b) Beim Umtausch von Währungen handelt es sich um eine proportionale Zuordnung, weil für das Doppelte, Dreifache, … der einen Währung auch das Doppelte, Dreifache, … der anderen Währung ausgezahlt wird.

Umtausch von 10 € in PLN:

Lösen mit der Quotientengleichung:

$$\frac{x}{10} = \frac{4{,}64}{1} \quad |\cdot 10$$

$$x = 4{,}64 \cdot 10$$

$$x = 46{,}40$$

oder

Lösen mit dem Dreisatz:

$$\cdot 10 \left(\begin{array}{l} 1\,€ \mathrel{\hat{=}} 4{,}64\text{ PLN} \\ 10\,€ \mathrel{\hat{=}} 4{,}64\text{ PLN} \cdot 10 \end{array} \right) \cdot 10$$

$$= 46{,}40\text{ PLN}$$

Umtausch von 45 € in PLN:

Lösen mit der Quotientengleichung:

$$\frac{x}{45} = \frac{4{,}64}{1} \quad |\cdot 45$$

$$x = 4{,}64 \cdot 45$$

$$x = 208{,}80$$

oder

Lösen mit dem Dreisatz:

$$\cdot 45 \left(\begin{array}{l} 1\,€ \mathrel{\hat{=}} 4{,}64\text{ PLN} \\ 45\,€ \mathrel{\hat{=}} 4{,}64\text{ PLN} \cdot 45 \end{array} \right) \cdot 45$$

$$= 208{,}80\text{ PLN}$$

Umtausch von 400 PLN in €:

Lösen mit der Quotientengleichung:

$$\frac{x}{400} = \frac{1}{4{,}64} \quad |\cdot 400$$
$$x = \frac{1 \cdot 400}{4{,}64}$$
$$x \approx 86{,}21$$

oder

Lösen mit dem Dreisatz:

$$:4{,}64 \left(\begin{array}{l} 4{,}64 \text{ PLN} \mathrel{\widehat{=}} 1\,€ \\ 1 \text{ PLN} \mathrel{\widehat{=}} \frac{1}{4{,}64}\,€ \end{array} \right) :4{,}64$$
$$\cdot 400 \left(\begin{array}{l} 1 \text{ PLN} \mathrel{\widehat{=}} \frac{1}{4{,}64}\,€ \\ 400 \text{ PLN} \mathrel{\widehat{=}} \frac{1 \cdot 400}{4{,}64}\,€ \end{array} \right) \cdot 400$$
$$\approx 86{,}21\,€$$

Ausgefüllte Tabelle:

EUR	1	10	45	**86,21**
PLN	4,64	**46,40**	**208,80**	400

---

26 Bei den Gefäßen b und e steigt der Wasserstand proportional zur Füllmenge.
Begründung:
Füllt man 100 $m\ell$ ein, hat man eine bestimmte Wasserhöhe erreicht. Füllt man 200 $m\ell$ ein, verdoppelt sich auch die Wasserhöhe. Zum Doppelten, Dreifachen, … der Wassermenge gehört das Doppelte, Dreifache, … der Höhe.
oder
Die Gefäße b und e sind Prismen. Die Volumenformel für Prismen lautet:
$V = G \cdot h$
Vervielfacht sich die Höhe, dann vervielfacht sich auch das Volumen:
$V \cdot \mathbf{k} = G \cdot h \cdot \mathbf{k}$
oder
Nur die Graphen von b und e der Zuordnung „Füllmenge – Wasserstand" sind Geraden.

---

27 Es handelt sich um eine antiproportionale Zuordnung, da sich mit der Vergrößerung des Zeilenabstandes die Anzahl der Zeilen verringert.

Lösen mit der Produktgleichung:

Zeilen	x	56
Zeilenabstand	1,4	1

Produktgleichung: $x \cdot 1{,}4 = 56 \cdot 1 \quad |:1{,}4$
$$x = \frac{56}{1{,}4}$$
$$x = 40$$

oder

Lösen mit dem umgekehrten Dreisatz:

$$\cdot 1{,}4 \left(\begin{array}{l} \text{Abstand } 1 \mathrel{\widehat{=}} 56 \text{ Zeilen} \\ \text{Abstand } 1{,}4 \mathrel{\widehat{=}} \frac{56}{1{,}4} \text{ Zeilen} \end{array} \right) :1{,}4$$
$$= 40 \text{ Zeilen}$$

Es passen dann 40 Zeilen auf eine DIN-A4-Seite.

---

28 Fahrt von Magdeburg nach Dessau:
Diese Zuordnung ist proportional, da die benötigte Zeit mit der Fahrstrecke gleichmäßig wächst (doppelte Fahrstrecke, doppelte Zeit).

Lösen mit der Quotientengleichung:

Std.	x	1
km	84	12

Quotientengleichung: $\frac{x}{84} = \frac{1}{12} \quad |\cdot 84$
$$x = \frac{1 \cdot 84}{12}$$
$$x = 7$$

oder

Lösen mit dem Dreisatz:

$$:12 \left(\begin{array}{l} 12 \text{ km} \mathrel{\widehat{=}} 1 \text{ Std.} \\ 1 \text{ km} \mathrel{\widehat{=}} \frac{1}{12} \text{ Std.} \end{array} \right) :12$$
$$\cdot 84 \left(\begin{array}{l} 1 \text{ km} \mathrel{\widehat{=}} \frac{1}{12} \text{ Std.} \\ 84 \text{ km} \mathrel{\widehat{=}} \frac{1 \cdot 84}{12} \text{ Std.} \end{array} \right) \cdot 84$$
$$= 7 \text{ Std.}$$

Die Fahrt von Magdeburg nach Dessau dauert 7 Stunden. Das Lastschiff wird Dessau um 14:00 Uhr erreichen.

29 a) Die Zuordnung ist antiproportional, denn je größer die Füllmenge einer Flasche ist, desto weniger Flaschen werden benötigt (doppelte Füllmenge, halb so viele Flaschen).

Lösen mit der Produktgleichung:

Flaschen	x	10 000
Füllmenge in ℓ	0,9	1

Produktgleichung: $x \cdot 0{,}9 = 10\,000 \cdot 1 \quad |:0{,}9$

$$x = \frac{10\,000}{0{,}9}$$

$$x \approx 11111$$

oder

Lösen mit dem umgekehrten Dreisatz:

$$\cdot 0{,}9 \left(\begin{array}{l} 1\,\ell \mathrel{\hat{=}} 10\,000 \text{ Flaschen} \\ 0{,}9\,\ell \mathrel{\hat{=}} \dfrac{10\,000}{0{,}9} \text{ Flaschen} \end{array} \right) :0{,}9$$

$$\approx 11111 \text{ Flaschen}$$

Nach der Umstellung der Füllmenge werden 11 111 Flaschen gefüllt.

b) Die versteckte Preiserhöhung besteht darin, dass der Inhalt einer Flasche weniger geworden ist, der Preis aber gleich geblieben ist. Bei einem „fairen Preis" wäre der Preis proportional an die gesenkte Füllmenge angepasst worden.

Berechnung des „fairen Preises":

Lösen mit der Quotientengleichung:

Preis in €	x	2,99
Füllmenge in ℓ	0,9	1

Quotientengleichung: $\frac{x}{0{,}9} = \frac{2{,}99}{1} \quad |\cdot 0{,}9$

$$x = 2{,}99 \cdot 0{,}9$$

$$x \approx 2{,}69$$

oder

Lösen mit dem Dreisatz:

$$\cdot 0{,}9 \left(\begin{array}{l} 1\,\ell \mathrel{\hat{=}} 2{,}99\text{ €} \\ 0{,}9\,\ell \mathrel{\hat{=}} 2{,}99 \cdot 0{,}9\text{ €} \end{array} \right) \cdot 0{,}9$$

$$\approx 2{,}69\text{ €}$$

Differenz:

$2{,}99\text{ €} - 2{,}69\text{ €} = 0{,}3\text{ €}$

Die versteckte Preiserhöhung beträgt 0,30 € pro Flasche.

---

30 Es gilt:

☐ $38{,}6\,\frac{\text{km}}{\text{h}}$ ☐ $42\,\frac{\text{km}}{\text{h}}$ ☒ $44{,}5\,\frac{\text{km}}{\text{h}}$

Begründung:

Die angegebenen Geschwindigkeiten besagen, dass entweder 38,6 km oder 42 km oder 44,5 km in einer Stunde zurückgelegt wurden. Da der Inlineskater mehr als 42 km in 56,83 Minuten, also in weniger als einer Stunde, zurückgelegt hat, kommt nur die dritte Antwortmöglichkeit infrage.

oder

Da es sich um die durchschnittliche Geschwindigkeit handelt, ist die Zuordnung proportional. Verdoppelt, verdreifacht, … sich die zurückgelegte Laufstrecke, verdoppelt, verdreifacht, … sich auch die benötigte Laufzeit.

Lösen mit der Quotientengleichung:

km	x	42,195
min	60	56,83

Quotientengleichung: $\frac{x}{60} = \frac{42{,}195}{56{,}83} \quad |\cdot 60$

$$x = \frac{42{,}195 \cdot 60}{56{,}83}$$

$$x \approx 44{,}5$$

oder

Lösen mit dem Dreisatz:

$$:56{,}83 \left(\begin{array}{l} 56{,}83 \text{ min} \mathrel{\hat{=}} 42{,}195 \text{ km} \\ 1 \text{ min} \mathrel{\hat{=}} \dfrac{42{,}195}{56{,}83} \text{ km} \end{array} \right) :56{,}83$$

$$\cdot 60 \left(\begin{array}{l} 1 \text{ min} \mathrel{\hat{=}} \dfrac{42{,}195}{56{,}83} \text{ km} \\ 60 \text{ min} \mathrel{\hat{=}} \dfrac{42{,}195 \cdot 60}{56{,}83} \text{ km} \end{array} \right) \cdot 60$$

$$\approx 44{,}5 \text{ km}$$

---

31 a) 2 von 6 gleich großen Anteilen sind markiert.

$\frac{2}{6} \overset{\text{mit 2 kürzen}}{=} \frac{1}{3} \approx 33\,\%$ **oder** $2:6 = 0,\overline{33} \approx 33\,\%$

b) 9 von 20 Anteilen sind markiert.

$\frac{9}{20} \overset{\text{mit 5 erweitern}}{=} \frac{45}{100} = 45\,\%$ **oder** $9:20 = 0,45 = 45\,\%$

---

32 a) Emma bekommt von ihrem Opa 10 % von 240 € geschenkt. Sie erhält also **24 €**.

Rechnung: 10 % von 240 € sind **24 €.**

b) 12 von 48 Erdbeeren aus der Schale waren verdorben, das entspricht **25 %**.

Rechnung: 12 von 48 $= \frac{12}{48} \overset{\text{mit 12 kürzen}}{=} \frac{1}{4} = \mathbf{25\,\%}$

c) Bei einer Verkehrszählung fuhren 30 Fahrzeuge noch bei Gelb über die Kreuzung, das waren 20 % aller **150** gezählten Fahrzeuge.

Rechnung:
$\cdot 5 \left(\begin{array}{l} 20\,\% \mathrel{\hat{=}} 30 \text{ Fahrzeuge} \\ 100\,\% \mathrel{\hat{=}} \mathbf{150\ Fahrzeuge} \end{array} \right) \cdot 5$

---

33 Es gilt:

$60\,\% = \frac{60}{100} = 60:100 = 0,6 = \frac{6}{10} \overset{\text{mit 2 kürzen}}{=} \frac{3}{5}$

$\frac{15}{100} = 15\,\% = 15:100 = 0,15 = \frac{15}{100} \overset{\text{mit 5 kürzen}}{=} \frac{3}{20}$

$0,07 = 7\,\% = \frac{7}{100} \overset{\text{kürzen nicht möglich}}{=} \frac{7}{100}$

$\frac{1}{8} = 1:8 = 0,125 = 12,5\,\% = \frac{12,5}{100}$

Damit ergibt sich:

Prozentsatz in %	Bruch mit Nenner 100	Dezimalzahl	gekürzter Bruch
60 %	$\mathbf{\frac{60}{100}}$	**0,6**	$\mathbf{\frac{3}{5}}$
15 %	$\frac{15}{100}$	**0,15**	$\mathbf{\frac{3}{20}}$
7 %	$\mathbf{\frac{7}{100}}$	0,07	$\mathbf{\frac{7}{100}}$
12,5 %	$\mathbf{\frac{12,5}{100}}$	**0,125**	$\frac{1}{8}$

---

34 a) $4\,\% = \frac{4}{100} = 4:100 = 0,04 < 0,4$

Damit gilt:

4 % $\boxed{<}$ 0,4

b) Jeder 4. Befragte ist einer von 4 Befragten, d. h.:
$1:4 = 0,25 = 25\,\% > 4\,\%$

Damit gilt:

Jeder 4. Befragte $\boxed{>}$ 4 % der Befragten

35 Preisunterschied:
$79{,}90\,€ - 57{,}95\,€ = 21{,}95\,€$

Preisminderung in Prozent:

Lösen über proportionale Zuordnung:

$$\frac{100}{79{,}90} = \frac{x}{21{,}95} \quad |\cdot 21{,}95$$
$$x = \frac{100 \cdot 21{,}95}{79{,}90}$$
$$x \approx 27{,}47$$

oder

Lösen mit dem Dreisatz:

$$\begin{aligned} 79{,}90\,€ &\mathrel{\hat=} 100\,\% && :79{,}90 \\ 1\,€ &\mathrel{\hat=} \frac{100}{79{,}90}\,\% && \cdot 21{,}95 \\ 21{,}95\,€ &\mathrel{\hat=} 27{,}47\,\% \end{aligned}$$

oder

Reduzierter Preis in Prozent:

Lösen über proportionale Zuordnung:

$$\frac{100}{79{,}90} = \frac{x}{57{,}95} \quad |\cdot 57{,}95$$
$$x = \frac{100 \cdot 57{,}95}{79{,}90}$$
$$x \approx 72{,}53$$

oder

Lösen mit dem Dreisatz:

$$\begin{aligned} 79{,}90\,€ &\mathrel{\hat=} 100\,\% && :79{,}90 \\ 1\,€ &\mathrel{\hat=} \frac{100}{79{,}90}\,\% && \cdot 57{,}95 \\ 57{,}95\,€ &\mathrel{\hat=} 72{,}53\,\% \end{aligned}$$

Preisminderung in Prozent:
$100\,\% - 72{,}53\,\% = 27{,}47\,\%$

Nein, der Preis der Jacke wurde nicht um 30 % reduziert, sondern nur um rund 27,47 %.

---

36 $\frac{1}{3}$ von 150 €: 50 €
Restbetrag: $150\,€ - 50\,€ = 100\,€$
50 % von 100 €: 50 €

Elias steckt 50 € in das Sparschwein.

☐ 25 € ☒ 50 € ☐ 75 € ☐ 100 € ☐ 125 €

---

37 Ein Vollkreis entspricht einem Winkel von 360°.

Lösen über proportionale Zuordnung:

$$\frac{100}{360} = \frac{x}{72} \quad |\cdot 72$$
$$x = \frac{100 \cdot 72}{360}$$
$$x = 20$$

oder

Lösen mit dem Dreisatz:

$$\begin{aligned} 360° &\mathrel{\hat=} 100\,\% && :360 \\ 1° &\mathrel{\hat=} \frac{100}{360}\,\% && \cdot 72 \\ 72° &\mathrel{\hat=} 20\,\% \end{aligned}$$

Es sind 20 % der Kreisfläche grau.

---

38 a) Von 3 000 Losen sind 70 % Nieten.

Berechnung der Anzahl der Nieten:

Lösen über proportionale Zuordnung:

$$\frac{3\,000}{100} = \frac{x}{70} \quad |\cdot 70$$
$$x = \frac{3\,000 \cdot 70}{100}$$
$$x = 2\,100$$

oder

Lösen mit dem Dreisatz:

$$\begin{aligned} 100\,\% &\mathrel{\hat=} 3\,000 \text{ Nieten} && :100 \\ 1\,\% &\mathrel{\hat=} \frac{3\,000}{100} \text{ Nieten} && \cdot 70 \\ 70\,\% &\mathrel{\hat=} 2\,100 \text{ Nieten} \end{aligned}$$

Berechnung der Anzahl der Hauptgewinne:
$3\,000 - 2\,100 - 840 = 60$

Es gibt 2 100 Nieten, 840 Kleingewinne und 60 Hauptgewinne.

b) Berechnung der Höhe der Einnahmen:
$3\,000 \cdot 1\,€ = 3\,000\,€$

Berechnung der Höhe der Ausgaben:
für Kleingewinne: $840 \cdot 0{,}50\,€ = 420\,€$
für Hauptgewinne: $60 \cdot 10\,€ = 600\,€$

Berechnung der Höhe der möglichen Spende:
Einnahmen – Ausgaben $= 3\,000\,€ - 420\,€ - 600\,€ = 1\,980\,€$

Es können 1 980 € für die Organisation „Kinder in Not“ gespendet werden.

---

39 Gegeben: $p\,\% = 5\,\%$; $Z = 36\,000\,€$

Gesucht: K

Lösen mit der Zinsformel (prop. Zuordnung):

$$\frac{K}{100} = \frac{Z}{p}$$

$$\frac{K}{100} = \frac{36\,000}{5} \quad | \cdot 100$$

$$K = \frac{36\,000 \cdot 100}{5}$$

$$K = 720\,000$$

oder

Lösen mit dem Dreisatz:

$$:5 \left(\begin{array}{r} 5\,\% \mathrel{\hat{=}} 36\,000\,€ \\ 1\,\% \mathrel{\hat{=}} 7\,200\,€ \end{array} \right) :5$$

$$\cdot 100 \left(\begin{array}{r} 1\,\% \mathrel{\hat{=}} 7\,200\,€ \\ 100\,\% \mathrel{\hat{=}} 720\,000\,€ \end{array} \right) \cdot 100$$

Sein Lottogewinn müsste 720 000 € betragen.

---

40 Gegeben: $K = 250\,€$; $Z = 15\,€$; $m = 3$ Monate

Gesucht: p

Lösen mit der Zinsformel für m Monate:

$$Z = \frac{K \cdot p \cdot m}{100 \cdot 12}$$

$$15 = \frac{250 \cdot p \cdot 3}{100 \cdot 12} \quad \Big| \cdot \frac{100 \cdot 12}{250 \cdot 3}$$

$$p = \frac{15 \cdot 100 \cdot 12}{250 \cdot 3}$$

$$p = 24$$

Der Zinssatz betrug 24 %. Louis hat recht, das sind Wucherzinsen.

---

41 Berechnung der Zinsen im 1. Jahr:

Gegeben: $K = 10\,000\,€$; $p\,\% = 2\,\%$

Gesucht: Z

Lösen mit der Zinsformel:

$$\frac{K}{100} = \frac{Z}{p}$$

$$\frac{10\,000}{100} = \frac{Z}{2} \quad | \cdot 2$$

$$Z = \frac{10\,000 \cdot 2}{100}$$

$$Z = 200$$

oder

Lösen mit dem Dreisatz:

$$:100 \left(\begin{array}{r} 100\,\% \mathrel{\hat{=}} 10\,000\,€ \\ 1\,\% \mathrel{\hat{=}} 100\,€ \end{array} \right) :100$$

$$\cdot 2 \left(\begin{array}{r} 1\,\% \mathrel{\hat{=}} 100\,€ \\ 2\,\% \mathrel{\hat{=}} 200\,€ \end{array} \right) \cdot 2$$

Das Startkapital im 2. Jahr beträgt $10\,000\,€ + 200\,€ = 10\,200\,€$.

Analoge Berechnungen für das 2. und 3. Jahr ergeben folgende Übersicht:

Jahr	Startkapital in €	Zinsen in €	Guthaben in €
1	10 000	200	10 200
2	10 200	204	10 404
3	10 404	208,08	10 612,08

Damit gilt:

☐ 10 200 € ☐ 10 600 € ☒ 10 612,08 € ☐ 10 714,30 €

---

42 Berechnung des Geldbetrags, den Ben jeweils zurückzahlen muss:

Rückzahlungsbetrag bei Kreditangebot A:
Bearbeitungsgebühr + 12 Monatsraten = 50 € + 12 · 435 € = 50 € + 5 220 € = 5 270 €

Rückzahlungsbetrag bei Kreditangebot B:
Berechnung der Zinsen:
Gegeben: K = 5 000 €; p % = 3,8 %
Gesucht: Z

Lösen mit der Zinsformel:

$$\frac{K}{100} = \frac{Z}{p}$$

$$\frac{5\,000}{100} = \frac{Z}{3{,}8} \quad |\cdot 3{,}8$$

$$Z = \frac{5\,000 \cdot 3{,}8}{100}$$

$$Z = 190$$

oder

Lösen mit dem Dreisatz:

$$\begin{aligned} :100 \;(\; & 100\,\% \mathrel{\hat{=}} 5\,000\,€ \;) :100 \\ \cdot 3{,}5 \;(\; & 1\,\% \mathrel{\hat{=}} 50\,€ \;) \cdot 3{,}8 \\ & 3{,}8\,\% \mathrel{\hat{=}} 190\,€ \end{aligned}$$

Rückzahlungsbetrag bei Kreditangebot B: 5 000 € + 190 € = 5 190 €

Kreditangebot B ist günstiger.

43

$$Z_t = \frac{K \cdot p \cdot t}{100 \cdot 360} \quad |:K$$

$$\frac{Z_t}{K} = \frac{p \cdot t}{100 \cdot 360} \quad |\cdot 100 \;\; |\cdot 360$$

$$\frac{Z_t \cdot 100 \cdot 360}{K} = p \cdot t \quad |:p$$

$$t = \frac{Z_t \cdot 100 \cdot 360}{K \cdot p}$$

---

44 a) $1{,}25\text{ m} = (1{,}25 \cdot 10 \cdot 10 \cdot 10)\text{ mm} = (1{,}25 \cdot 1\,000)\text{ mm} = 1\,250\text{ mm}$

b) $4\,200\text{ cm}^2 = [4\,200 : (100 \cdot 100)]\text{ m}^2 = (4\,200 : 10\,000)\text{ m}^2 = 0{,}42\text{ m}^2$

c) $0{,}3\,\ell = 0{,}3\text{ dm}^3 = (0{,}3 \cdot 1\,000)\text{ cm}^3 = 300\text{ cm}^3$

d) $0{,}15\text{ kg} = (0{,}15 \cdot 1\,000)\text{ g} = 150\text{ g}$

e) $5{,}25\text{ h} = (5{,}25 \cdot 60)\text{ min} = 315\text{ min}$

f) $25\,\frac{\text{m}}{\text{s}} = (25 \cdot 3{,}6)\,\frac{\text{km}}{\text{h}} = 90\,\frac{\text{km}}{\text{h}}$

45 a) $0,8\text{ km} = 800\textbf{ m}$ — Es gilt: $0,8 \cdot \mathbf{1\,000} = 800$

b) $6\,100\text{ m}^2 = 61\textbf{ dm}^2$ — Es gilt: $6\,100 : \mathbf{100} = 61$

c) $45\,000\text{ cm}^3 = 45\textbf{ dm}^3 = 45\ \ell$ — Es gilt: $45\,000 : \mathbf{1\,000} = 45$

d) $1\ h\ell = 100\ \ell$ — Es gilt: $1 \cdot \mathbf{100} = 100$

---

46 a) $125\text{ kg} + 0,3\text{ t} + 2\,500\text{ g} = 125\text{ kg} + 300\text{ kg} + 2,5\text{ kg} = 427,5\text{ kg}$

b) $200\text{ m}^2 + 0,1\text{ ha} + 500\text{ dm}^2 + 3\text{a} = 200\text{ m}^2 + 1\,000\text{ m}^2 + 5\text{ m}^2 + 300\text{ m}^2 = 1\,505\text{ m}^2$

---

47 a) $5\,000\text{ mm} = 5\text{ m}$; $0,5\text{ km} = 500\text{ m}$; 550 m; $50\text{ cm} = 0,5\text{ m}$

Reihenfolge: $50\text{ cm} \rightarrow 5\,000\text{ mm} \rightarrow 0,5\text{ km} \rightarrow 550\text{ m}$

b) $2\,400\text{ s} = 40\text{ min}$; $\frac{3}{4}\text{ h} = 45\text{ min}$; 50 min; $0,25\text{ h} = 15\text{ min}$

Reihenfolge: $0,25\text{ h} \rightarrow 2\,400\text{ s} \rightarrow \frac{3}{4}\text{ h} \rightarrow 50\text{ min}$

---

48 Umrechnung von $0,00752\,\frac{\text{km}}{\text{h}}$ in $\frac{\text{m}}{\text{s}}$:

$0,00752\,\frac{\text{km}}{\text{h}} = (0,00752 : 3,6)\,\frac{\text{m}}{\text{s}} \approx 0,0021\,\frac{\text{m}}{\text{s}}$

Umrechnung von 2 min 38 s in s:
$2\text{ min }38\text{ s} = 2 \cdot 60\text{ s} + 38\text{ s} = 120\text{ s} + 38\text{ s} = 158\text{ s}$

Berechnung der Länge der Rennstrecke:

Lösen mit der Quotientengleichung:

m	0,0021	x
s	1	158

Quotientengleichung: $\frac{0,0021}{1} = \frac{x}{158} \quad | \cdot 158$

$x = 0,0021 \cdot 158$

$x = 0,3318$

oder

Lösen mit dem Dreisatz:

$\cdot 158 \left(\begin{array}{c} 1\text{ s} \mathrel{\hat{=}} 0,0021\text{ m} \\ 158\text{ s} \mathrel{\hat{=}} 0,3318\text{ m} \end{array} \right) \cdot 158$

Umrechnung von 0,3318 m in cm:
$0,3318\text{ m} = (0,3318 \cdot 100)\text{ cm} = 33,18\text{ cm} \approx 33\text{ cm}$

Die Rennstrecke beim Schneckenrennen ist 33 cm lang.

49

☒ In jeder Raute sind gegenüberliegende Winkel gleich groß.
Hinweis: Beide Diagonalen sind Symmetrieachsen, deshalb sind gegenüberliegende Winkel gleich groß.

☒ In jedem Drachen schneiden sich die Diagonalen in einem rechten Winkel.
Hinweis: Da eine der Diagonalen Symmetrieachse ist, bildet sie mit der anderen Diagonalen einen rechten Winkel.

☐ Jedes Trapez besitzt eine Symmetrieachse.
Begründung: Nur gleichschenklige Trapeze sind achsensymmetrisch und haben eine Symmetrieachse.

☒ In jedem beliebigen Viereck ergeben alle Winkel zusammengerechnet 360°.
Hinweis: Im Dreieck beträgt die Winkelsumme 180°. Jedes Viereck lässt sich durch eine Diagonale in zwei Dreiecke zerlegen: $2 \cdot 180° = 360°$

50 Gegeben: $u = 34$ cm; $a = 10$ cm
Gesucht: A

Berechnung der Länge der Seite b:

$u = 2a + 2b$

$34 = 2 \cdot 10 + 2b \quad |-20$

$14 = 2b \quad |:2$

$b = 7$

Berechnung des Flächeninhalts A:

$A = a \cdot b$

$A = 10 \cdot 7$

$A = 70$

Die Seite b hat eine Länge von 7 cm und der Flächeninhalt beträgt 70 cm^2.

---

51 Umrechnung der Seitenlänge einer Kiste in m:
40 cm = 0,4 m

Hinweis:
Man neigt bei dieser Aufgabe dazu, die Ladefläche des Kleintransporters ($A = a \cdot b = 2{,}15 \cdot 1{,}23 = 2{,}6445$) durch die Fläche einer Kiste ($A = a^2 = 0{,}4^2 = 0{,}16$) zu dividieren: $2{,}6445 : 0{,}16 \approx 16{,}53$
Demzufolge würden 16 (bis 17) Kisten auf die Ladefläche passen. Das ist falsch, denn die Kisten kann man nicht zerteilen. Sie passen nur in ihrer gesamten Länge und Breite auf die verfügbare Ladefläche, Dezimalstellen gibt es hier nicht. Stattdessen muss berechnet werden, wie viele Kisten mit der Seitenlänge 0,4 m auf die 2,14 m lange Fläche passen und wie viele auf die 1,23 m breite Fläche passen und diese Anzahlen multiplizieren.

Anzahl der Kisten, die in der Länge auf die Ladefläche passen:
$2{,}15 : 0{,}4 = 5{,}375$
⇒ Es passen 5 Kisten in der Länge auf die Ladefläche.

Anzahl der Kisten, die in der Breite auf die Ladefläche passen:
$1{,}23 : 0{,}4 = 3{,}075$
⇒ Es passen 3 Kisten in der Breite auf die Ladefläche.

Gesamtanzahl der Kisten, die auf die Ladefläche passen:
$5 \cdot 3 = 15$

Es passen 15 Kisten auf die Ladefläche des Kleintransporters.

---

52 a) Gegeben: $u = 16$ m
Gesucht: A

Berechnung der Seitenlänge a:

$u = 4a$

$16 = 4a \quad |:4$

$a = 4$

Berechnung des Flächeninhalts A:

$A = a^2$

$A = 4^2$

$A = 16$

Die Aussage stimmt.

b) Allgemeine Lösung:

Flächeninhalt eines Rechtecks:
$A = a \cdot b$

Flächeninhalt mit verdoppelten Seitenlängen:
$A_{doppelt} = 2a \cdot 2b$
$A_{doppelt} = 4 \cdot a \cdot b$
$A_{doppelt} = 4 \cdot A$

Die Aussage stimmt nicht, da sich der Flächeninhalt vervierfacht.

oder

Lösung am Beispiel:

Seitenlängen eines Rechtecks:
$a_1 = 2$ cm; $b_1 = 3$ cm

Flächeninhalt des Rechtecks:
$A_1 = a_1 \cdot b_1 = 2 \cdot 3 = 6$

Verdoppelte Seitenlängen:
$a_2 = 2 \cdot a_1 = 2 \cdot 2 \text{ cm} = 4 \text{ cm}$
$b_2 = 2 \cdot b_1 = 2 \cdot 3 \text{ cm} = 6 \text{ cm}$

Flächeninhalt mit verdoppelten Seitenlängen:
$A_2 = a_2 \cdot b_2 = 4 \cdot 6 = 24$

Wegen $A_2 = 4 \cdot A_1$ stimmt die Aussage nicht. Der Flächeninhalt vervierfacht sich.

---

53 a) **Grundstück A:** Rechteck
Gegeben: $a = 28$ m; $b = 18$ m
Gesucht: A_A
Flächeninhalt:
$A_A = a \cdot b$
$A_A = 28 \cdot 18$
$A_A = 504$

Grundstück B: Trapez
Gegeben: $a = 21$ m; $c = 17$ m; $h = 28$ m
Gesucht: A_B
Flächeninhalt:
$A_B = \frac{1}{2} \cdot (a + c) \cdot h$
$A_B = \frac{1}{2} \cdot (21 + 17) \cdot 28$
$A_B = 532$

Grundstück C: Parallelogramm
Gegeben: $a = 19{,}5$ m; $h = 28$ m
Gesucht: A_C
Flächeninhalt:
$A_C = a \cdot h$
$A_C = 19{,}5 \cdot 28$
$A_C = 546$

Grundstück C ist mit 546 m^2 das größte der drei Grundstücke.

b) Berechnung der Grundstückspreise:

Grundstück A: Rechteck
Gegeben: Fläche: $A_A = 504 \text{ m}^2$
Preis pro m^2: 318 €
Gesucht: Verkaufspreis
Berechnung:
$504 \cdot 318 = 160\,272$
Grundstück A kostet 160 272 €.

Grundstück B: Trapez
Gegeben: Fläche: $A_B = 532 \text{ m}^2$
Preis pro m^2: 295 €
Gesucht: Verkaufspreis
Berechnung:
$532 \cdot 295 = 156\,940$
Grundstück B kostet 156 940 €.

Grundstück C: Parallelogramm:
Gegeben: Fläche: $A_C = 546 \text{ m}^2$
Preis pro m^2: 290 €
Gesucht: Verkaufspreis
Berechnung:
$546 \cdot 290 = 158\,340$
Grundstück C kostet 158 340 €.

Grundstück B ist mit 156 940 € das günstigste der drei Grundstücke.

---

54 a) Das Viereck ABCD ist ein allgemeines Viereck, weil alle Seitenlängen und alle Winkelgrößen unterschiedlich groß sind und es keine parallelen Seiten gibt.

b) Um den Flächeninhalt von allgemeinen Vierecken berechnen zu können, müssen diese in besondere Drei- und Vierecke zerlegt werden. Dann können die bekannten Formeln zur Flächenberechnung angewendet werden.

Hier bietet sich die Teilung vom allgemeinen Viereck ABCD in das Trapez AECD und das rechtwinklige Dreieck EBC an.

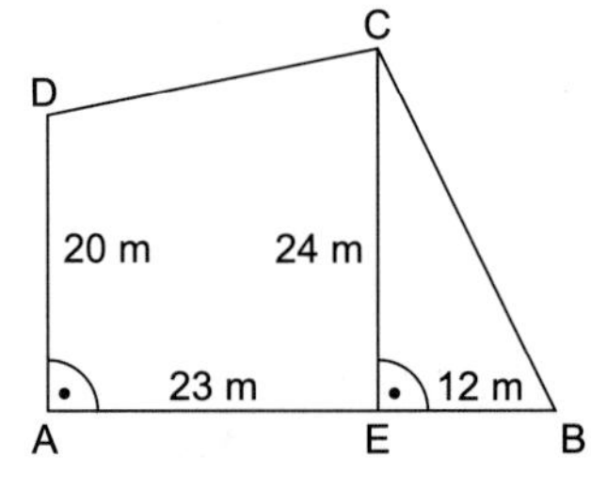

Berechnung des Flächeninhalts des Trapezes AECD:
$\overline{EC}$ und $\overline{AD}$ sind parallel, $\overline{EA}$ ist die zugehörige Höhe. Einsetzen der zugehörigen Werte in die Formel liefert den Flächeninhalt des Trapezes:

$A_T = \frac{1}{2}(\overline{EC} + \overline{AD}) \cdot \overline{EA}$

Berechnung des Flächeninhalts des Dreiecks EBC:
Da die Seiten $\overline{EB}$ und $\overline{EC}$ einen rechten Winkel einschließen, kann man sie als Grundseite $\overline{EB}$ mit der zugehörigen Höhe $\overline{EC}$ betrachten. Einsetzen der Werte in die Formel liefert den Flächeninhalt des Dreiecks:

$$A_D = \frac{1}{2}\overline{EB} \cdot \overline{EC}$$

Zum Schluss werden die Flächeninhalte des Trapezes und des Dreiecks addiert.

---

55 a) Die Mittelpunkte der Rechtecksseiten bilden die Eckpunkte der Raute.
Skizze:

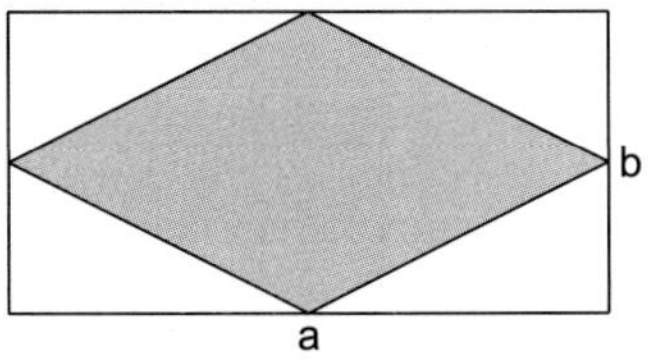

b) Den Flächeninhalt des Abfalls erhält man, wenn man vom Flächeninhalt des Rechtecks den Flächeninhalt der Raute abzieht. Da die Diagonalen e und f die gleichen Längen haben wie die Rechteckseiten a und b, gilt dabei für den Flächeninhalt der Raute $A_{Raute} = \frac{e \cdot f}{2} = \frac{a \cdot b}{2}$.

Flächeninhalt des Abfalls:

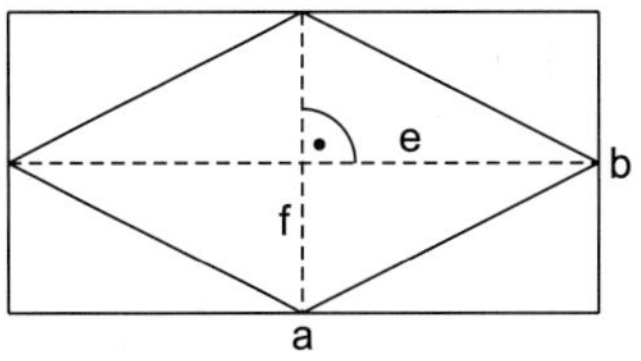

$$A_{Abfall} = A_{Rechteck} - A_{Raute}$$

$$A_{Abfall} = a \cdot b - \frac{e \cdot f}{2}$$

$$A_{Abfall} = a \cdot b - \frac{a \cdot b}{2}$$

$$A_{Abfall} = \frac{1}{2} \underbrace{a \cdot b}_{A_{Rechteck}}$$

Da $\frac{1}{2}a \cdot b$ genau die Hälfte der Rechteckfläche ist, beträgt der Anteil des Abfalls am Filzstoff 50 %.

oder

Der Abfall besteht aus 4 kongruenten rechtwinkligen Dreiecken, die zusammengesetzt genau die Hälfte der Rechteckfläche abdecken:

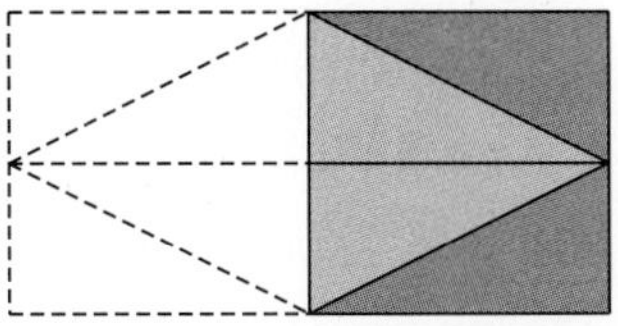

Der Abfall beträgt somit 50 % des rechteckigen Filzstoffs.

---

56 Gegeben: $a = 4{,}5$ m; $d = 2$ m $\Rightarrow$ $r = 1$ m
Gesucht: $A_{Rasenfläche}$
Es gilt: $A_{Rasenfläche} = A_{Quadrat} - A_{Kreis}$

Berechnung der Fläche des Quadrats:

$A_{Quadrat} = a^2$
$A_{Quadrat} = 4{,}5^2$
$A_{Quadrat} = 20{,}25$

Berechnung der Fläche des Kreises:

$A_{Kreis} = \pi \cdot r^2$
$A_{Kreis} = \pi \cdot 1^2$
$A_{Kreis} \approx 3{,}14$

Berechnung der Größe der Rasenfläche:

$A_{Rasenfläche} = A_{Quadrat} - A_{Kreis} = 20{,}25 - 3{,}14 = 17{,}11$

Es müssen 17,11 m^2 Rasenfläche erneuert werden.

57 a) Bei einer Umdrehung der Walze wird ein Rechteck mit folgenden Seitenmaßen gewalzt:

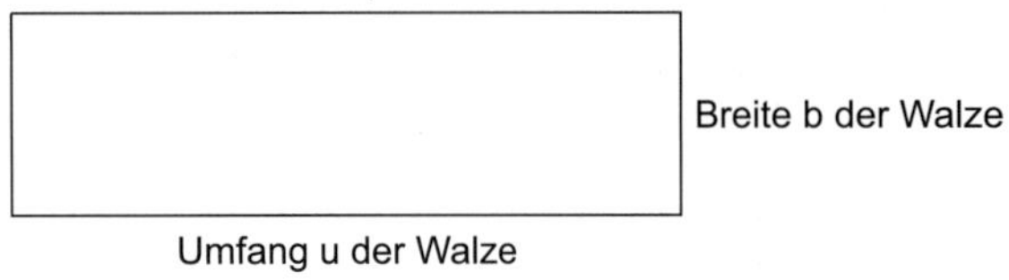

Gegeben: $d = 1{,}2 \text{ m} \Rightarrow r = 0{,}6 \text{ m}; b = 1{,}9 \text{ m}$

Gesucht: A_{Rechteck}

Berechnung des Umfangs:

$u = 2 \cdot \pi \cdot r$

$u = 2 \cdot \pi \cdot 0{,}6$

$u \approx 3{,}77$

Berechnung der Rechteckfläche (gewalzte Fläche):

$A_{\text{Rechteck}} = u \cdot b$

$A_{\text{Rechteck}} = 3{,}77 \cdot 1{,}9$

$A_{\text{Rechteck}} \approx 7{,}16$

Die Walze glättet mit einer Umdrehung eine Fläche von 7,16 m^2.

b) Berechnung der Anzahl der Umdrehungen:

Lösen über proportionale Zuordnung: **oder** Lösen mit dem Dreisatz:

$$\frac{1}{3{,}77} = \frac{x}{200} \quad | \cdot 200$$

$$x = \frac{1 \cdot 200}{3{,}77}$$

$$x \approx 53{,}05$$

$$\begin{aligned} &3{,}77 \text{ m} \mathrel{\hat{=}} 1 \text{ Umdrehung} && :3{,}77 \\ &1 \text{ m} \mathrel{\hat{=}} \frac{1}{3{,}77} \text{ Umdrehungen} && \cdot 200 \\ &200 \text{ m} \mathrel{\hat{=}} 53{,}05 \text{ Umdrehungen} \end{aligned}$$

Die Walze muss sich 54 Mal drehen.

---

58 a) Gegeben: $d_1 = 400 \text{ mm} \Rightarrow r_1 = 200 \text{ mm}$ (äußerer Radius)

$d_2 = 300 \text{ mm} \Rightarrow r_2 = 150 \text{ mm}$ (innerer Radius)

Gesucht: b

Berechnung der Breite des Kreisrings:

$b = r_1 - r_2$

$b = 200 - 150$

$b = 50$

Der Kreisring hat eine Breite von 50 mm = 5 cm.

b) Gegeben: $r_1 = 200 \text{ mm} = 20 \text{ cm}; r_2 = 150 \text{ mm} = 15 \text{ cm}$

Gesucht: A

Berechnung der Fläche des Kreisrings:

$A = \pi \cdot r_1^2 - \pi \cdot r_2^2$

$A = \pi \cdot 20^2 - \pi \cdot 15^2$

$A \approx 549{,}78$

Der rote Kreisring hat eine Fläche von 549,78 cm^2.

59 Gegeben: $a = 1\,LE$ (LE = Längeneinheit)
$r_1 = 1\,LE$ (großer Halbkreis)
$r_2 = 0{,}5\,LE$ (kleine Halbkreise)

Gesucht: A

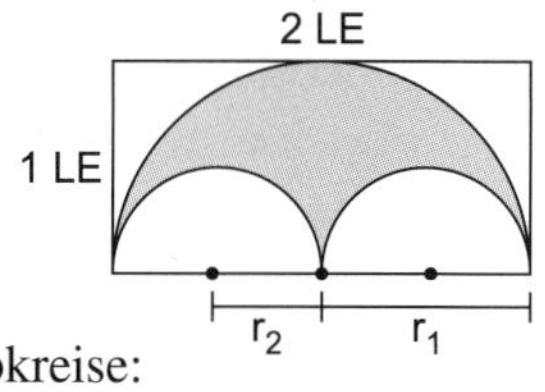

Flächeninhalt des großen Halbkreises:

$A_1 = \frac{1}{2} \cdot \pi \cdot r_1^2$

$A_1 = \frac{1}{2} \cdot \pi \cdot 1^2$

$A_1 \approx 1{,}57$

Flächeninhalt der kleinen Halbkreise:

$A_2 = 2 \cdot \frac{1}{2} \cdot \pi \cdot r_2^2$

$A_2 = 2 \cdot \frac{1}{2} \cdot \pi \cdot 0{,}5^2$

$A_2 \approx 0{,}785$

Flächeninhalt der roten Figur:
$A = A_1 - A_2 = 1{,}57 - 0{,}785 = 0{,}785$

Die rote Figur hat einen Flächeninhalt von 0,785 FE.

---

60 Gegeben: Minipizza: $d_M = 20\text{ cm} \Rightarrow r_M = 10\text{ cm}$
Familienpizza: $d_F = 50\text{ cm} \Rightarrow r_F = 25\text{ cm};\ \varphi = 60°$

Gesucht: $A_M; A_F$

Flächeninhalt der Minipizza (Kreis):

$A_M = \pi \cdot r_M^2$

$A_M = \pi \cdot 10^2$

$A_M \approx 314{,}16$

Flächeninhalt der Familienpizza (Kreissektor):

$A_F = \frac{\pi \cdot r_F^2 \cdot \varphi}{360°}$

$A_F = \frac{\pi \cdot 25^2 \cdot 60°}{360°}$

$A_F \approx 327{,}25$

Karim hat recht, sein Pizzastück ist etwas größer als die Minipizza.

---

61 Umrechnung von m in cm:
$368\text{ m} = (368 \cdot 100)\text{ cm} = 36\,800\text{ cm}$

Lösen über proportionale Zuordnung:

$\frac{1}{x} = \frac{18{,}4}{36\,800} \quad | \cdot x \quad | \cdot 36\,800$

$1 \cdot 36\,800 = 18{,}4 \cdot x \quad | : 18{,}4$

$x = 2\,000$

oder

Lösen mit dem Dreisatz:

$: 18{,}4 \left(\begin{array}{l} 18{,}4\text{ cm im Modell} \mathrel{\hat{=}} 36\,800\text{ cm in Wirklichkeit} \\ 1\text{ cm im Modell} \mathrel{\hat{=}} 2\,000\text{ cm in Wirklichkeit} \end{array} \right) : 18{,}4$

Der Fernsehturm wurde mit dem Maßstab 1 : 2 000 verkleinert.

---

62 Maßstab 1 : 5 000 000 bedeutet:
1 cm auf der Landkarte ≙ 5 000 000 cm in Wirklichkeit.

Gemessene Strecke von Hengelo nach Potsdam auf der Landkarte: 8,5 cm

Lösen über proportionale Zuordnung:

$$\frac{1}{5\,000\,000} = \frac{8,5}{x} \quad \Big| \cdot x \quad \Big| \cdot 5\,000\,000$$

$$1 \cdot x = 8,5 \cdot 5\,000\,000$$

$$x = 42\,500\,000$$

oder

Lösen mit dem Dreisatz:

$\cdot 8,5$ (1 cm auf der Karte ≙ 5 000 000 cm in Wirklichkeit) $\cdot 8,5$
8,5 cm auf der Karte ≙ 42 500 000 cm in Wirklichkeit

Umrechnung von cm in km:
42 500 000 cm = (42 500 000 : 100) m = 425 000 m = (425 000 : 1 000) km = 425 km

Die Tauben mussten 425 km von Hengelo nach Potsdam zurücklegen.

---

63 Maßstab 1 : 965 bedeutet:
1 cm auf der Briefmarke ≙ 965 cm in Wirklichkeit.

Gemessene Länge von Moby Dick auf der Briefmarke: 5 cm

Lösen über proportionale Zuordnung:

$$\frac{1}{965} = \frac{5}{x} \quad \Big| \cdot x \quad \Big| \cdot 965$$

$$1 \cdot x = 5 \cdot 965$$

$$x = 4\,825$$

oder

Lösen mit dem Dreisatz:

$\cdot 5$ (1 cm auf der Briefmarke ≙ 965 cm in Wirklichkeit) $\cdot 5$
5 cm auf der Briefmarke ≙ 4 825 cm in Wirklichkeit

Umrechnung von cm in m:
4 825 cm = (4 825 : 100) m = 48,25 m

Moby Dick ist in Wirklichkeit 48,25 m lang.

---

64 Skizze:

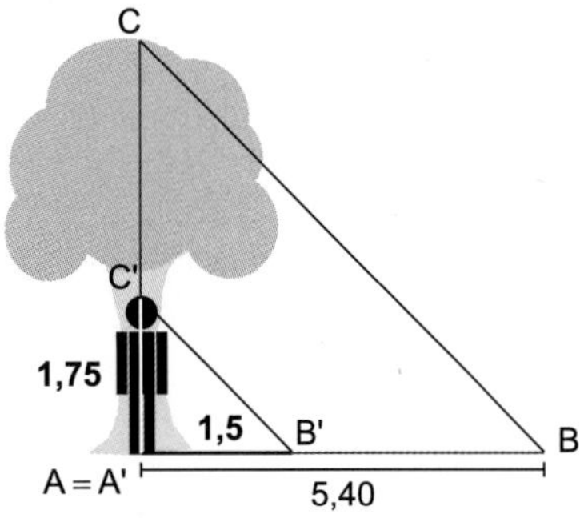

Die Dreiecke ABC und A'B'C' sind ähnlich zueinander, weil alle drei Winkel in beiden Dreiecken dieselbe Größe haben.

Lösen über Seitenverhältnisse:

In ähnlichen Dreiecken gilt:

$$\frac{\overline{AC}}{\overline{AB}} = \frac{\overline{A'C'}}{\overline{A'B'}}$$

Einsetzen von $\overline{AB} = 5{,}4\ \text{m}$, $\overline{A'C'} = 1{,}75\ \text{m}$ und $\overline{A'B'} = 1{,}5\ \text{m}$:

$$\frac{\overline{AC}}{5{,}4} = \frac{1{,}75}{1{,}5} \quad | \cdot 5{,}4$$

$$\overline{AC} = \frac{1{,}75 \cdot 5{,}4}{1{,}5}$$

$$\overline{AC} = 6{,}3$$

oder

Lösen über $k = \frac{\text{Bild}}{\text{Original}}$:

$$k = \frac{\overline{A'C'}}{\overline{AC}} = \frac{\overline{A'B'}}{\overline{AB}}$$

Einsetzen von $\overline{A'C'} = 1{,}75\ \text{m}$, $\overline{A'B'} = 1{,}5\ \text{m}$ und $\overline{AB} = 5{,}4\ \text{m}$:

$$\frac{1{,}75}{\overline{AC}} = \frac{1{,}5}{5{,}4} \quad \begin{vmatrix} \cdot \overline{AB} \\ \cdot 5{,}4 \end{vmatrix}$$

$$1{,}75 \cdot 5{,}4 = 1{,}5 \cdot \overline{AC} \quad | : 1{,}5$$

$$\overline{AC} = \frac{1{,}75 \cdot 5{,}4}{1{,}5}$$

$$\overline{AC} = 6{,}3$$

Der Baum hat eine Höhe von 6,30 m.

---

65 a)

	wahr	falsch
1. Es wird mit dem Maßstab 200 : 1 vergrößert.	☐	☒
2. Eine Seite des vergrößerten Fotos ist 30 cm lang.	☒	☐
3. Die Fläche des vergrößerten Fotos ist viermal so groß wie vorher.	☒	☐
4. Das vergrößerte Foto passt in einen Bilderrahmen, der die Maße 180 mm × 300 mm hat.	☐	☒

b) 1. Die Seitenlängen sind von 100 % auf 200 % vergrößert worden. Das bedeutet, dass sie verdoppelt worden sind, also ist der Maßstab 200 : 100 oder 2 : 1 und nicht 200 : 1.
Die Aussage ist falsch.

oder

Vergrößerung um 200 % bedeutet: $\frac{200}{100} = \frac{2}{1} = 2:1$
Die Aussage ist falsch.

2. Die Seitenlängen werden von 100 % auf 200 % vergrößert, also verdoppelt. Eine Seite des Fotos ist vorher 15 cm lang und nach der Vergrößerung (Verdopplung) 30 cm lang.
Die Aussage ist wahr.

3. Flächeninhalt des Fotos vor der Vergrößerung:
$A = 10 \cdot 15$ (Rechteck)
$A = 150$
Die Seitenlängen werden von 100 % auf 200 % vergrößert, also verdoppelt.
Flächeninhalt des Fotos nach der Vergrößerung:
$A' = 20 \cdot 30$
$A' = 600$

Es gilt: $4 \cdot 150 = 600$
Die Aussage ist wahr.

oder

Wird eine Fläche mit dem Faktor k vergrößert, ändert sich ihr Flächeninhalt um den Faktor k^2. Die Seitenlängen werden von 100 % auf 200 % vergrößert, also verdoppelt. Damit ist $k = 2$.
Flächeninhalt des Fotos nach der Vergrößerung:

$A' = k^2 \cdot A$

$A' = 2^2 \cdot A$

$A' = 4 \cdot A$

Die Aussage ist wahr.

4. Die Seitenlängen werden von 100 % auf 200 % vergrößert, also verdoppelt. Die Maße des Bildes sind im Original 10 cm × 15 cm und nach der Vergrößerung doppelt so lang, also 20 cm × 30 cm. Der Rahmen hat die Maße 18 cm × 30 cm. Das vergrößerte Foto passt nicht in den Bilderrahmen, da eine Seite des Bilderrahmens 2 cm zu kurz ist.
Die Aussage ist falsch.

---

66 Vervollständigte Sätze:

Eine maßstäbliche Vergrößerung mit dem Faktor 2 verändert…

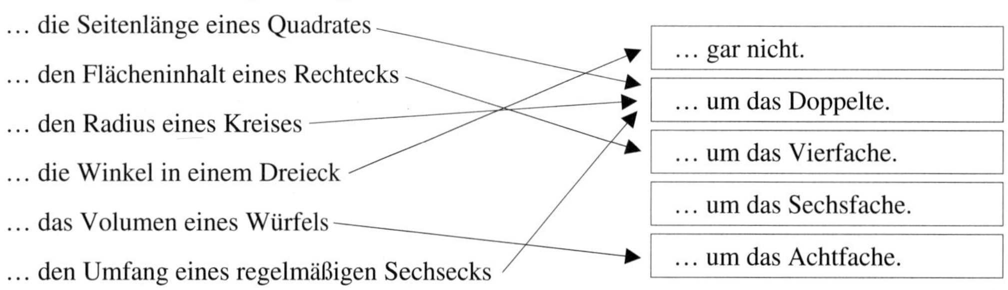

Begründung:
Bei einer maßstäblichen Vergrößerung mit dem Faktor $k = 2$ (Verdopplung) verändern sich alle Längen (Seitenlängen, Radius, Umfang) um das Doppelte. Für den Flächeninhalt und das Volumen gelten folgende Zusammenhänge:

- Der Flächeninhalt eines Rechtecks verändert sich um das Vierfache:

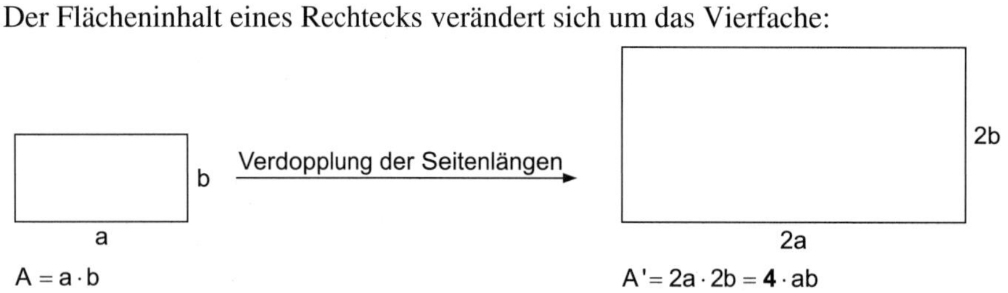

- Das Volumen eines Würfels verändert sich um das Achtfache:

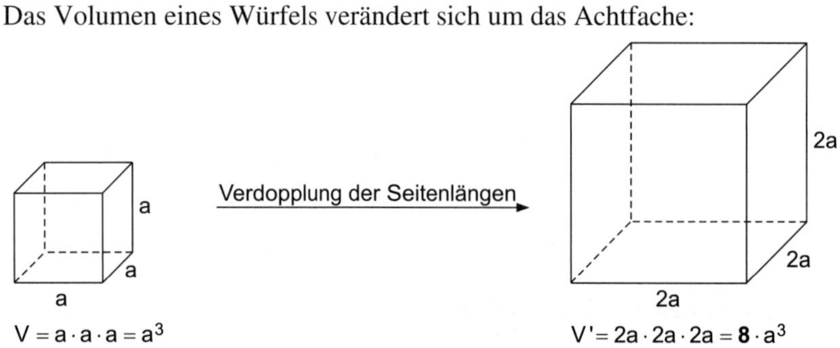

67 $10^3 = 1\,000$ $(-3)^3 = -27$ $2^{-3} = \frac{1}{2^3} = \frac{1}{8}$ $3^{-2} = \frac{1}{3^2} = \frac{1}{9}$ $2^{10} = 1\,024$ $10^{-2} = \frac{1}{10^2} = \frac{1}{100}$

2^{10} ist die größte und $(-3)^3$ ist die kleinste Zahl.

---

68 a) $2^5 > 5^2$, denn $32 > 25$

b) $(-4)^1 < (-4)^0$, denn $-4 < 1$

c) $4{,}5^2 \cdot 2^2 = 81$, denn $(4{,}5 \cdot 2)^2 = 9^2 = 81$

d) $\frac{3^2}{4^2} < \frac{4^2}{3^2}$, denn $\frac{9}{16} < \frac{16}{9}$

e) $7^{-2} > (-2)^7$, denn $\frac{1}{49} > -128$

f) $6^{-2} < (-2)^6$, denn $\frac{1}{36} < 64$

g) $8^{-1} < 8$, denn $\frac{1}{8} < 8$

h) $0{,}5^3 = \frac{1}{8}$, denn $0{,}5^3 = 0{,}125 = \frac{1}{8}$

---

69 a) $8^{-3} \cdot 8^4 = 8^{-3+4} = 8^1 = 8$

b) $\frac{3^6}{3^3} = 3^{6-3} = 3^3 = 27$

c) $9 \cdot 1{,}5^{-2} \cdot 2^{-2} = 9 \cdot (1{,}5 \cdot 2)^{-2} = 9 \cdot \frac{1}{3^2} = 1$

d) $(3xy^2)^3 = 3^3 \cdot x^3 \cdot y^{2\cdot 3} = 27x^3y^6$

e) $\frac{5^{12}}{5^{10}} \cdot (-6+8)^2 = 5^{12-10} \cdot 2^2 = 5^2 \cdot 2^2 = (5 \cdot 2)^2 = 100$

f) $\frac{(x+1)^3}{x^2+2x+1} = \frac{(x+1)^3}{(x+1)^2} = x+1$ (mit $x \neq -1$)

70

Aussage	wahr	falsch	Begründung
$-3^4 = 81$	☐	☒	$-3^4 = -81$
Es gibt Zahlen, die beim Potenzieren kleiner werden.	☒	☐	alle Zahlen zwischen 0 und 1 werden beim Potenzieren kleiner, z. B.: $0{,}5^2 = 0{,}25$
$(4^0) = 0$	☐	☒	$4^0 = 1$
$7 - 7^2 = 0$	☐	☒	Punkt- vor Strichrechnung: $7 - 7^2 = 7 - 49 = -42$
$x^n : x^1 = x^n$	☐	☒	$x^n : x^1 = x^{n-1}$

---

71 a) $1{,}2 \cdot 10^8$

b) $5{,}1 \cdot 10^{-5}$

c) $70\,000\,000\,000 = 7 \cdot 10^{10}$

d) $\frac{4}{1\,000\,000} = 0{,}000004 = 4 \cdot 10^{-6}$

---

72 Damit ist gemeint: $-2{,}43 \cdot 10^{-3} = -\frac{2{,}43}{1\,000} = -0{,}00243$

---

73 Einwohner: 83 000 000
Fläche: 357 588 km²

Bevölkerungsdichte: $\frac{\text{Einwohner}}{\text{Fläche}} = \frac{83\,000\,000}{357\,588} \approx 232$

Die Bevölkerungsdichte in Deutschland beträgt ca. 232 $\frac{\text{Einwohner}}{\text{km}^2}$.

74 Millionstel dargestellt mit einer Zehnerpotenz:

$1 \text{ Millionstel} = \frac{1}{1\,000\,000} = 0{,}000001 = 1 \cdot 10^{-6} = 10^{-6}$

Durchmesser des Corona-Virus:

$120 \text{ nm} = 120 \cdot 10^{-6} \text{ mm} = 0{,}00012 \text{ mm} = 1{,}2 \cdot 10^{-4} \text{ mm}$

Das Corona-Virus hat einen Durchmesser von $1{,}2 \cdot 10^{-4}$ mm.

---

75 a) $\sqrt[3]{64} = 4$

b) $\sqrt{14} \cdot \sqrt{14} = \sqrt{14 \cdot 14} = 14$

c) $\sqrt[3]{x \cdot x \cdot x} = \sqrt[3]{x^3} = x$

d) $\sqrt{72 : 2} = \sqrt{36} = 6$

e) $\sqrt[3]{10^2} = \sqrt[3]{100} \approx 4{,}64$

f) $\sqrt{10^3} = \sqrt{1\,000} \approx 31{,}62$

2 Lineare Funktionen – Lineare Gleichungssysteme

76 a) Es ist eine Funktion, weil jedem x-Wert genau ein y-Wert zugeordnet wird.

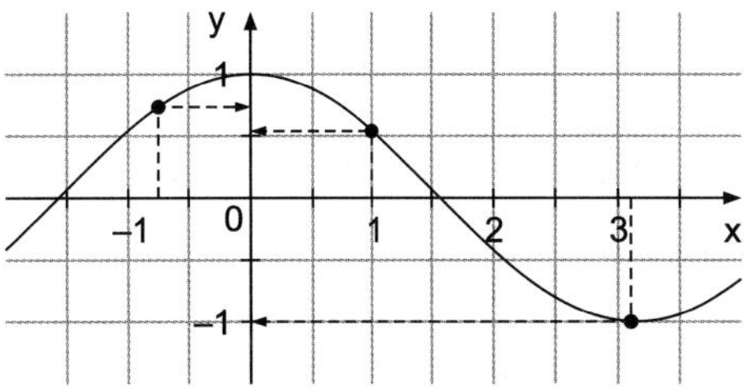

b) Es ist keine Funktion, weil es x-Werte gibt, denen zwei y-Werte zugeordnet werden.

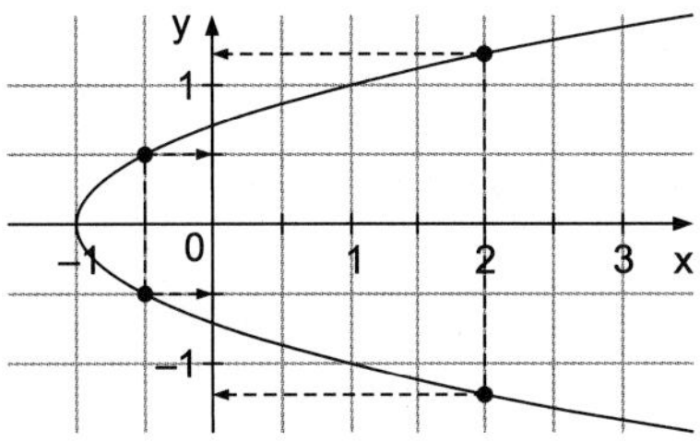

c) Es ist eine Funktion, weil jedem Alter genau eine Körpergröße zugeordnet wird.

d) Es ist eine Funktion, weil jedem Durchmesser eines Kreises genau ein Flächeninhalt zugeordnet wird.

$A(d) = \pi \cdot \left(\frac{d}{2}\right)^2$ (Kreisformel: $A = \pi \cdot r^2$)

---

77 $y = \frac{1}{2}x + 1$

x	−3	−2	−1	0	1	2	3	4
y	−0,5	0	0,5	1	1,5	2	2,5	3

$y = \frac{1}{2}x^2 - 2$

x	−3	−2	−1	0	1	2	3	4
y	2,5	0	−1,5	−2	−1,5	0	2,5	6

Die Graphen schneiden sich in den Punkten $S_1(-2\,|\,0)$ und $S_2(3\,|\,2{,}5)$.

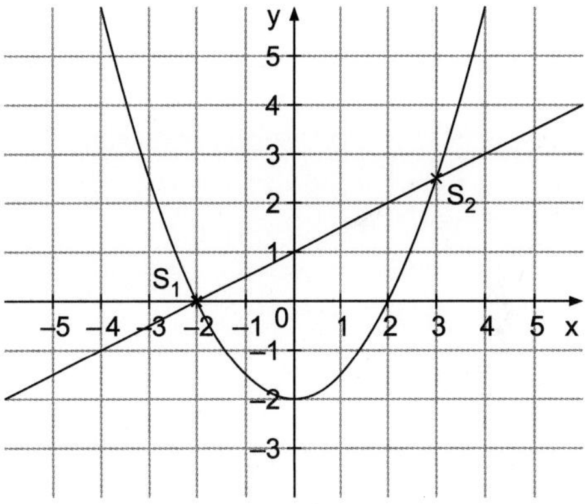

---

78 Zeichnerische Lösung (siehe nebenstehende Skizze):
Die Graphen scheiden sich im Punkt $S(-1\,|\,-1)$.

Rechnerische Lösung:

I $y = 4x + 3$

II $y = -x - 2$

Gleichsetzen I = II:

$4x + 3 = -x - 2 \quad |+x-3$

$5x = -5 \quad |:5$

$x = -1$

Einsetzen in I:

$y = 4 \cdot (-1) + 3$

$y = -1$

Schnittpunkt: $S(-1\,|\,-1)$

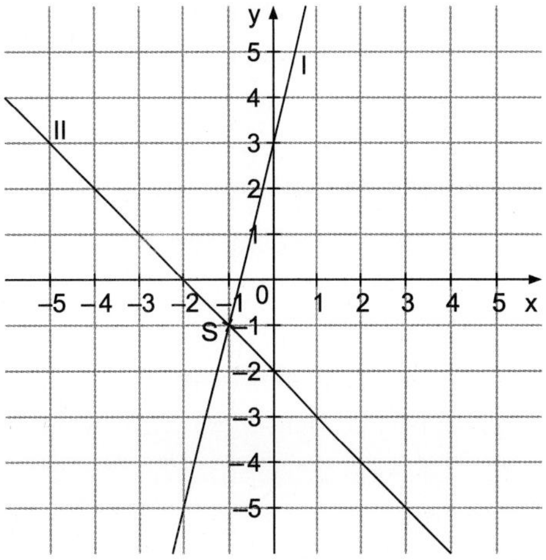

---

79 a) 5 b) 4 c) 1 d) 6 e) 2 f) 3

---

80 a) $y = -\frac{1}{3}x + 2,\quad y = -\frac{1}{3}x - 1,\quad y = -\frac{1}{3}x,\ \ldots$

Alle Funktionen mit der Steigung $m = -\frac{1}{3}$.

b) Funktionsgleichung:

$y = -\frac{1}{3}x + 6$

A(6 | 4) eingesetzt:	B(–24 | 13) eingesetzt:
$4 \stackrel{?}{=} -\frac{1}{3} \cdot 6 + 6$	$13 \stackrel{?}{=} -\frac{1}{3} \cdot (-24) + 6$
$4 = 4$	$13 \neq 14$
A liegt auf g.	B liegt nicht auf g.

c) Steigungsdreieck der Senkrechten:
1 LE nach rechts, 3 LE nach oben.

$m = \frac{3}{1} = 3$

Funktionsgleichung der Senkrechten:
$y = 3x + 6$

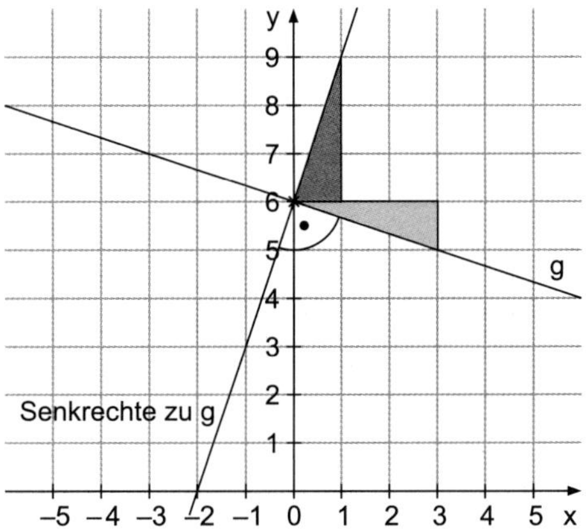

d) Eine zeichnerische Lösung durch Ablesen ist nicht möglich, da der Schnittpunkt mit der x-Achse außerhalb des eingezeichneten Bereichs liegt.

Rechnerische Lösung:

$0 = -\frac{1}{3}x + 6 \quad | -6$

$-6 = -\frac{1}{3}x \quad | \cdot (-3)$

$x = 18$

Bei $x = 18$ schneidet g die x-Achse.

e) P(–10 | ?)

$y = -\frac{1}{3} \cdot (-10) + 6$

$y = \frac{10}{3} + 6$

$y = 9{,}\overline{3}$

Q(? | 8)

$8 = -\frac{1}{3} \cdot x + 6 \quad | -6$

$2 = -\frac{1}{3}x \quad | \cdot (-3)$

$x = -6$

Die Punkte P(–10 | 9,33) und Q(–6 | 8) liegen auf g.

---

81 a) x entspricht „Anzahl der km“
y entspricht „Kosten“

Funktionsgleichung 1 (≤ 10 km): $y = 1{,}68x + 2{,}4$
Funktionsgleichung 2 (> 10 km): $y = 1{,}28x + 2{,}4$

b) $y = 1{,}68 \cdot 7 + 2{,}4$
$y = 14{,}16$
Die Fahrt kostet 14,16 €.

c) Reine Fahrtkosten nach Abzug des Trinkgelds:
$23\,€ - 1{,}40\,€ = 21{,}60\,€$

Eine Fahrt von höchstens zehn Kilometer Länge kostet höchstens $1{,}68\,€ \cdot 10 + 2{,}40\,€ = 19{,}20\,€$.
Daher ist Funktionsgleichung 2 zu verwenden.

$21{,}6 = 1{,}28x + 2{,}4 \quad | -2{,}4$

$19{,}2 = 1{,}28x \quad |:1{,}28$

$x = 15$

Der Fahrstrecke war 15 km lang.

---

82 Probe: $x = -5$ und $y = 4$ in beide Gleichungen einsetzen.

I $\frac{4}{5}\cdot(-5) + \frac{1}{4}\cdot 4 \overset{?}{=} -3$

$-4 + 1 \overset{?}{=} -3$

$-3 = -3$

II $-4 \overset{?}{=} -(-5) + 1$

$-4 \overset{?}{=} 5 + 1$

$-4 \neq 6$

Die Lösung $(-5\,|\,4)$ stimmt nicht.

---

83 a) Grafisches Lösungsverfahren oder Gleichsetzungsverfahren:

I = II:

$-\frac{1}{2}x + 1 = \frac{3}{4}x - 4 \quad \left| -\frac{3}{4}x\right.$

$-\frac{5}{4}x + 1 = -4 \quad | -1$

$-\frac{5}{4}x = -5 \quad \left| \cdot\left(-\frac{4}{5}\right)\right.$

$x = 4$

$x = 4$ in I:

$y = -\frac{1}{2}\cdot 4 + 1$

$y = -1$

$L = \{(4\,|\,-1)\}$

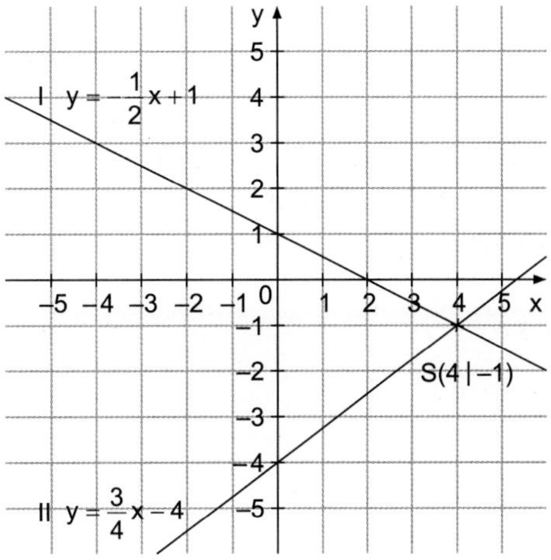

b) Additionsverfahren:

I $\quad 6x - 6y = 108$

II $\quad 7x + 2y = 27 \quad |\cdot 3$

I $\quad 6x - 6y = 108$

II $\quad 21x + 6y = 81$ $\Big\}+$

I + II $\quad 27x = 189 \quad |:27$

$x = 7$

$x = 7$ in II:

$7\cdot 7 + 2y = 27$

$49 + 2y = 27 \quad |-49 \quad |:2$

$y = -11$

Probe:

I $6 \cdot 7 - 6 \cdot (-11) \stackrel{?}{=} 108$

$42 + 66 \stackrel{?}{=} 108$

$108 = 108$

II $7 \cdot 7 + 2 \cdot (-11) \stackrel{?}{=} 27$

$49 - 22 \stackrel{?}{=} 27$

$27 = 27$

$L = \{(7|-11)\}$

c) Einsetzungsverfahren:

I nach y auflösen:

I $y = 85 - 0,75x$

I in II:

$$\begin{aligned} 0,5x - 0,6(85 - 0,75x) &= 44 \\ 0,5x - 51 + 0,45x &= 44 \\ -51 + 0,95x &= 44 \quad |+51 \\ 0,95x &= 95 \quad |:0,95 \\ x &= 100 \end{aligned}$$

$x = 100$ in I:

$$\begin{aligned} 0,75 \cdot 100 + y &= 85 \\ 75 + y &= 85 \quad |-75 \\ y &= 10 \end{aligned}$$

Probe:

I $0,75 \cdot 100 + 10 \stackrel{?}{=} 85$

$75 + 10 \stackrel{?}{=} 85$

$85 = 85$

II $0,5 \cdot 100 - 0,6 \cdot 10 \stackrel{?}{=} 44$

$50 - 6 \stackrel{?}{=} 44$

$44 = 44$

$L = \{(100|10)\}$

d) Additionsverfahren:

$$\begin{array}{lrl} \text{I} & 9x - 2y = -20 & |\cdot 2 \\ \text{II} & -2x - 9y = -5 & |\cdot 9 \end{array}$$

Achtung: Reihenfolge bei II vertauscht.

$$\begin{array}{lrl} \text{I} & 18x - 4y = -40 & \rbrace + \\ \text{II} & -18x - 81y = -45 & \\ \hline \text{I+II} & -85y = -85 & |:(-85) \\ & y = 1 & \end{array}$$

$y = 1$ in I:

$$\begin{aligned} 9x - 2 \cdot 1 &= -20 \quad |+2 \\ 9x &= -18 \quad |:9 \\ x &= -2 \end{aligned}$$

Probe:

I $9 \cdot (-2) - 2 \cdot 1 \stackrel{?}{=} -20$

$-18 - 2 \stackrel{?}{=} -20$

$-20 = -20$

II $-9 \cdot 1 - 2 \cdot (-2) \stackrel{?}{=} -5$

$-9 + 4 \stackrel{?}{=} -5$

$-5 = -5$

$L = \{(-2|1)\}$

84 a) Preis für Erwachsene: x
Preis für Kinder: y

$$\begin{array}{ll} \text{I} & 2x+4y=30{,}4 \\ \text{II} & 3x+2y=28{,}8 \end{array}$$

Additionsverfahren: II · (–2)

$$\left.\begin{array}{ll} \text{I} & 2x+4y=30{,}4 \\ \text{II} & -6x-4y=-57{,}6 \end{array}\right\}+$$

$$\begin{array}{lrl} \text{I}+\text{II} & -4x=-27{,}2 & \mid :(-4) \\ & x=6{,}8 & \end{array}$$

x = 6,8 in I:

$$\begin{array}{rl} 2\cdot 6{,}8+4y=30{,}4 & \\ 13{,}6+4y=30{,}4 & \mid -13{,}6 \\ 4y=16{,}8 & \\ y=4{,}2 & \end{array}$$

Die Kinokarte für Erwachsene kostet 6,80 € und die für Kinder 4,20 €.

b) Anzahl der Karten für Erwachsene: x
Anzahl der Karten für Kinder: y

$$\begin{array}{ll} \text{I} & 6{,}8\cdot x+4{,}2\cdot y=32 \\ \text{II} & x+y=7 \end{array}$$

Einsetzungsverfahren:
II $x=7-y$ in I

II in I:

$$\begin{array}{rl} 6{,}8\cdot(7-y)+4{,}2y=32 & \\ 47{,}6-6{,}8y+4{,}2y=32 & \mid -47{,}6 \\ -2{,}6y=-15{,}6 & \mid :(-2{,}6) \\ y=6 & \end{array}$$

Es waren 6 Kinder dabei.

---

85 Erste Zahl: x
Zweite Zahl: y

a) I $x+y=-1$ (Lösung: x = 3; y = –4)
II $x-y=7$

b) I $3x+y=13$ (Lösung: x = 7; y = –8)
II $x-2y=23$

c) I $2x+2=y$ (Lösung: x = 12; y = 26)
II $\frac{x+y}{2}-7=x$

oder

II $\frac{1}{2}(x+y)=x+7$

---

86 Anzahl der Hunde: x
Anzahl der Menschen: y

I $x + y = 65$ (Köpfe insgesamt)
II $4x + 2y = 178$ (Beine insgesamt)

Additionsverfahren: I · (–2)

$$\left.\begin{aligned} \text{I} \quad -2x - 2y &= -130 \\ \text{II} \quad 4x + 2y &= 178 \end{aligned}\right\} +$$

$$\begin{aligned} \text{I+II} \quad 2x &= 48 \quad |:2 \\ x &= 24 \end{aligned}$$

x = 24 in I:

$$\begin{aligned} 24 + y &= 65 \quad |-24 \\ y &= 41 \end{aligned}$$

Robert begegnete 24 Hunden und 41 Menschen.

---

87 Alter von Xaver: x
Alter von Yvonne: y

Xaver ist jetzt 7 Jahre älter als Yvonne: $y + 7 = x$ **oder** $x - 7 = y$

Vor sechs Jahren $(x-6;\ y-6)$ war Xaver doppelt so alt wie Yvonne: $x - 6 = 2 \cdot (y-6)$

Gleichungssystem c stimmt!

I $x = y + 7$
II $x - 6 = 2(y - 6)$

Einsetzungsverfahren:
I in II:

$$\begin{aligned} y + 7 - 6 &= 2(y-6) \\ y + 1 &= 2y - 12 \quad |-2y \quad |-1 \\ -y &= -13 \quad |:(-1) \\ y &= 13 \end{aligned}$$

y = 13 in I:

$$\begin{aligned} x &= 13 + 7 \\ x &= 20 \end{aligned}$$

Xaver ist 20 Jahre alt, Yvonne ist 13.

---

88 Menge der 40 %igen Säure in $m\ell$: x
Menge der 15 %igen Säure in $m\ell$: y

$$20\ \% = \frac{20}{100} = 0{,}2$$

I $0{,}4 \cdot x + 0{,}15 \cdot y = 0{,}2 \cdot 100$ **oder** I $40 \cdot x + 15 \cdot y = 20 \cdot 100$
II $x + y = 100$ II $x + y = 100$

Einsetzungsverfahren:
II $x = 100 - y$

II in I:

$$\begin{aligned} 0{,}4 \cdot (100 - y) + 0{,}15y &= 0{,}2 \cdot 100 \\ 40 - 0{,}4y + 0{,}15y &= 20 \quad |-40 \\ -0{,}25y &= -20 \quad |:(-0{,}25) \\ y &= 80 \end{aligned}$$

y = 80 in II:
x = 20
Man mischt 20 mℓ 40 %ige und 80 mℓ 15 %ige Essigsäure und erhält 100 mℓ 20 %ige Essigsäure.

---

89 **Rechnerische Lösung:**

$$\begin{array}{lrl} \text{I} & 3x - 2y = 10 & \mid \cdot 2 \\ \text{II} & -6x + 4y = -4 & \end{array}$$

Additionsverfahren:

$$\left.\begin{array}{lr} \text{I} & 6x - 4y = 20 \\ \text{II} & -6x + 4y = -4 \end{array}\right\} +$$

$$\text{I} + \text{II} \qquad 0 = 16$$ falsche Aussage

$L = \varnothing$

Grafische Lösung:

I und II werden umgestellt nach y:

I $\quad y = \frac{3}{2}x - 5$

II $\quad y = \frac{3}{2}x - 1$

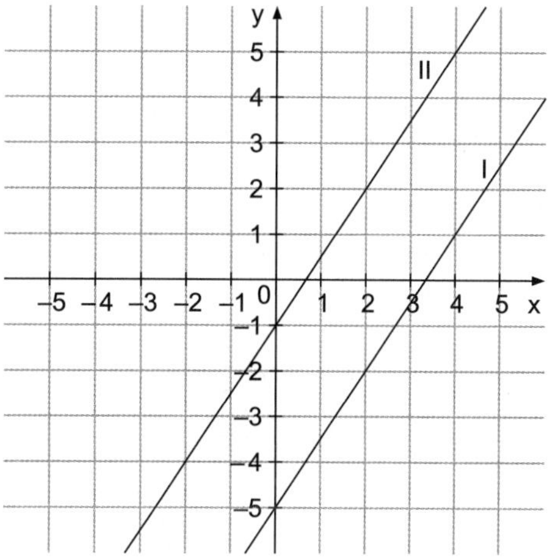

3 Quadratische Funktionen und Gleichungen

90 a) $S(-5\,|\,2)$

b) $y = (x+5)^2 + 2$ Scheitelpunktform

$y = (x^2 + 10x + 25) + 2$

$y = x^2 + 10x + 27$ allgemeine Form

---

91 a) Wertetabelle:

x	−2	−1	0	1	2	3	4	5	6	7	8
y	−2,33	0,67	3	4,67	5,67	6	5,67	4,67	3	0,67	−2,33

Graph:

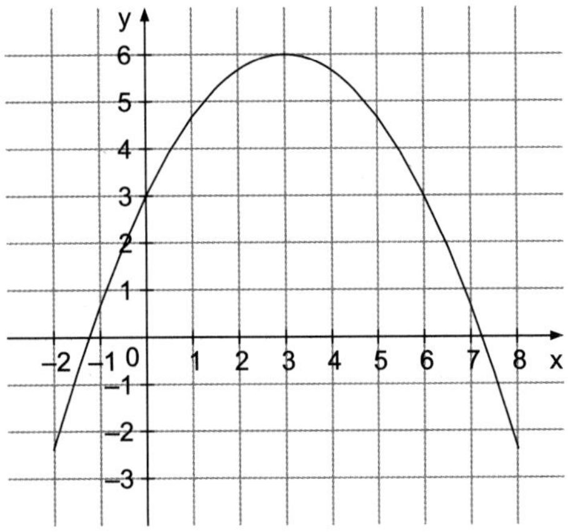

b) Überprüfung für $P(4\,|\,5{,}8)$:

$5{,}8 \stackrel{?}{=} -\frac{1}{3} \cdot 4^2 + 2 \cdot 4 + 3$

$5{,}8 \stackrel{?}{=} -5{,}33 + 8 + 3$

$5{,}8 \neq 5{,}67$

P liegt nicht auf dem Graphen.

Überprüfung für $Q(-9\,|\,-42)$:

$-42 \stackrel{?}{=} -\frac{1}{3} \cdot (-9)^2 + 2 \cdot (-9) + 3$

$-42 \stackrel{?}{=} -27 - 18 + 3$

$-42 = -42$

Q liegt auf dem Graphen.

c) Die Koordinaten des Scheitelpunktes lauten: $S(3\,|\,6)$

---

92 a) Scheitelpunkt $S(2\,|\,-1)$

$y = (x-2)^2 - 1$ Scheitelpunktform

$y = (x^2 - 4x + 4) - 1$

$y = x^2 - 4x + 3$ allgemeine Form

b) Scheitelpunkt $S(-3\,|\,2)$, Streckfaktor ist −1, d. h. die Normalparabel wird an der x-Achse gespiegelt

$y = -1 \cdot (x+3)^2 + 2$ Scheitelpunktform

$y = -1(x^2 + 6x + 9) + 2$

$y = -x^2 - 6x - 9 + 2$

$y = -x^2 - 6x - 7$ allgemeine Form

---

93 a) Wertetabelle:

x	0	10	20	30	40	50	60	70	80	90	100	110
y	0	7,2	12,8	16,8	19,2	20	19,2	16,8	12,8	7,2	0	−8,8

Graph:

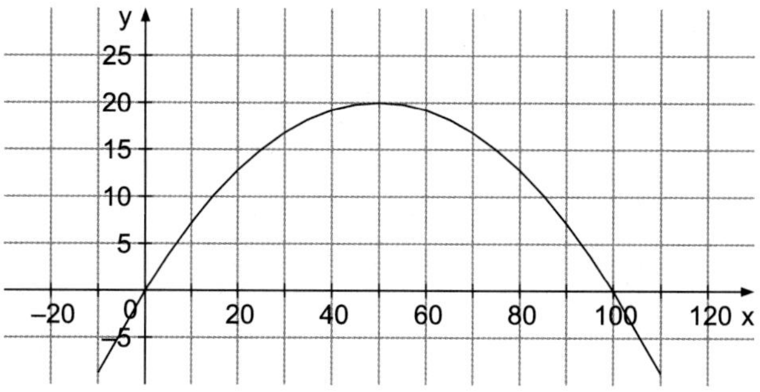

b) Der Ball fliegt 100 m weit.

c) Die größte Höhe ist 20 m.

d) Der höchste Punkt der Baumkrone hat die Koordinaten (17 | 11).
Gesucht ist die y-Koordinate für den Punkt (17 | ?) des Graphen.

$$y = -\frac{1}{125}x^2 + \frac{4}{5}x$$

$$y = -\frac{1}{125}\cdot 17^2 + \frac{4}{5}\cdot 17$$

$$y \approx 11,29$$

Der Ball fliegt im Abstand von etwa 29 cm über den Baum.

---

94 a) f_4 b) f_3 c) f_1 d) f_2 e) f_5

---

95 a)

$$2x^2 - 98 = 0 \qquad |+98 \quad |:2$$

$$x^2 = 49$$

$$x = \pm\sqrt{49}$$

$$x_1 = 7 \qquad x_2 = -7$$

b)

$$3x^2 - \frac{108}{169} = 0 \qquad \left| +\frac{108}{169} \right. \quad |:3$$

$$x^2 = \frac{36}{169}$$

$$x = \pm\sqrt{\frac{36}{169}}$$

$$x_1 = \frac{6}{13} \qquad x_2 = -\frac{6}{13}$$

c)

$$(x-2)^2 + 12x = -3x^2 + (x+4)^2$$

$$x^2 - 4x + 4 + 12x = -3x^2 + x^2 + 8x + 16 \qquad |+2x^2 - 8x - 4$$

$$3x^2 = 12 \qquad |:3$$

$$x^2 = 4$$

$$x = \pm\sqrt{4}$$

$$x_1 = 2 \qquad x_2 = -2$$

d) $5x^2+45=0 \quad |-45 \quad |:5$

$x^2=-9$

$x=\pm\sqrt{-9}$

Es gibt keine reelle Lösung.

---

96 a) $x^2-9=0$

b) $x^2-\frac{9}{16}=0$

---

97 a) $3x^2-16{,}5265=0$

$x^2=\frac{16{,}5265}{3}$

$x_1\approx 2{,}35 \quad x_2\approx -2{,}35$

b) $2{,}5x^2-(8{,}75)^3=0$

$x^2=\frac{(8{,}75)^3}{2{,}5}$

$x_1\approx 16{,}37 \quad x_2\approx -16{,}37$

---

98 a) $x^2-\frac{3}{4}x=0$

$x\left(x-\frac{3}{4}\right)=0$

$x_1=0 \quad x_2=\frac{3}{4}$

$L=\left\{0;\frac{3}{4}\right\}$

b) $2x^2-5x=0 \quad |:2$

$x^2-2{,}5x=0$

$x(x-2{,}5)=0$

$x_1=0 \quad x_2=2{,}5$

$L=\{0;2{,}5\}$

c) $-3x^2+9x=0 \quad |:(-3)$

$x^2-3x=0$

$x(x-3)=0$

$x_1=0 \quad x_2=3$

$L=\{0;3\}$

---

99 a) $2x^2+6x-20=0 \quad |:2$

$x^2+3x-10=0$ Normalform $p=3 \quad q=-10$

$x_{1/2}=-\frac{3}{2}\pm\sqrt{\left(\frac{3}{2}\right)^2+10}$

$x_{1/2}=-1{,}5\pm\sqrt{2{,}25+10}$

$x_{1/2}=-1{,}5\pm 3{,}5$

$x_1=2 \quad x_2=-5$

$L=\{-5;2\}$

b) $x^2-2x-15=0$ Normalform $p=-2 \quad q=-15$

$x_{1/2}=-\frac{-2}{2}\pm\sqrt{\left(\frac{2}{2}\right)^2+15}$

$x_{1/2}=1\pm\sqrt{1+15}$

$x_{1/2}=1\pm 4$

$x_1=5 \quad x_2=-3$

$L=\{-3;5\}$

c) $\frac{1}{2}x^2+12{,}5x+50=0 \quad |\cdot 2$

$x^2+25x+100=0$ Normalform $p=25 \quad q=100$

$x_{1/2}=-\frac{25}{2}\pm\sqrt{\left(\frac{25}{2}\right)^2-100}$

$x_{1/2}=-12{,}5\pm\sqrt{156{,}25-100}$

$x_{1/2}=-12{,}5\pm 7{,}5$

$x_1=-5 \quad x_2=-20$

$L=\{-20;-5\}$

d) $4x^2=12+8x \quad |-12-8x$ Sortieren

$4x^2-8x-12=0 \quad |:4$

$x^2-2x-3=0$ Normalform $p=-2 \quad q=-3$

$x_{1/2}=\frac{2}{2}\pm\sqrt{\left(\frac{2}{2}\right)^2+3}$

$x_{1/2}=1\pm 2$

$x_1=3 \quad x_2=-1$

$L=\{-1;3\}$

e) $16x^2+25=40x$ | $-40x$ Sortieren

$16x^2-40x+25=0$ | $:16$

$x^2-2{,}5x-1{,}5625=0$ Normalform $p=-2{,}5$ $q=-1{,}5625$

$x_{1/2}=-\frac{-2{,}5}{2}\pm\sqrt{\left(\frac{2{,}5}{2}\right)^2+1{,}5625}$

$x_{1/2}=1{,}25\pm\sqrt{1{,}5625-1{,}5625}$

$x_{1/2}=1{,}25\pm\sqrt{0}$

$x=1{,}25$

$L=\{1{,}25\}$ nur eine Lösung

oder

mit Brüchen rechnen

$16x^2-40x+25=0$ | $:16$

$x^2-\frac{5}{2}x+\frac{25}{16}=0$

$x_{1/2}=\frac{5}{4}\pm\sqrt{\left(\frac{5}{4}\right)^2-\frac{25}{16}}$

$x_{1/2}=\frac{5}{4}\pm\sqrt{\frac{25}{16}-\frac{25}{16}}$

$x=\frac{5}{4}$

$L=\left\{\frac{5}{4}\right\}$

f) $-6x^2-9x+6=0$ | $:(-6)$

$x^2+\frac{3}{2}x-1=0$ Normalform $p=\frac{3}{2}$ $q=-1$

$x_{1/2}=-\frac{3}{4}\pm\sqrt{\left(\frac{3}{4}\right)^2+1}$

$x_{1/2}=-\frac{3}{4}\pm\sqrt{\left(\frac{9}{16}\right)+\frac{16}{16}}$

$x_{1/2}=-\frac{3}{4}\pm\sqrt{\frac{25}{16}}$

$x_{1/2}=-\frac{3}{4}\pm\frac{5}{4}$

$x_1=\frac{1}{2}$ $x_2=-2$

$L=\left\{-2;\frac{1}{2}\right\}$

---

100 Nullstellen sind die x-Koordinaten der Schnittpunkte der Parabel mit der x-Achse. Da für jeden Schnittpunkt mit der x-Achse die y-Koordinate 0 wird, setzt man $y=0$.

a) $x^2-3x-4=0$ | p-q-Formel

$x_{1/2}=\frac{3}{2}\pm\sqrt{\left(\frac{-3}{2}\right)^2+4}$

$x_{1/2}=1{,}5\pm\sqrt{1{,}5^2+4}$

$x_{1/2}=1{,}5\pm\sqrt{6{,}25}$

$x_{1/2}=1{,}5\pm2{,}5$

$x_1=4$ $x_2=-1$

Der Graph der Parabel schneidet die x-Achse an den Stellen –1 und 4.

b) $\frac{1}{2}x^2-8x+7{,}5=0$ | $\cdot 2$

$x^2-16x+15=0$ | Normalform

$x_{1/2}=\frac{16}{2}\pm\sqrt{\left(\frac{-16}{2}\right)^2-15}$

$x_{1/2}=8\pm\sqrt{8^2-15}$

$x_{1/2}=8\pm\sqrt{49}$

$x_{1/2}=8\pm7$

$x_1=15$ $x_2=1$

Der Graph der Parabel schneidet die x-Achse an den Stellen 1 und 15.

101 a) Skizze:

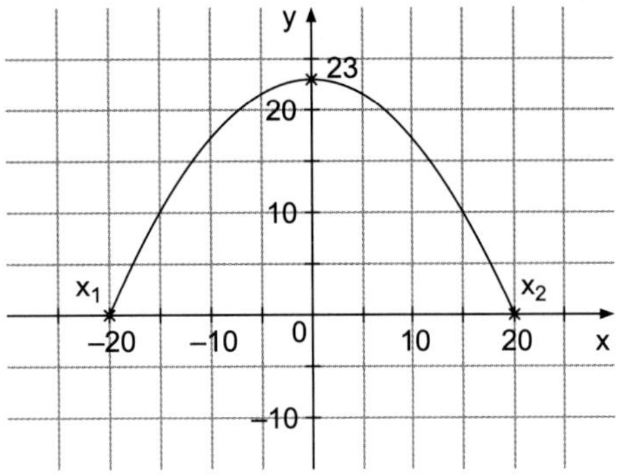

b) Gesucht werden die Nullstellen der Parabel.

$-0{,}0575x^2 + 23 = 0 \quad | -23$ (reinquadratische Gleichung)

$-0{,}0575x^2 = -23 \quad | :(-0{,}0575)$

$x^2 = 400 \quad | \sqrt{\ }$

$x_1 = -20 \quad x_2 = 20$

Die Kuppel hat einen unteren Durchmesser von 40 m.

102

	Länge in m	Breite in m	Flächeninhalt in m²
Altes Rechteck	$\ell = b + 20$	b	$A_{alt} = b \cdot (b + 20)$
Neues Rechteck	$\ell - 5 = b + 15$	2b	$A_{neu} = 2b \cdot (b + 15)$

$A_{neu} = A_{alt} + 936$

$2b \cdot (b + 15) = b \cdot (b + 20) + 936$

$2b^2 + 30b = b^2 + 20b + 936 \quad | -b^2 - 20b - 936$

$b^2 + 10b - 936 = 0$

$(p = 10; \quad q = -936)$

$$b_{1/2} = -\frac{10}{2} \pm \sqrt{\left(\frac{10}{2}\right)^2 + 936}$$

$b_{1/2} = -5 \pm \sqrt{5^2 + 936}$

$b_{1/2} = -5 \pm \sqrt{961}$

$b_{1/2} = -5 \pm 31$

$b_1 = 26 \quad b_2 = -36$

b_2 scheidet als Lösung aus, da die Länge nicht negativ sein kann.

	Länge in m	Breite in m	Flächeninhalt in m²
Altes Rechteck	46	26	1 196
Neues Rechteck	41	52	2 132

4 Der Satz des Pythagoras

103 a) $7{,}5^2 \stackrel{?}{=} 6^2 + 4{,}5^2$

$56{,}25 \stackrel{?}{=} 36 + 20{,}25$

$56{,}25 = 56{,}25$

Die gegebenen Maße stimmen.

b) Weil das Dreieck gleichseitig ist, sind alle Seiten 17 cm lang. Die Höhe halbiert die Seite, auf der sie senkrecht steht.

$17^2 \stackrel{?}{=} \left(\frac{17}{2}\right)^2 + 15^2$

$17^2 \stackrel{?}{=} 8{,}5^2 + 15^2$

$289 \stackrel{?}{=} 72{,}25 + 225$

$289 \neq 297{,}25$

Die gegebenen Maße stimmen nicht.

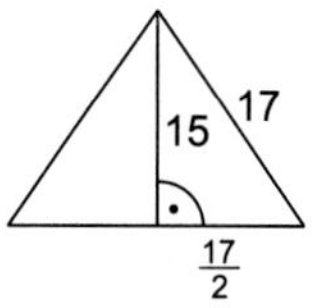

c) In einer Raute halbieren sich die Diagonalen gegenseitig und stehen senkrecht aufeinander.

$25^2 \stackrel{?}{=} \left(\frac{14}{2}\right)^2 + \left(\frac{48}{2}\right)^2$

$25^2 \stackrel{?}{=} 7^2 + 24^2$

$625 \stackrel{?}{=} 49 + 576$

$625 = 625$

Die gegebenen Maße stimmen.

d) $h^2 + \left(\frac{a}{2}\right)^2 = h_a^2$

$15^2 + 8^2 \stackrel{?}{=} 17^2$

$225 + 64 \stackrel{?}{=} 289$

$289 = 289$

Die gegebenen Maße stimmen.

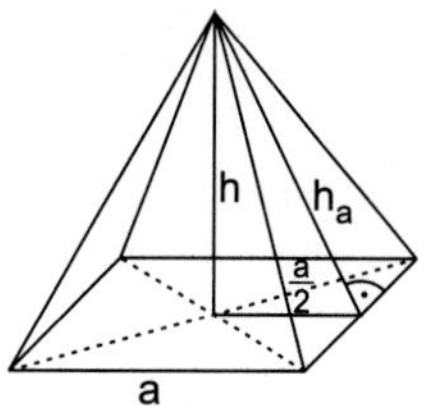

104 Berechnung der Höhe des Bildschirms, also der Länge der zweiten Kathete:

$94^2 = x^2 + 78{,}9^2 \quad | -78{,}9^2$

$x^2 = 94^2 - 78{,}9^2$

$x^2 = 8\,836 - 6\,225{,}21$

$x^2 = 2\,610{,}79 \quad | \sqrt{}$

$x \approx 51{,}1$

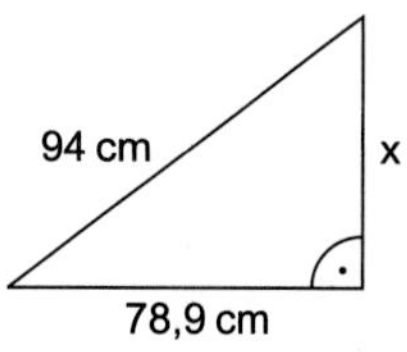

Berechnung der Bildschirmfläche:

$A = a \cdot b$

$A = 78{,}9 \cdot 51{,}1$

$A = 4\,031{,}79$

Die Bildschirmfläche beträgt 4 031,79 cm² bzw. 40,32 dm².

105 Berechnung der Diagonale des Fensters:

$x^2 = 0{,}8^2 + 1{,}2^2$

$x^2 = 0{,}64 + 1{,}44$

$x^2 = 2{,}08 \qquad |\sqrt{\ }$

$x \approx 1{,}4422$

Das Fenster hat eine Diagonale von etwa 1,44 m. Mark kann das Ölbild mit den Maßen 1,40 m × 1,60 m diagonal durch das Fenster reichen. Es bleiben ihm ungefähr 4 cm Spielraum.

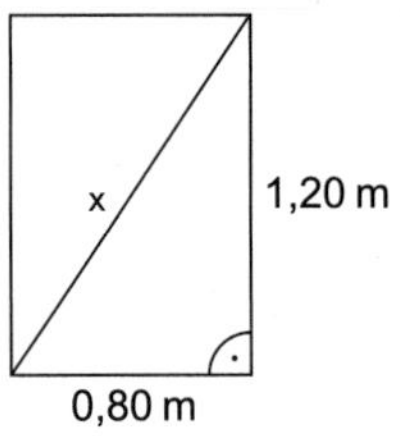

---

106 Berechnung der Flächendiagonale (f):
Die Entfernung des Elfmeterschützen vom ebenerdigen Torpfosten entspricht der Länge der Flächendiagonale f.

$f^2 = \left(\frac{7{,}32}{2}\right)^2 + 11^2$

$f^2 = 3{,}66^2 + 11^2$

$f^2 = 13{,}3956 + 121$

$f^2 = 134{,}3956 \qquad |\sqrt{\ }$

$f \approx 11{,}59$

Die Entfernung des Elfmeterschützen zum Eckpfosten beträgt ca. 11,59 m.

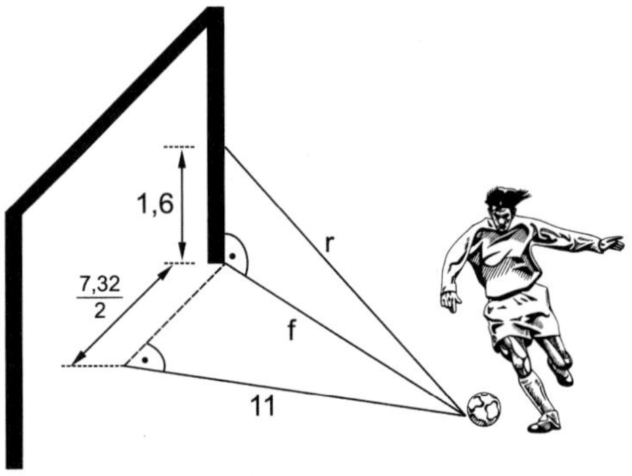

Berechnung der Raumdiagonale (r):
Die Länge der Flugbahn des Balles entspricht der Länge der Raumdiagonale r.

$r^2 = 1{,}6^2 + f^2$

$r^2 = 1{,}6^2 + 11{,}59^2$

$r^2 \approx 2{,}56 + 134{,}33$

$r^2 = 136{,}89 \qquad |\sqrt{\ }$

$r \approx 11{,}7$

Bei diesem Schuss fliegt der Ball 11,7 m weit.

5 Trigonometrie

107 a) $\sin\alpha = 0{,}67$

$\alpha = \sin^{-1}(0{,}67)$

$\alpha \approx 42{,}07°$

b) $\cos\beta = 0{,}99$

$\beta = \cos^{-1}(0{,}99)$

$\beta \approx 8{,}11°$

c) $\tan\delta = 5{,}5$

$\delta = \tan^{-1}(5{,}5)$

$\delta \approx 79{,}70°$

---

108 a) Sowohl der Sinus- als auch der Kosinuswert eines Winkels ist der Quotient aus einer Kathete und der Hypotenuse. Da die Hypotenuse immer die längste Seite in einem rechtwinkligen Dreieck ist, teilt man immer eine Zahl durch eine größere Zahl und somit ergibt sich immer ein Wert zwischen 0 und 1.

b) In einem rechtwinkligen Dreieck mit einem 45°-Winkel muss auch die Größe des anderen nicht rechten Winkels 45° betragen (Winkelsumme: $180° - 90° - 45° = 45°$). Es handelt sich hier also um ein gleichschenkliges Dreieck, in dem die Katheten die gleiche Länge haben, d. h. der Quotient aus Gegenkathete und Ankathete ($= \tan\alpha$) ergibt immer 1.

---

109 a) Berechnung von x:

$$\cos 55° = \frac{18}{x} \qquad |\cdot x$$
$$\cos 55° \cdot x = 18 \qquad |:\cos 55°$$
$$x = \frac{18}{\cos 55°}$$
$$x \approx 31{,}38$$

Berechnung von y:

$$\tan 55° = \frac{y}{18} \qquad |\cdot 18$$
$$\tan 55° \cdot 18 = y$$
$$y \approx 25{,}71$$

Ergebnis: $x = 31{,}38$ cm; $y = 25{,}71$ cm

b) Teildreieck:

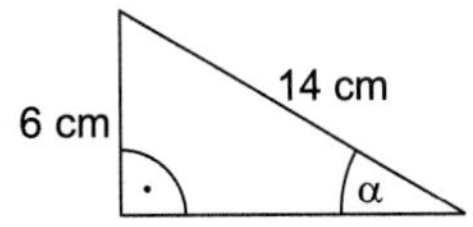

$$\sin\alpha = \frac{6}{14}$$
$$\alpha \approx 25{,}38°$$

Ganzes Dreieck:

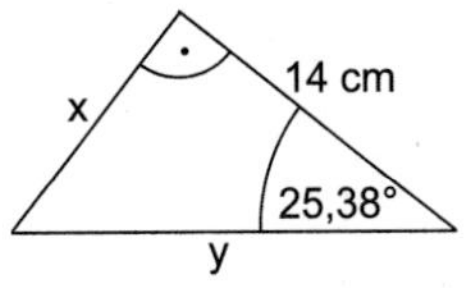

Berechnung von x:

$$\tan 25{,}38° = \frac{x}{14} \qquad |\cdot 14$$
$$\tan 25{,}38° \cdot 14 = x$$
$$x \approx 6{,}64$$

Berechnung von y:

$$\cos 25{,}38° = \frac{14}{y} \qquad |\cdot y$$
$$\cos 25{,}38° \cdot y = 14 \qquad |:\cos 25{,}38°$$
$$y = \frac{14}{\cos 25{,}38°}$$
$$y \approx 15{,}5$$

Ergebnis: $x = 6{,}64$ cm; $y = 15{,}5$ cm; $\alpha = 25{,}38°$

c) Achtung: Das Dreieck ist nicht rechtwinklig, denn $\gamma = 180° - 40° - 40° = 100°$!
Da $\alpha = \beta = 40°$ handelt es sich um ein gleichschenkliges Dreieck, d. h. $a = b$.
Die Höhe h_c halbiert die Seite c und zerlegt das Dreieck in zwei rechtwinklige Teildreiecke.

$$\cos 40° = \frac{7,5}{a} \quad |\cdot a$$
$$\cos 40° \cdot a = 7,5 \quad |: \cos 40°$$
$$a = \frac{7,5}{\cos 40°}$$
$$a \approx 9,79$$

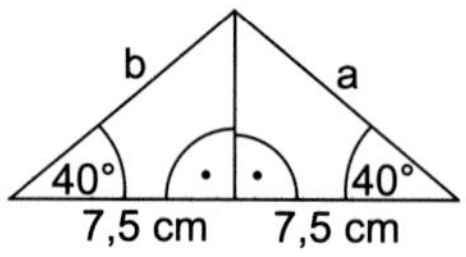

Ergebnis: $a = 9,79$ cm; $b = 9,79$ cm

d) Die Figur ist eine Raute. Die Diagonalen halbieren sich gegenseitig und die Winkel α und β.
Teildreieck:
Berechnung von a mit dem Satz von Pythagoras:

$$a^2 = 15^2 + 8^2$$
$$a^2 = 289 \quad |\sqrt{}$$
$$a = 17$$

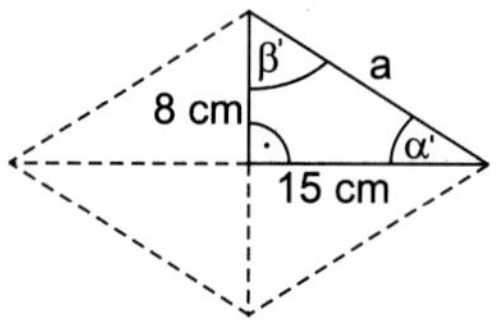

Berechnung von α:

$$\tan \alpha' = \frac{8}{15}$$
$$\alpha' \approx 28,07° \Rightarrow \alpha = 56,14°$$

Berechnung von β:
$\beta' = 180° - 90° - 28,07°$ Winkelsumme im Dreieck
$\beta' = 61,93° \Rightarrow \beta = 123,86°$

oder

$$\tan \beta' = \frac{15}{8}$$
$$\beta' \approx 61,93° \Rightarrow \beta = 123,86°$$

Ergebnis: $a = 17$ cm; $\alpha = 56,14°$; $\beta = 123,86°$

---

110 a) Die Leiter erreicht die größte Höhe, wenn sie mit dem größtmöglichen Neigungswinkel von 75° angestellt wird. Zu berechnen ist, welche Höhe mit dem nutzbaren Teil der Leiter (5,35 m – 1 m = 4,35 m) bei diesem Neigungswinkel erreicht wird.
Berechnung von h:

$$\sin 75° = \frac{h}{4,35} \quad |\cdot 4,35$$
$$\sin 75° \cdot 4,35 = h$$
$$h \approx 4,20$$

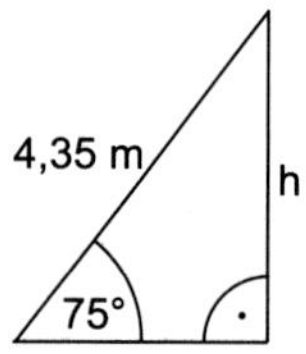

Die Leiter reicht gerade aus, wenn sie mit einem Neigungswinkel von 75° aufgestellt wird.

b) Berechnung von x:

$$\cos 75° = \frac{x}{4,35} \quad |\cdot 4,35$$
$$\cos 75° \cdot 4,35 = x$$
$$x \approx 1,13$$

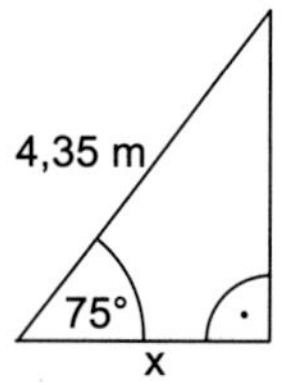

Das untere Leiterende steht 1,13 m von der Wand entfernt.

☐ 1,9 m ☐ 1,55 m ☒ 1,13 m

111 Zu einer Steigung von 100 % gehört der Steigungswinkel von 45° (und nicht 90°, wie oft angenommen wird), denn auf 100 m Länge wird eine Höhe von 100 m überwunden.

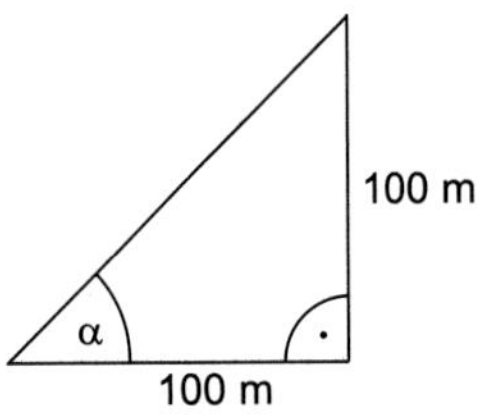

100 %: $\tan\alpha = \frac{100}{100}$

$\alpha = 45°$

Bei einer Steigung von 84 % wird auf 100 m Länge eine Höhe von 84 m überwunden. Der Steigungswinkel beträgt:

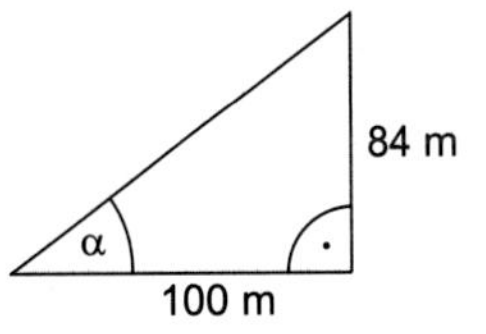

84 %: $\tan\alpha = \frac{84}{100}$

$\alpha \approx 40{,}03°$

Lena hat nicht geschwindelt.

---

112 Gesucht: α, β, γ, δ, A
Im gleichschenkligen Trapez ist α = β und γ = δ.

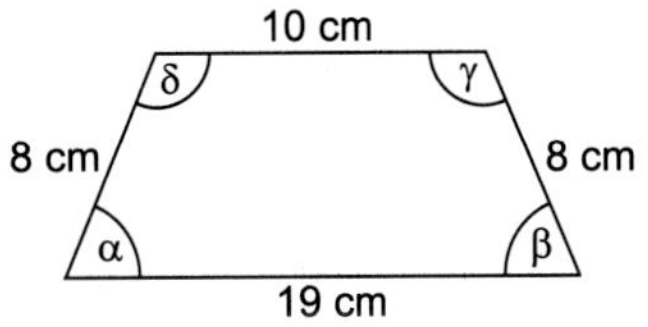

Durch Einzeichnen der Höhe h findet man ein rechtwinkliges Dreieck:

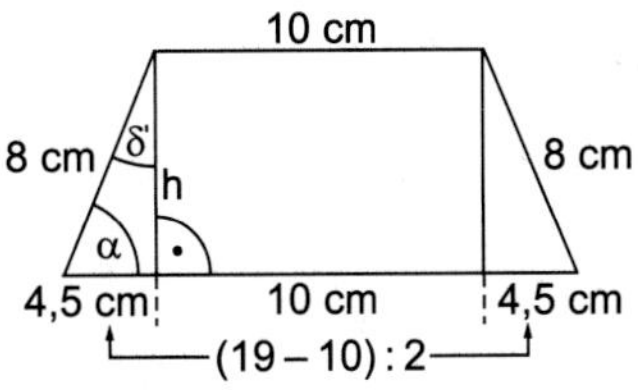

Berechnung von α:

$\cos\alpha = \frac{4{,}5}{8}$

$\alpha \approx 55{,}77°$

Berechnung von δ:

$\sin\delta' = \frac{4{,}5}{8}$

$\delta' \approx 34{,}23°$

$\delta = 90° + 34{,}23°$

$\delta = 124{,}23°$

Berechnung der Höhe h mit dem Satz von Pythagoras:

$4{,}5^2 + h^2 = 8^2 \quad | -4{,}5^2$

$h^2 = 8^2 - 4{,}5^2 \quad | \sqrt{}$

$h \approx 6{,}61$

Berechnung des Flächeninhaltes A:

$A = \frac{1}{2}(a + c) \cdot h$

$A = \frac{1}{2}(19 + 10) \cdot 6{,}61$

$A = \frac{1}{2} \cdot 29 \cdot 6{,}61$

$A = 95{,}85$

Ergebnis: $\alpha = 55{,}77°$; $\beta = 55{,}77°$; $\gamma = 124{,}23°$; $\delta = 124{,}23°$; $A = 95{,}85\ \text{cm}^2$

---

113 Planskizze:

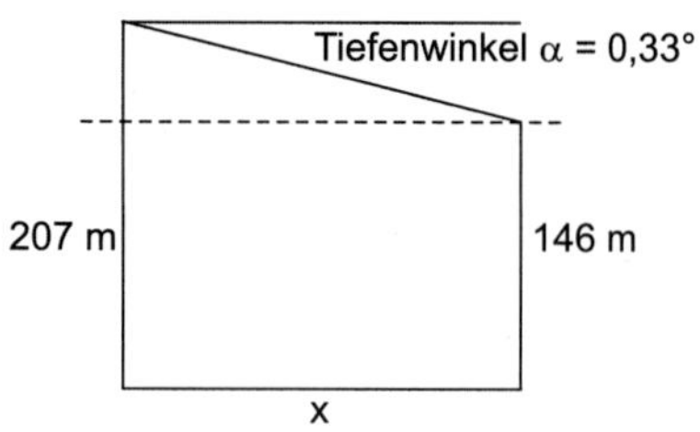

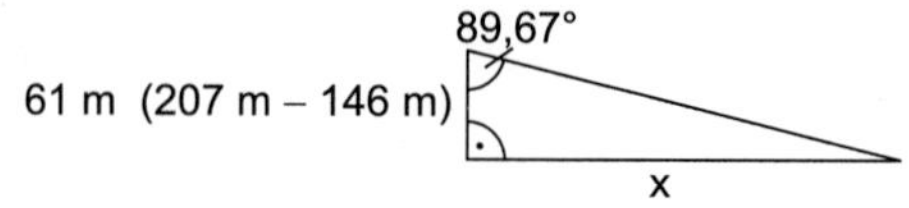

Berechnung von x:

$$\tan 89{,}67° = \frac{x}{61} \quad \Big| \cdot 61$$

$$x = 10\,590{,}92$$

Der Funkturm ist ungefähr 10,59 km vom Fernsehturm entfernt.

---

114 a) Gegeben: WWS → Anwendung des Sinussatzes

Berechnung der Länge der Strecke x:

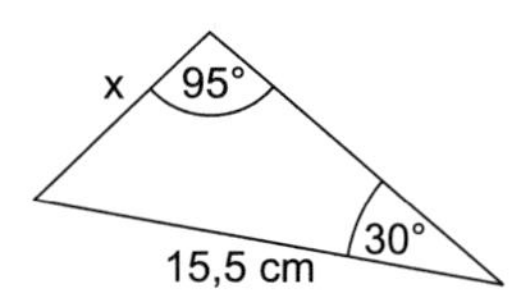

$$\frac{15{,}5}{\sin 95°} = \frac{x}{\sin 30°} \quad \Big| \cdot \sin 30°$$

$$x = \frac{15{,}5 \cdot \sin 30°}{\sin 95°}$$

$$x \approx 7{,}78$$

Die Länge der Strecke x beträgt 7,78 cm.

Berechnung des fehlenden Winkels mit der Winkelsumme im Dreieck:

$$\alpha = 180° - 95° - 30°$$

$$\alpha = 55°$$

Flächeninhalt des Dreiecks:

$$A = \frac{1}{2} \cdot 15{,}5 \cdot x \cdot \sin \alpha$$

$$A = \frac{1}{2} \cdot 15{,}5 \cdot 7{,}78 \cdot \sin 55°$$

$$A \approx 49{,}4$$

b) Gegeben: WSW → Anwendung des Sinussatzes

Berechnung des fehlenden Winkels mit der Winkelsumme im Dreieck:

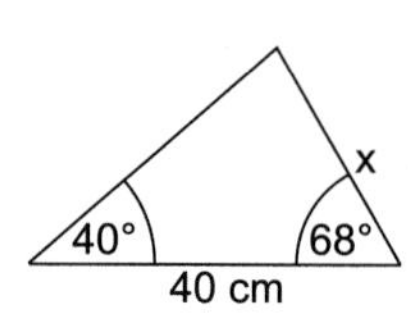

$$\gamma = 180° - 40° - 68°$$

$$\gamma = 72°$$

Berechnung der Länge der Strecke x:

$$\frac{40}{\sin 72°} = \frac{x}{\sin 40°} \quad \Big| \cdot \sin 40°$$

$$x = \frac{40 \cdot \sin 40°}{\sin 72°}$$

$$x \approx 27{,}03$$

Die Länge der Strecke x beträgt 27,03 cm.

Flächeninhalt des Dreiecks:

$$A = \frac{1}{2} \cdot 40 \cdot x \cdot \sin 68$$

$$A = \frac{1}{2} \cdot 40 \cdot 27{,}03 \cdot \sin 68$$

$$A \approx 501{,}2$$

c) Gegeben: SWS $\rightarrow$ Anwendung des Kosinussatzes

Berechnung der Länge der Strecke x:

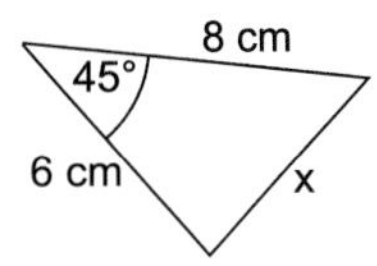

$x^2 = 6^2 + 8^2 - 2 \cdot 6 \cdot 8 \cdot \cos 45°$

$x^2 = 36 + 64 - 67{,}88$

$x^2 = 32{,}12 \qquad |\sqrt{\ }$

$x \approx 5{,}67$

Die Länge der Strecke x beträgt 5,67 cm.

Flächeninhalt des Dreiecks:

$A = \frac{1}{2} \cdot 8 \cdot 6 \cdot \sin 45$

$A \approx 17{,}0$

---

115 Bestimmung aller Winkel im Teildreieck I:

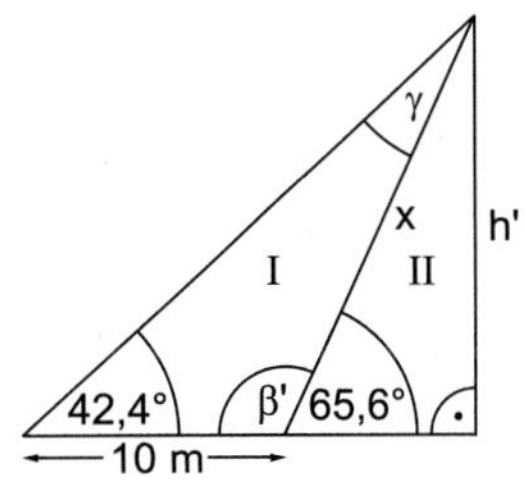

$\beta' = 180° - 65{,}6°$ Nebenwinkel

$\beta' = 114{,}4°$

$\gamma = 180° - 42{,}4° - 114{,}4°$

$\gamma = 23{,}2°$

Berechnung von x:

Gegeben: WSW $\rightarrow$ Sinussatz

$\frac{10}{\sin 23{,}2°} = \frac{x}{\sin 42{,}4°} \qquad | \cdot \sin 42{,}4°$

$x = \frac{10 \cdot \sin 42{,}4°}{\sin 23{,}2°}$

$x \approx 17{,}12$

Berechnung von h' im Teildreieck II:

Gegeben: rechtwinkliges Dreieck mit einem Winkel und einer Seite

$\sin\beta = \frac{\text{Gegenkathete}}{\text{Hypotenuse}}$

$\sin\beta = \frac{h'}{x}$

$\sin 65{,}6° = \frac{h'}{17{,}12} \qquad | \cdot 17{,}12$

$h' = \sin 65{,}6° \cdot 17{,}12$

$h' \approx 15{,}59$

Berechnung von h:

$h = 15{,}59 + 1{,}6 = 17{,}19$

Die Kletterwand ist 17,19 m hoch.

---

116 Berechnung von x:

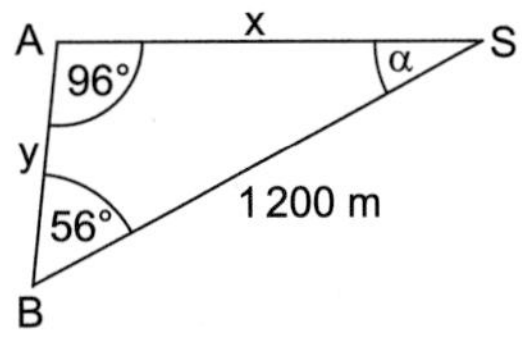

Gegeben: WWS $\rightarrow$ Sinussatz

$\frac{1\,200}{\sin 96°} = \frac{x}{\sin 56°} \qquad | \cdot \sin 56°$

$\frac{1\,200 \cdot \sin 56°}{\sin 96°} = x$

$x \approx 1\,000{,}32$

Berechnung von y:

Winkelsumme im Dreieck:

$\alpha = 180° - 96° - 56°$

$\alpha = 28°$

Gegeben: WWS $\rightarrow$ Sinussatz

$$\frac{1\,200}{\sin 96^\circ} = \frac{y}{\sin 28^\circ} \quad \Big| \cdot \sin 28^\circ$$

$$\frac{1\,200 \cdot \sin 28^\circ}{\sin 96^\circ} = y$$

$$y \approx 566,47$$

Länge der Gesamtstrecke:
$1\,200 + 1\,000{,}32 + 566{,}47 = 2\,766{,}79$

Die Schwimmstrecke ist rund 167 m länger als die tatsächliche Wettkampfstrecke.

6 Körper

117 Volumen:

$V = G \cdot h$

$V = \frac{1}{2} \cdot 6 \cdot 8 \cdot 6$

$V = 144$

Die Grundfläche ist ein rechtwinkliges Dreieck $(6^2 + 8^2 = 10^2)$: $G = \frac{1}{2} \cdot 6 \cdot 8$

Oberfläche:

$O = 2 \cdot G + M$

$O = 2 \cdot \frac{1}{2} \cdot 6 \cdot 8 + 6 \cdot (10 + 8 + 6)$

$O = 192$

Das Volumen des Prismas beträgt 144 cm^3 und die Oberfläche 192 cm^2.

---

118 Gegeben: $a = 50$ cm; $c = 70$ cm; $h_T = 3{,}5$ dm $= 35$ cm; $\ell = 10$ dm $= 100$ cm

Volumen eines Trogs:

$V = G \cdot h$

$V = \frac{a+c}{2} \cdot h_T \cdot \ell$

$V = \frac{50+70}{2} \cdot 35 \cdot 100$

$V = 210\,000$

Das Fassungsvermögen von einem Trog beträgt 210 000 $cm^3 = 210$ dm^3.

$210 \cdot 25 \cdot 2 = 10\,500$ (dm^3)

Es werden täglich 10,5 m^3 Kraftfutter benötigt.

---

119 a) Bisher verwendeter Karton:

Volumen:

$V = a \cdot b \cdot h$

$V = 9 \cdot 6 \cdot 19$

$V = 1\,026$

Oberfläche:

$O = 2(ab + ah + bh)$

$O = 2 \cdot (9 \cdot 6 + 9 \cdot 19 + 6 \cdot 19)$

$O = 678$

Der bisher verwendete Karton hat eine Oberfläche von 678 cm^2. Das Volumen beträgt 1 026 $m\ell$ (1 026 cm^3).

Würfel:

Kantenlänge:

$V = a^3$

$1\,026 = a^3$

$a = \sqrt[3]{1\,026}$

$a \approx 10{,}09$

Oberfläche:

$O = 6a^2$

$O = 6 \cdot 10{,}09^2$

$O \approx 610{,}85$

Die würfelförmige Verpackung hat eine Oberfläche von 610,85 cm^2.

Quadratische Säule:

Höhe:

$V = a^2 \cdot h$

$1\,026 = 49 \cdot h$

$h \approx 20{,}94$

Oberfläche:

$O = 2 \cdot G + M$

$O = 2a^2 + 4ah$

$O = 2 \cdot 7^2 + 4 \cdot 7 \cdot 20{,}94$

$O = 684{,}32$

Wählt man die quadratische Säule als Verpackung, so ergibt sich eine Oberfläche von 684,32 cm^2.

Zylinder:

Es gilt: $d = h$ bzw. $2r = h$

Radius:

$V = \pi \cdot r^2 \cdot h$

$1\,026 = \pi \cdot r^2 \cdot 2r$

$1\,026 = 2\pi \cdot r^3 \quad |:2\pi$

$r^3 = \frac{1\,026}{2\pi} \quad |\sqrt[3]{}$

$r = \sqrt[3]{\frac{1\,026}{2\pi}}$

$r \approx 5,47$

Oberfläche:

$O = 2 \cdot G + M$

$O = 2\pi \cdot r^2 + 2\pi \cdot r \cdot h$

$O = 2\pi \cdot r^2 + 2\pi \cdot r \cdot 2r$

$O = 2\pi \cdot r^2 + 4\pi \cdot r^2$

$O = 6\pi \cdot r^2$

$O = 6\pi \cdot 5,47^2$

$O \approx 563,00$

Eine zylinderförmige Verpackung hat eine Oberfläche von 563 cm^2.

b) Der Materialverbrauch ist bei einer zylinderförmigen Verpackung am niedrigsten. Trotz des geringeren Verbrauchs sollte sich die Firma nicht für die zylinderförmige Verpackung entscheiden, da diese schlecht zu greifen und damit unpraktisch zu handhaben ist.
Die würfelförmige Verpackung dürfte kaum in das Seitenfach eines Kühlschrankes passen und dürfte ebenfalls mit einer Hand schlecht zu greifen sein.
Da die quadratische Säule eine größere Oberfläche als die bisherige Verpackung hat, sollte die Firma bei der bisherigen Verpackung bleiben.

---

120 $a = 29,7$ cm; $b = 21$ cm

Zylinder I:

$u_1 = a; \quad h_1 = b$

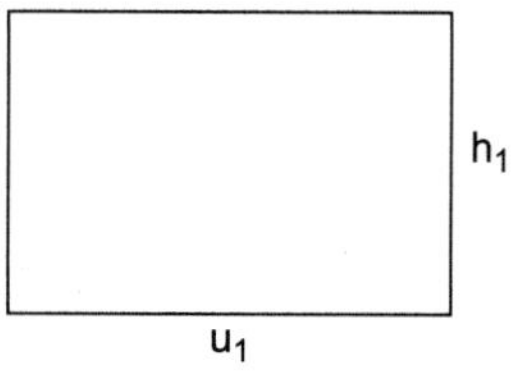

Berechnung des Radius:

$u_1 = 2\pi \cdot r_1$

$29,7 = 2\pi \cdot r_1 \quad |:2\pi$

$r_1 = \frac{29,7}{2\pi}$

$r_1 \approx 4,73$

Berechnung des Volumens:

$V_1 = \pi \cdot r_1^2 \cdot h_1$

$V_1 = \pi \cdot 4,73^2 \cdot 21$

$V_1 \approx 1\,476,02$

Zylinder II:

$u_2 = b; \quad h_2 = a$

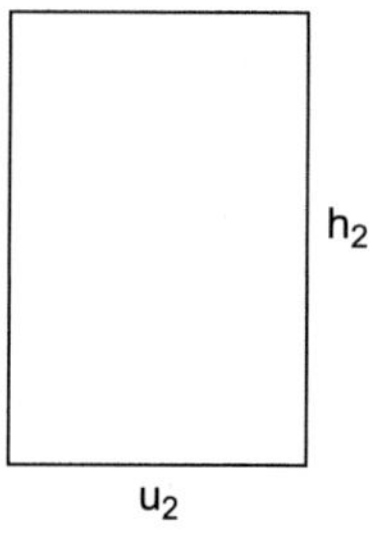

Berechnung des Radius:

$u_2 = 2\pi \cdot r_2$

$21 = 2\pi \cdot r_2 \quad |:2\pi$

$r_2 = \frac{21}{2\pi}$

$r_2 \approx 3,34$

Berechnung des Volumens:

$V_2 = \pi \cdot r_2^2 \cdot h_2$

$V_2 = \pi \cdot 3,34^2 \cdot 29,7$

$V_2 \approx 1\,040,88$

Der niedrigere Zylinder hat mit ca. 1 476 cm^3 das größere Volumen.

---

121 $r_1 = 0,7$ m; $r_2 = 0,6$ m

Volumen des Hohlkörpers:

$V = \pi \cdot (r_1^2 - r_2^2) \cdot h$

$V = \pi \cdot (0,7^2 - 0,6^2) \cdot 3,5$

$V \approx 1,43$

Die Betonröhre hat ein Volumen von 1,43 m^3.

Masse des Hohlkörpers $\left(\frac{g}{cm^3} \triangleq \frac{kg}{dm^3} \triangleq \frac{t}{m^3}\right)$:

$m = V \cdot \rho$

$m = 1,43 \cdot 2,5$

$m \approx 3,58$

Der Kran kann die Röhre nicht heben, da sie 3,58 t wiegt. Der Auszubildende hatte recht.

122 $r = 0{,}005\ mm = 0{,}0005\ cm$

$\rho = 19{,}1\ \frac{g}{cm^3}$

$m = 1\ g$

Das Volumen des Drahts lässt sich über seine Masse bestimmen:

$m = V \cdot \rho \quad |:\rho$

$V = \frac{m}{\rho}$

$V = \frac{1}{19{,}1}$

Gleichsetzen mit der Volumenformel des Zylinders:

$\pi \cdot r^2 \cdot h = \frac{1}{19{,}1} \quad |:(\pi \cdot r^2)$

$h = \frac{1}{19{,}1 \cdot \pi \cdot r^2}$

$h = \frac{1}{19{,}1 \cdot \pi \cdot 0{,}0005^2}$

$h \approx 66\,661{,}76\ (cm)$

Ein 1 g schwerer Draht hat eine Länge von etwa 666,62 m.

---

123 Gegeben: $a = 30\ m$; $s = 25\ m$

Gesucht: h_a; M

Berechnung von h_a:

$s^2 = \left(\frac{a}{2}\right)^2 + h_a^2 \quad \left| -\left(\frac{a}{2}\right)^2\right.$

$h_a^2 = s^2 - \left(\frac{a}{2}\right)^2 \quad |\sqrt{\ }$

$h_a = \sqrt{25^2 - 15^2}$

$h_a = 20$

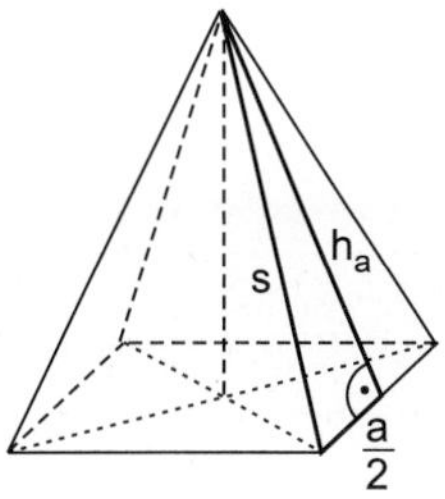

Berechnung des Mantels:

$M = 4 \cdot \frac{1}{2} \cdot a \cdot h_a$

$M = 2 \cdot 30 \cdot 20$

$M = 1\,200$

Der Redakteur hat übertrieben, denn die Glasfläche der Eingangspyramide beträgt nur 1 200 m².

---

124 Gegeben: $V = \frac{1}{4}\ \ell = 250\ cm^3$;

$a = 10\ cm$, da 3 Päckchen eine Länge von 30 cm haben und 2 Päckchen eine Länge von 20 cm

Gesucht: h; h_a; O

Berechnung von h:

$V = \frac{1}{3} a^2 \cdot h$

$250 = \frac{1}{3} \cdot 10^2 \cdot h \quad \left|\cdot \frac{3}{100}\right.$

$h = \frac{250 \cdot 3}{100}$

$h = 7{,}5$

Berechnung von h_a:

$h_a{}^2 = \left(\frac{a}{2}\right)^2 + h^2$

$h_a{}^2 = 5^2 + 7{,}5^2 \quad |\sqrt{}$

$h_a = \sqrt{81{,}25}$

$h_a \approx 9{,}01$

Berechnung von O:

$O = a^2 + 4 \cdot \frac{1}{2} a \cdot h_a$

$O = 10^2 + 2 \cdot 10 \cdot 9{,}01$

$O = 100 + 180{,}2$

$O = 280{,}2$

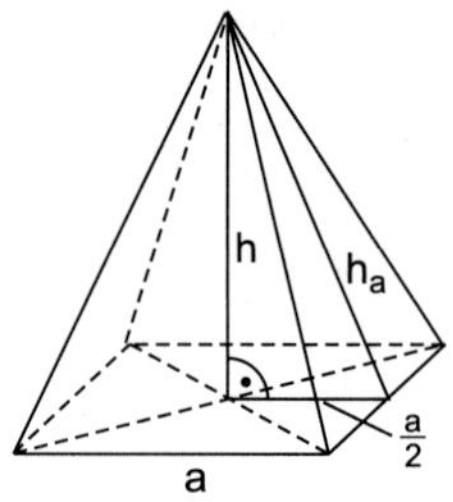

Hinzurechnen des Verschnitts:

$280{,}2 \cdot 1{,}05 = 294{,}21$

Der Materialbedarf für ein Trinkpäckchen beträgt ca. 294 cm^2.

125 a) Gegeben: a = 4 cm; b = 2 cm; V = 8 cm^3

Tim muss die Seitenhöhen h_a und h_b berechnen, damit er das Netz der Pyramide aufzeichnen und sie dann ausschneiden und zusammenfalten kann. Zur Bestimmung der Seitenhöhen muss er außerdem noch die Höhe h der Pyramide berechnen.

Berechnung der Höhe:

$V = \frac{1}{3} \cdot a \cdot b \cdot h$

$8 = \frac{1}{3} \cdot 4 \cdot 2 \cdot h \quad |\cdot \frac{3}{8}$

$\frac{8 \cdot 3}{8} = h$

$h = 3$

Schrägbild:

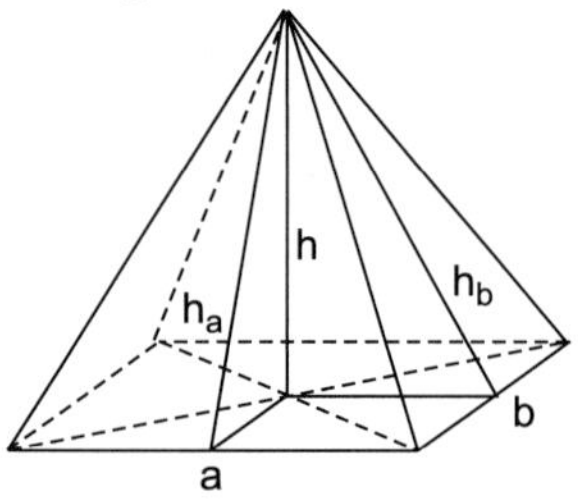

Berechnung von h_a:

$h_a{}^2 = \left(\frac{b}{2}\right)^2 + h^2 \quad |\sqrt{}$

$h_a = \sqrt{1^2 + 3^2}$

$h_a \approx 3{,}16$

Berechnung von h_b:

$h_b{}^2 = \left(\frac{a}{2}\right)^2 + h^2 \quad |\sqrt{}$

$h_b = \sqrt{2^2 + 3^2}$

$h_b \approx 3{,}61$

b) Netzbild:

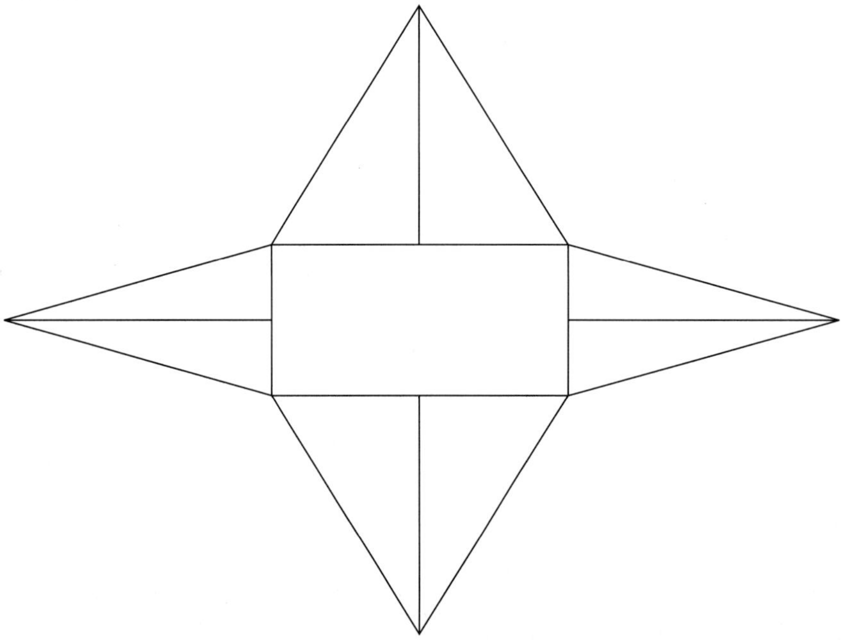

126 Berechnung des Volumens:

$V = \frac{1}{3}\pi \cdot r^2 \cdot h$

$V = \frac{1}{3}\pi \cdot 4^2 \cdot 12$

$V \approx 201{,}06\ (\text{cm}^3)$

$201{,}06\ \text{cm}^3 = 201{,}06\ m\ell$
$0{,}2\ \ell = 200\ m\ell$

In das Glas passen 0,2 ℓ Sekt, jedoch muss man vorsichtig trinken, da es fast randvoll ist.

---

127 Um den Mantel des Doppelkegels zu berechnen, muss zunächst der Mantel von einem Kegel berechnet werden. Dazu benötigt man die Länge der Mantellinie s.

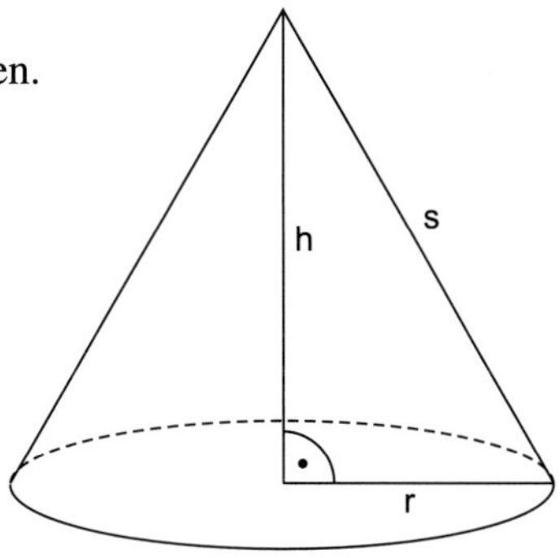

Berechnung von s:

$s^2 = r^2 + h^2$

$s^2 = 16^2 + 37{,}5^2 \quad |\sqrt{\ }$

$s = \sqrt{256 + 1\,406{,}25}$

$s \approx 40{,}77$

Berechnung der Mantelfläche:

$M = \pi \cdot r \cdot s$

$M = \pi \cdot 16 \cdot 40{,}77$

$M \approx 2\,049{,}32 \quad |\cdot 2$

$2M = 4\,098{,}64$

$4\,098{,}64 \cdot 38 = 155\,748{,}32\ (\text{cm}^2)$

Der Hafenmeister des Segelclubs muss eine Fläche von etwa 15,57 m^2 streichen.

---

128 Berechnung von r:

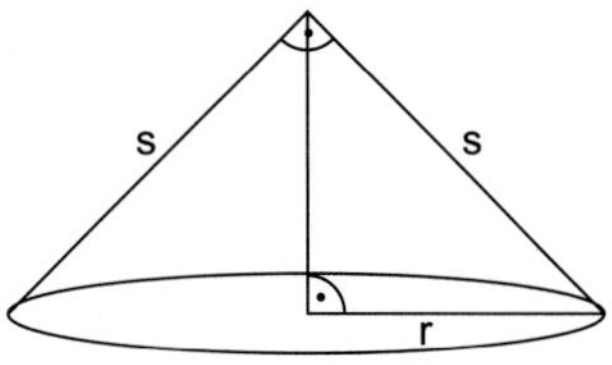

$u = 2\pi \cdot r$

$15{,}7 = 2\pi \cdot r \quad |:(2\pi)$

$r = \frac{15{,}7}{2\pi}$

$r \approx 2{,}50$

Berechnung von s:

$s^2 + s^2 = (2r)^2$

$2s^2 = 4r^2 \quad |:2$

$s^2 = 2r^2$

$s^2 = 2 \cdot 2{,}5^2 \quad |\sqrt{\ }$

$s = \sqrt{2 \cdot 2{,}5^2}$

$s \approx 3{,}54$

Berechnung der Mantelfläche:

$M = \pi \cdot r \cdot s$

$M = \pi \cdot 2{,}5 \cdot 3{,}54$

$M \approx 27{,}80$

Berechnung des Preises:

$27{,}8 \cdot 86{,}4 \cdot 1{,}19 \approx 2\,858{,}28$

Die Kosten für das 27,8 m^2 große Dach betragen 2 858,28 €.

129 a) Fläche eines Fußballfeldes:

$A = a \cdot b$

$A = 68 \cdot 105$

$A = 7\,140$

Oberfläche der Kugel:

$O = 4\pi \cdot r^2$

$O = 4\pi \cdot 7{,}5^2$

$O \approx 706{,}86$

Vergleich:

$7\,140 : 706{,}86 \approx 10{,}10$

Das Fußballfeld mit einer Fläche von 7 140 m^2 ist ungefähr 10-mal so groß wie die Außenhülle des Globus mit einer Fläche von 706,86 m^2.

b) Volumen des Globus:

$V = \frac{4}{3}\pi \cdot r^3$

$V = \frac{4}{3}\pi \cdot 7{,}5^3$

$V \approx 1\,767{,}15\ (m^3)$

Volumen eines Fußballs:

$V = \frac{4}{3}\pi \cdot r^3$

$V = \frac{4}{3}\pi \cdot 11^3$

$V \approx 5\,575{,}28\ (cm^3)$

Der Globus hat ein Volumen von ca. 1 767,15 m^3, ein Fußball ein Volumen von ca. 0,0056 m^3.

$$\frac{V_{Globus}}{V_{Fußball}} = \frac{1\,767{,}15}{0{,}0056} \approx 315\,562{,}5$$

☐ 3 000 ☐ 30 000 ☒ 300 000 ☐ 3 000 000 ☐ 30 000 000

Es würden ungefähr 300 000 Fußbälle in den Globus passen.

130

$$\frac{V_{Erde}}{V_{Mars}} = \frac{\frac{4}{3}\pi \cdot {r_E}^3}{\frac{4}{3}\pi \cdot {r_M}^3}$$

$$\frac{V_{Erde}}{V_{Mars}} = \frac{{r_E}^3}{{r_M}^3}$$

$$\frac{V_{Erde}}{V_{Mars}} = \left(\frac{6\,371\ km}{3\,400\ km}\right)^3$$

$$\frac{V_{Erde}}{V_{Mars}} \approx 6{,}58 \qquad | \cdot V_{Mars}$$

$$V_{Erde} \approx 6{,}58 \cdot V_{Mars}$$

Das Volumen der Erde ist ca. 6,58-mal größer als das Volumen des Mars.

131 Volumen:

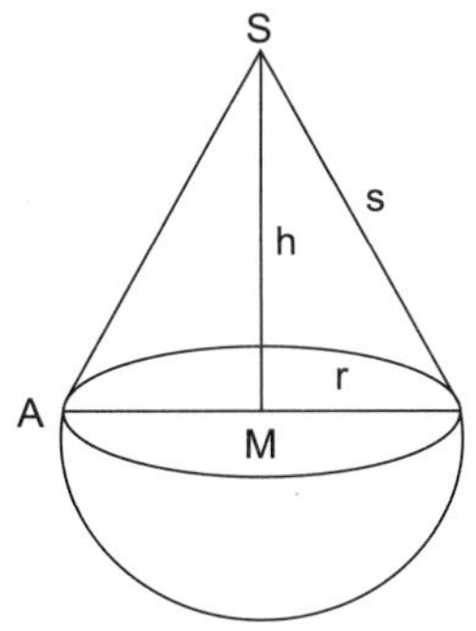

$V = V_{Halbkugel} + V_{Kegel}$

$V = \frac{1}{2} \cdot \frac{4}{3} \pi \cdot r^3 + \frac{1}{3} \pi \cdot r^2 \cdot h$

$V = \frac{2}{3} \pi \cdot 5^3 + \frac{1}{3} \pi \cdot 5^2 \cdot 7$

$V \approx 445{,}06$

Satz des Pythagoras im Dreieck MBS:

$s^2 = h^2 + r^2$

$s^2 = 7^2 + 5^2$

$s^2 = 74$

$s \approx 8{,}60$

Oberfläche:

$O = O_{Halbkugel} + M_{Kegel}$

$O = \frac{1}{2} \cdot 4\pi \cdot r^2 + \pi \cdot r \cdot s$

$O = 2\pi \cdot 5^2 + \pi \cdot 5 \cdot 8{,}60$

$O \approx 292{,}17$

Das Stehaufmännchen hat ein Volumen von ca. 445,06 cm^3 und eine Oberfläche von ca. 292,17 cm^2.

---

132 Gegeben: $m = 10$ kg; $\rho = 0{,}92\,\frac{g}{cm^3}$ bzw. $\rho = 0{,}92\,\frac{kg}{dm^3}$

Gesucht: V

Berechnung des Volumens:

$m = V \cdot \rho$

$V = \frac{m}{\rho}$

$V = \frac{10}{0{,}92}$

$V \approx 10{,}87\ (dm^3)$

Berechnung des Radius:

$V = \frac{4}{3} \pi \cdot r^3 \quad \Big| \cdot \frac{3}{4\pi}$

$r^3 = \frac{V \cdot 3}{4\pi}$

$r^3 = \frac{10{,}87 \cdot 3}{4\pi} \quad \Big| \sqrt[3]{\ }$

$r = \sqrt[3]{\frac{10{,}87 \cdot 3}{4\pi}}$

$r \approx 1{,}37$

$d = 2 \cdot r = 2{,}74\ (dm)$

Das Riesenhagelkorn hätte einen Durchmesser von ca. 27,4 cm haben müssen. Somit kann die Abbildung nicht dieses Korn zeigen, denn das wäre fast so groß wie ein Medizinball (d = 30 cm). Außerdem hat es eine Masse von 10 kg und kann nicht so leicht in einer Hand gehalten werden.

7 Daten und Zufall

133 a) Gesamtzahl der abgegebenen Stimmen: 180

	Relative Häufigkeit h	als Prozentsatz
Malcom	$\frac{40}{180} \approx 0,2222$	22,22 %
Lisa	$\frac{7}{180} \approx 0,0389$	3,89 %
Dennis	$\frac{63}{180} = 0,35$	35 %
Marvin	$\frac{48}{180} \approx 0,2667$	26,67 %
Hatice	$\frac{22}{180} \approx 0,1222$	12,22 %

b)

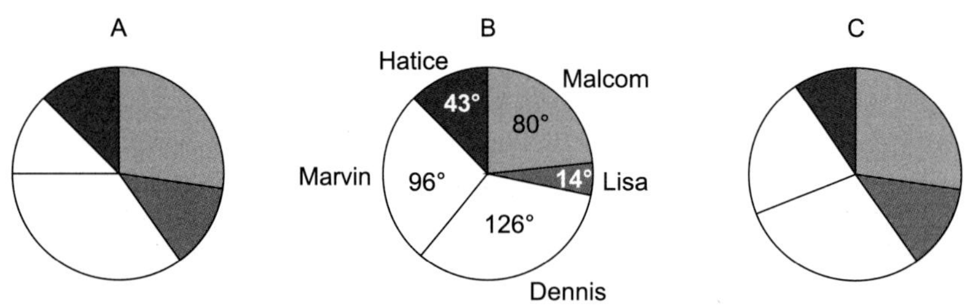

Umrechnung von Prozent in Grad (1 % $\hat{=}$ 3,6°):

Malcom: 22,22 % $\hat{=}$ $22,2 \cdot 3,6° \approx 80°$

Lisa: 3,89 % $\hat{=}$ $3,89 \cdot 3,6° \approx 14°$

Dennis: 35 % $\hat{=}$ $35 \cdot 3,6° = 126°$

Marvin: 26,67 % $\hat{=}$ $26,67 \cdot 3,6° \approx 96°$

Hatice 12,22 % $\hat{=}$ $12,22 \cdot 3,6° \approx 44°$

Das Kreisdiagramm B stellt die Daten der Befragung richtig dar, denn die Winkel stimmen.

Hinweis:

Es ist nicht nötig, alle Winkel nachzumessen, denn schon der Winkel 14° als kleinster Winkel kommt nur in diesem Diagramm vor.

c) Runde die Prozentwerte zunächst auf ganze Zahlen und rechne dann von Prozent um in Zentimeter (10 % $\hat{=}$ 1 cm):

Malcom: 22,22 % ≈ 22 % $\hat{=}$ 2,2 cm

Lisa: 3,89 % ≈ 4 % $\hat{=}$ 0,4 cm

Dennis: 35 % $\hat{=}$ 3,5 cm

Marvin: 26,67 % ≈ 27 % $\hat{=}$ 2,7 cm

Hatice 12,22 % ≈ 12 % $\hat{=}$ 1,2 cm

Streifendiagramm:

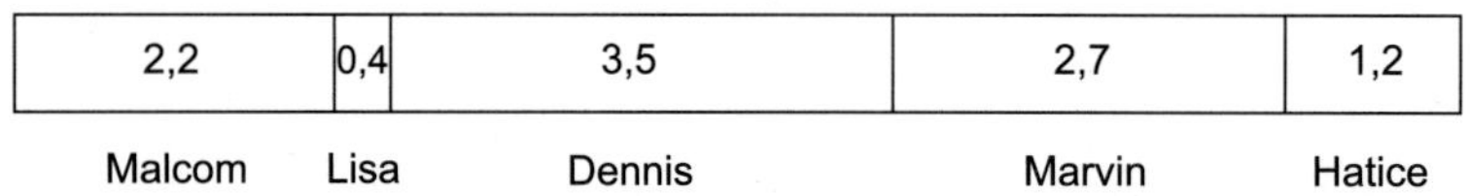

134 a) **Lösung für die Klasse 9.4:**

Rangliste (Würfe nach der Wurfweite geordnet):

Rangplatz	1	2	3	4	5	6	7	8	9	10	11	12	13	14	15	16	17
Wurfweite in m	8	12	13	15	15	15	16	17	20	27	29	33	36	37	38	38	39

Arithmetisches Mittel:
Alle Weiten werden addiert und durch die Anzahl der Schülerinnen dividiert.

$8+12+13+15+15+15+16+17+20+27+29+33+36+37+38+38+39=408$
$408:17=24$
$m=24$

Die Schülerinnen der 9.4 warfen im Durchschnitt eine Weite von 24 m.

Zentralwert (Median):
Die Anzahl der Schülerinnen ist 17, also ungerade. Der Zentralwert entspricht somit dem 9. Wert. Es liegen 8 Werte unterhalb des 9. und 8 Werte oberhalb.
$Z=20$

Spannweite:
$39-8=31$
$w=31$

Mittlere Abweichung:
Die Abstände zwischen den Wurfweiten und dem arithmetischen Mittel werden addiert und durch die Anzahl der Würfe dividiert.
1. Wurf: $|8-24|=16$
2. Wurf: $|12-24|=12$
3. Wurf: $|13-24|=11$
4. Wurf: $|15-24|=9$ usw.

Summe der Abstände:
$16+12+11+9+9+9+8+7+4+3+5+9+12+13+14+14+15=170$
$170:17=10$
$a=10$

Die Wurfweiten der Schülerinnen der 9.4 weichen im Schnitt 10 m vom arithmetischen Mittel (der Durchschnittsweite) ab.

Lösung für die Klasse 9.5:

Rangliste (Würfe nach der Wurfweite geordnet):

Rangplatz	1	2	3	4	5	6	7	8	9	10	11	12	13	14	15	16	17	18	19	20
Wurfweite in m	6	16	17	18	20	20	21	22	22	22	22	23	24	24	25	27	29	33	34	41

Arithmetisches Mittel:
Alle Weiten werden addiert und durch die Anzahl der Schülerinnen dividiert.

$6+16+17+18+20+20+21+22+22+22+22+23+24+24+25+27+29+33+34+41=466$
$466:20=23{,}3$
$m=23{,}3$

Die Schülerinnen der 9.5 warfen im Durchschnitt eine Weite von 23,3 m.

Zentralwert (Median):
Die Anzahl der Schülerinnen ist 20, also gerade. Der Zentralwert liegt zwischen dem 10. Wert und dem 11. Wert. Da beide Werte bei 22 liegen, ist der Zentralwert 22.
$Z=22$

Spannweite:
$41-6=35$
$w=35$

Mittlere Abweichung:
Die Abstände zwischen den Wurfweiten und dem arithmetischen Mittel werden addiert und durch die Anzahl der Würfe dividiert.
1. Wurf: $|6-23{,}3|=17{,}3$
2. Wurf: $|16-23{,}3|=7{,}3$
3. Wurf: $|17-23{,}3|=6{,}3$
4. Wurf: $|18-23{,}3|=5{,}3$ usw.

Summe der Abstände:
$17{,}3+7{,}3+6{,}3+5{,}3+3{,}3+3{,}3+2{,}3+1{,}3+1{,}3+1{,}3+1{,}3+0{,}3+0{,}7+0{,}7+1{,}7+3{,}7+5{,}7+9{,}7+10{,}7+17{,}7=101{,}2$
$101{,}2:20=5{,}06$
$a=5{,}06$

Die Wurfweiten der Schülerinnen der 9.5 weichen im Schnitt 5,06 m vom arithmetischen Mittel (der Durchschnittsweite) ab.

b) In der Klasse 9.4 werfen 6 Mädchen weiter als 30 m, in der Klasse 9.5 nur 3 Mädchen.

c) Der Anteil ist in der Klasse 9.4 größer.
Anteil in der Klasse 9.4: 6 von 17 bedeutet $\frac{6}{17}\approx 0{,}3529$ bzw. 35,29 %
Anteil in der Klasse 9.5: 3 von 20 bedeutet $\frac{3}{20}=0{,}15$ bzw. 15 %

d) Die Klasse 9.5 ist „in der Spitze" am stärksten, da sie den höheren Zentralwert hat.
Klasse 9.4: Z = 20
Klasse 9.5: Z = 22

135 a) Die Abbildung zeigt die Höhe des Kindergeldes für das erste und zweite Kind in den Jahren 2015 (188 €), 2017 (192 €) und 2019 (204 €).

b) Es wird der Eindruck vermittelt, dass das Kindergeld von 2015 bis 2019 enorm gestiegen ist. Der Kinderwagen ($\hat{=}$ Kindergeld) von 2019 ist um ein Vielfaches größer als der von 2015.

c) Das Säulendiagramm macht deutlich, dass die Erhöhung des Kindergeldes wesentlich geringer ausgefallen ist, als das Schaubild vermittelt. Betrachtet man die angegebenen Zahlen des Schaubilds, so ergibt sich zwischen 2015 und 2019 eine Erhöhung von lediglich 16 €, was etwa 8,5 % entspricht.
$\left(\frac{188}{100}=\frac{16}{x}\right)$
Will man die Kinderwagen miteinander vergleichen, so nähert man das Volumen mit einem Quader an.
Der kleinste Wagen als Quader betrachtet hat ungefähr die Maße 0,7 cm · 0,7 cm · 1,8 cm; der größte Wagen hat ungefähr die Maße 1,4 cm · 1,4 cm · 3,3 cm.

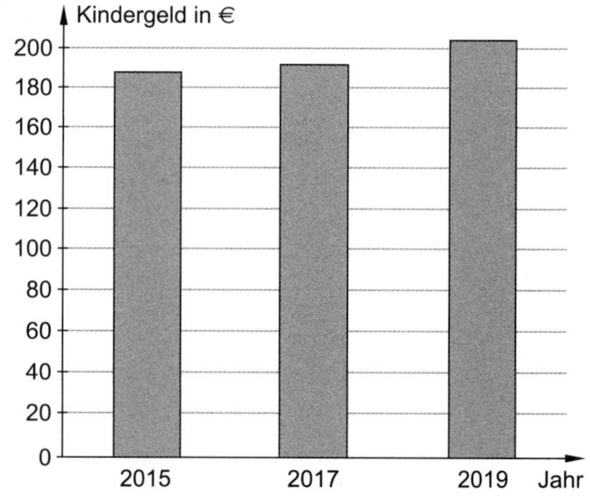

Volumen des kleinen Wagens:
$V_{\text{kleiner Wagen (2015)}}\approx 0{,}7\cdot 0{,}7\cdot 1{,}8$
$V_{\text{kleiner Wagen (2015)}}\approx 0{,}9\ \text{cm}^3$

Volumen des größeren Wagens:
$V_{\text{großer Wagen (2019)}}\approx 1{,}4\cdot 1{,}4\cdot 3{,}3$
$V_{\text{großer Wagen (2019)}}\approx 6{,}5\ \text{cm}^3$

Vergrößerung: $6{,}5:0{,}9\approx 7$
Das Volumen steigt auf etwa das 7-Fache, was 700 % entspricht.

136 a) ☐ Eltern ☒ Schüler ☐ Schulleitung ☒ Mensabetreiber ☐ Lehrer

Die Schüler haben wahrscheinlich diese Umfrage gestartet und das Diagramm erstellt, da sie gerne Süßigkeiten essen. Der Mensabetreiber könnte ebenfalls dieses Diagramm erstellt haben, da er mit dem Verkauf von Süßigkeiten seinen Umsatz steigern kann.

b) Der dunkelgraue Bereich soll 43 % der Zustimmungen veranschaulichen, wird aber mit mehr als 50 % eingezeichnet. Es wird so der Eindruck erweckt, dass mehr als die Hälfte aller Befragten sich für den Süßwarenverkauf ausgesprochen haben, was nicht stimmt, da sich 52 % der Befragten nicht dafür ausgesprochen haben. Außerdem ergibt die Summe der Prozentsätze nicht 100 %, sondern nur 95 %. Das bedeutet, dass eventuell eine weitere Antwortmöglichkeit nicht ausgewertet wurde, ungültige Stimmen nicht gezählt wurden oder bei der Berechnung der relativen Häufigkeiten Fehler unterlaufen sind.

c) Kreisdiagramm:

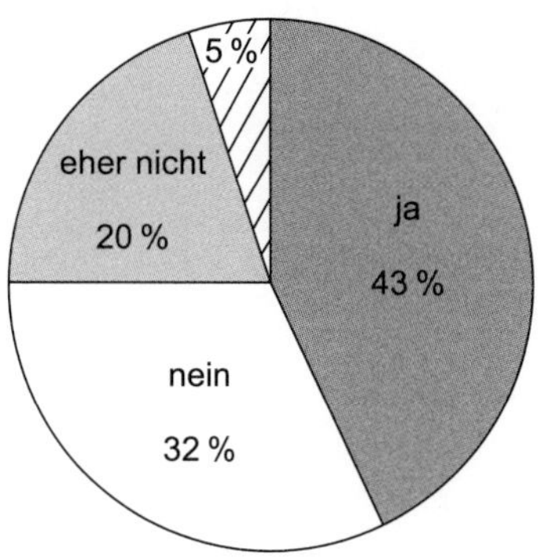

Umrechnung von Prozent in Grad:

$43\,\% \mathrel{\hat{=}} 43 \cdot 3{,}6° = 154{,}8°$

$32\,\% \mathrel{\hat{=}} 32 \cdot 3{,}6° = 115{,}2°$

$20\,\% \mathrel{\hat{=}} 20 \cdot 3{,}6° = 72°$

$5\,\% \mathrel{\hat{=}} 5 \cdot 3{,}6° = 18°$

---

137 a) Auf den ersten Blick scheint Herr Berner die größere Umsatzsteigerungen erzielt zu haben, da seine Kurve steil ansteigt, während die von Herrn Apel eher flach verläuft.

b) Herr Apel: 40 000 € im Januar, 57 000 € im Juni
Herr Berner: 41 000 € im Januar, 51 000 € im Juni

c) Herr Apel: Umsatzsteigerung um $p\,\% = \frac{(57\,000\,€ - 40\,000\,€) \cdot 100\,\%}{40\,000\,€} = 42{,}5\,\%$

Herr Berner: Umsatzsteigerung um $p\,\% = \frac{(51\,000\,€ - 41\,000\,€) \cdot 100\,\%}{41\,000\,€} = 24{,}39\,\%$

Die größere Umsatzsteigerungen hat demnach Herr Apel erzielt.

d) Herr Berner möchte sein Ergebnis in einem möglichst guten Licht erscheinen lassen. Daher wählt er die Beschriftung der y-Achse so, dass die Umsatzsteigerung als möglichst steile Kurve erscheint; insbesondere beginnt er nicht bei 0 €, sondern bei 40 000 €.

---

138 a) Diagramm 1:

A Kunden: zum Kaufanreiz und zur Bestätigung der guten Wahl
C Aktionären: zur Bestätigung der Firmenstrategie
D Konkurrenten: um zu zeigen, wie gut das Unternehmen gewirtschaftet hat
F Marketingabteilung: um mithilfe des Diagramms eine gezielte Werbekampagne zu starten

Diagramm 2:

E Betriebsrat: für Lohnverhandlungen, damit die Lohnerhöhungen möglichst gering ausfallen

Diagramm 3:

B Mitarbeitern: um zu vermitteln, dass die Anstrengungen der letzten 10 Jahre sich gelohnt haben und der Umsatz dank ihrer Arbeit und ihres Einsatzes gestiegen ist. (Die Vorlage von Diagramm 1 könnte die Mitarbeiter verleiten sich zu sehr auf den Lorbeeren auszuruhen.)

b) Diagramm 1:
Es handelt sich um eine verzerrte Darstellung, da die y-Achse erst bei 95 beginnt und die Abstände zwischen den Einheiten wesentlich größer sind als auf der x-Achse. Dadurch wird der Eindruck erweckt, dass der Umsatz in kurzer Zeit enorm angestiegen ist.

Diagramm 2:
Diese ist die sachlich richtige Darstellung, da beide Achsen die gleichen Abstände zwischen den Einheiten aufweisen und die y-Achse bei 0 beginnt. Man sieht sofort, dass es sich um einen geringen Anstieg handelt.

Diagramm 3:
In diesem Diagramm verzerren die vergrößerten Abstände zwischen den Einheiten auf der x-Achse das Bild. Außerdem beginnt die y-Achse bei 95 und nicht bei 0.

139

	Absolute Häufigkeit		**Relative Häufigkeit**	
Schüler	Kopf	Kante	Kopf	Kante
1	756	244	**0,756**	**0,244**
2	802	198	**0,802**	**0,198**
3	739	261	**0,739**	**0,261**
4	779	221	**0,779**	**0,221**
5	793	207	**0,793**	**0,207**

Gesamtanzahl Würfe: $5 \cdot 1\,000 = 5\,000$

Gesamtanzahl „Kopf“: $756 + 802 + 739 + 779 + 793 = 3\,869$

Relative Häufigkeit für „Reißnagel landet auf dem Kopf“:

$$h = \frac{3\,869}{5\,000} = 0{,}7738 = 77{,}38\ \%$$

Vorhersage:
In rund 77 % der 5 000 Würfe landet der Reißnagel auf dem Kopf. Deshalb kann man für einen einzigen Wurf vorhersagen, dass die Kopflage eher (mit einer Wahrscheinlichkeit von ca. 77 %) eintritt.

140 a) Anzahl der möglichen Ergebnisse: 365 — Mögliche Ergebnisse: {alle Tage des Jahres}
Anzahl der günstigen Ergebnisse: 1 — Günstiges Ergebnis: {Silvester}

Wahrscheinlichkeit: $P(\text{Silvester}) = \frac{1}{365} \approx 0{,}0027$ bzw. 0,27 %

b) Anzahl der möglichen Ergebnisse: 7 — Mögliche Ergebnisse: {Montag, Dienstag, Mittwoch, ...}
Anzahl der günstigen Ergebnisse: 1 — Günstiges Ergebnis: {Sonntag}

Wahrscheinlichkeit: $P(\text{Sonntag}) = \frac{1}{7} \approx 0{,}1429$ bzw. 14,29 %

c) Anzahl der möglichen Ergebnisse: 365 — Mögliche Ergebnisse: {alle Tage des Jahres}
Anzahl der günstigen Ergebnisse: 28 — Günstiges Ergebnis: {Tage im Februar}

Wahrscheinlichkeit: $P(\text{Februar}) = \frac{28}{365} \approx 0{,}0767$ bzw. 7,67 %

141 a) Anzahl der möglichen Ergebnisse: 15 — Mögliche Ergebnisse: {1; 2; 3; 4; ... 14; 15}
Anzahl der günstigen Ergebnisse: 7 — Günstige Ergebnisse: {2; 4; 6; 8; 10; 12; 14}

Wahrscheinlichkeit: $P(\text{gerade Zahl}) = \frac{7}{15} \approx 0{,}467$ bzw. 46,7 %

b) Anzahl der möglichen Ergebnisse: 15 — Mögliche Ergebnisse: {1; 2; 3; 4; ... 14; 15}
Anzahl der günstigen Ergebnisse: 8 — Günstige Ergebnisse: {1; 3; 5; 7; 9; 11; 13; 15}

Wahrscheinlichkeit: $P(\text{ungerade Zahl}) = \frac{8}{15} \approx 0{,}533$ bzw. 53,3 %

oder

Berechnung des Gegenereignisses:
$P(\text{gerade Zahl}) \approx 0{,}467$ (vgl. Teilaufgabe a)
$P(\text{ungerade Zahl}) = 1 - 0{,}467 \approx 0{,}533$ bzw. $100\ \% - 46{,}7\ \% = 53{,}3\ \%$

c) Anzahl der möglichen Ergebnisse: 15 — Mögliche Ergebnisse: {1; 2; 3; 4; ... 14; 15}
Anzahl der günstigen Ergebnisse: 5 — Günstige Ergebnisse: {11; 12; 13; 14; 15}

Wahrscheinlichkeit: $\text{P(größer oder gleich 11)} = \frac{5}{15} = \frac{1}{3} \approx 0,333$ bzw. 33,3 %

---

142 a) Eine mögliche Antwort:
Ich würde mich für B entscheiden, weil es 3 Kombinationsmöglichkeiten gibt [(1; 6), (2; 5), (3; 4)], im Gegensatz zu 2 bei A [(1; 4), (2; 3)] und C [(3; 6), (4; 5)] und 1 bei D [(6; 6)].

b) Die Tabelle zeigt, dass es 36 verschiedene Möglichkeiten gibt, mit zwei Würfeln Augensummen zu bilden.

Würfel 2 \ Würfel 1	1	2	3	4	5	6
1	1+1=2	1+2=3	4	5	6	7
2	3	4	5	6	7	8
3	4	5	6	7	8	9
4	5	6	7	8	9	10
5	6	7	8	9	10	11
6	7	8	9	10	11	12

Augensumme 5:
Anzahl der möglichen Ergebnisse: 36 — Mögliche Ergebnisse: {alle Werte der Tabelle}
Anzahl der günstigen Ergebnisse: 4 — Günstige Ergebnisse: {1 + 4; 2 + 3; 3 + 2; 4 + 1}

Wahrscheinlichkeit: $\text{P(Summe 5)} = \frac{4}{36} \approx 0,1111$ bzw. 11,11 %

Augensumme 7:
Anzahl der möglichen Ergebnisse: 36 — Mögliche Ergebnisse: {alle Werte der Tabelle}
Anzahl der günstigen Ergebnisse: 6 — Günstige Ergebnisse: {1 + 6; 2 + 5; 3 + 4; 4 + 3; 2 + 5; 6 + 1}

Wahrscheinlichkeit: $\text{P(Summe 7)} = \frac{6}{36} \approx 0,1667$ bzw. 16,67 %

Augensumme 9:
Anzahl der möglichen Ergebnisse: 36 — Mögliche Ergebnisse: {alle Werte der Tabelle}
Anzahl der günstigen Ergebnisse: 4 — Günstige Ergebnisse: {3 + 6; 4 + 5; 5 + 4; 6 + 3}

Wahrscheinlichkeit: $\text{P(Summe 9)} = \frac{4}{36} \approx 0,1111$ bzw. 11,11 %

Augensumme 12:
Anzahl der möglichen Ergebnisse: 36 — Mögliche Ergebnisse: {alle Werte der Tabelle}
Anzahl der günstigen Ergebnisse: 1 — Günstige Ergebnisse: {6 + 6}

Wahrscheinlichkeit: $\text{P(Summe 12)} = \frac{1}{36} \approx 0,0278$ bzw. 2,78 %

Beim Werfen mit 2 Würfeln kommt die Summe 7 mit einer Wahrscheinlichkeit von 16,67 % am häufigsten vor.

---

143 a) Anzahl der möglichen Ergebnisse: 32 — Mögliche Ergebnisse: {alle 32 Spielkarten}
Anzahl der günstigen Ergebnisse: 2 — Günstige Ergebnisse: {Herzbube; Karobube}

Wahrscheinlichkeit: $\text{P(roter Bube)} = \frac{2}{32} = 0,0625$ bzw. 6,25 %

b) Anzahl der möglichen Ergebnisse: 32 — Mögliche Ergebnisse: {alle 32 Spielkarten}
Anzahl der günstigen Ergebnisse: 24 — Günstige Ergebnisse: {8 Karo; 8 Pik; 8 Kreuz}

Wahrscheinlichkeit: $\text{P(keine Herzkarte)} = \frac{24}{32} = 0,75$ bzw. 75 %

c) Anzahl der möglichen Ergebnisse: 32 — Mögliche Ergebnisse: {alle 32 Spielkarten}
Anzahl der günstigen Ergebnisse: 12 — Günstige Ergebnisse: {7, 8, 9 von Herz, Karo, Pik, Kreuz}

Wahrscheinlichkeit: $P(7, 8 \text{ oder } 9) = \frac{12}{32} = 0,375$ bzw. 37,5 %

---

144 a) Anzahl der möglichen Ergebnisse: 100 — Mögliche Ergebnisse: {38 + 25 + 20 + 17 = 100 Befragte}
Anzahl der günstigen Ergebnisse: 37 — Günstige Ergebnisse: {20 + 17 = 37 weibliche Befragte}

Wahrscheinlichkeit: $P(\text{weiblich}) = \frac{37}{100} = 0,37$ bzw. 37 %

b) Anzahl der möglichen Ergebnisse: 100 — Mögliche Ergebnisse: {38 + 25 + 20 + 17 = 100 Befragte}
Anzahl der günstigen Ergebnisse: 58 — Günstige Ergebnisse: {38 + 20 = 58 Befürworter/innen}

Wahrscheinlichkeit: $P(\text{Befürworter/in}) = \frac{58}{100} = 0,58$ bzw. 58 %

c) Anzahl der möglichen Ergebnisse: 100 — Mögliche Ergebnisse: {38 + 25 + 20 + 17 = 100 Befragte}
Anzahl der günstigen Ergebnisse: 17 — Günstige Ergebnisse: {17 Ablehnerinnen}

Wahrscheinlichkeit: $P(\text{Ablehnerin}) = \frac{17}{100} = 0,17$ bzw. 17 %

---

145 In der Tüte sind 5 weiße und 4 rote Gummibärchen, also insgesamt $5 + 4 = 9$ Gummibärchen.

Baumdiagramm:

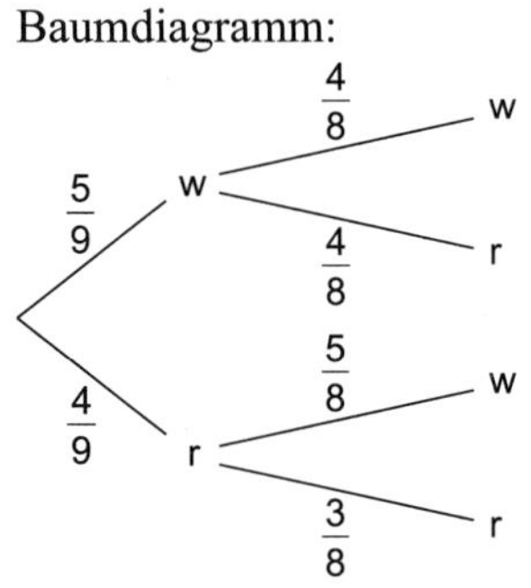

Wahrscheinlichkeit weiß-rot zu ziehen:

$$P(wr) = \frac{5}{9} \cdot \frac{4}{8} = \frac{5}{18} \approx 0,278$$

Wahrscheinlichkeit rot-weiß zu ziehen:

$$P(rw) = \frac{4}{9} \cdot \frac{5}{8} = \frac{5}{18} \approx 0,278$$

Nein, Tom hat nicht recht. Die Wahrscheinlichkeit liegt in beiden Fällen bei 0,278 bzw. 27,8 %.

Hinweis:

$$\frac{5}{9} \cdot \frac{4}{8} = \frac{4}{9} \cdot \frac{5}{8}$$

Rechts und links des Gleichheitszeichens steht das Gleiche, die Multiplikation ist kommutativ.

146 Es handelt sich um einen zweistufigen Zufallsversuch ohne Zurücklegen.
Unter den 10 Losen sind 6 Gewinne (G) und 4 Nieten (N).

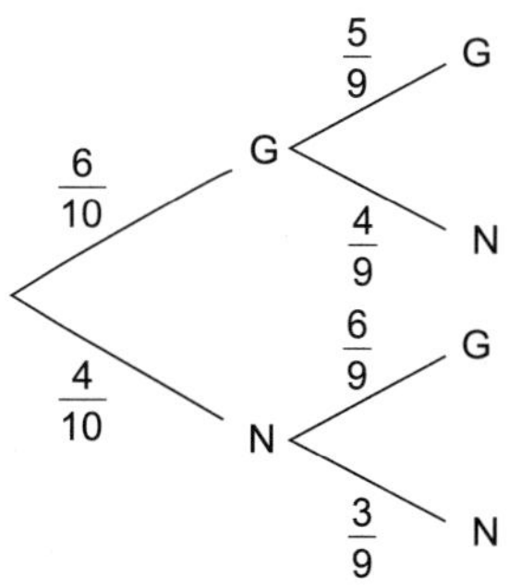

a) Wahrscheinlichkeit, zwei Gewinne zu ziehen:

$$P(GG)=\frac{6}{10}\cdot\frac{5}{9}=\frac{1}{3}\approx 0,333=33,3\ \%$$

Die Wahrscheinlichkeit, dass Henri zwei Gewinne zieht, liegt bei 33,3 %.

b) Wahrscheinlichkeit, keinen Gewinn zu ziehen:

$$P(NN)=\frac{4}{10}\cdot\frac{3}{9}=\frac{2}{15}\approx 0,133=13,3\ \%$$

Die Wahrscheinlichkeit, dass er keinen Gewinn zieht, liegt bei 13,3 %.

c) Die Wahrscheinlichkeit wird über das Gegenereignis („keinen Gewinn") berechnet.

Wahrscheinlichkeit, zwei Nieten zu ziehen:
$P(NN)\approx 0,133=13,3\ \%$

Wahrscheinlichkeit, mindestens einen Gewinn zu ziehen:
$P(\text{mindestens ein Gewinn})=1-P(NN)=1-0,133\approx 0,867=86,7\ \%$

Die Wahrscheinlichkeit, dass er mindestens einen Gewinn zieht, liegt bei 86,7 %.

d) Es gibt 2 Pfade, um genau einen Gewinn zu ziehen.

$$P(\text{genau ein Gewinn})=P(GN)+P(NG)=\frac{6}{10}\cdot\frac{4}{9}+\frac{4}{10}\cdot\frac{6}{9}=\frac{4}{15}+\frac{4}{15}=\frac{8}{15}\approx 0,533=53,3\ \%$$

Die Wahrscheinlichkeit, genau einen Gewinn zu ziehen, liegt bei 53,3 %.

---

147 a) Betrachtet wird das Ereignis E: „Pfeil zeigt auf B".

Anzahl der möglichen Ergebnisse: 8
Anzahl der günstigen Ergebnisse: 1

Wahrscheinlichkeit: $P(B)=\frac{1}{8}=0,125$ bzw. 12,5 %

Die Wahrscheinlichkeit, ein „B" zu drehen, liegt bei 12,5 %.

Mögliche Ergebnisse: {A; A; A; B; C; C; C; C}
Günstige Ergebnisse: {B}

$$P(E)=\frac{\text{Anzahl der für E günstigen Ergebnisse}}{\text{Anzahl aller möglichen Ergebnisse}}$$

b) Es handelt sich um einen zweistufigen Zufallsversuch mit Zurücklegen, da sich die Anzahl der Buchstaben auf den Feldern des Glücksrads für die 2. Drehung nicht ändert und kein Feld „herausgenommen" wird.

Von den 8 Feldern auf dem Glücksrad sind 3 Felder mit einem „A", 1 Feld mit einem „B" und 4 Felder mit einem „C" gekennzeichnet.

Ergänztes Baumdiagramm:

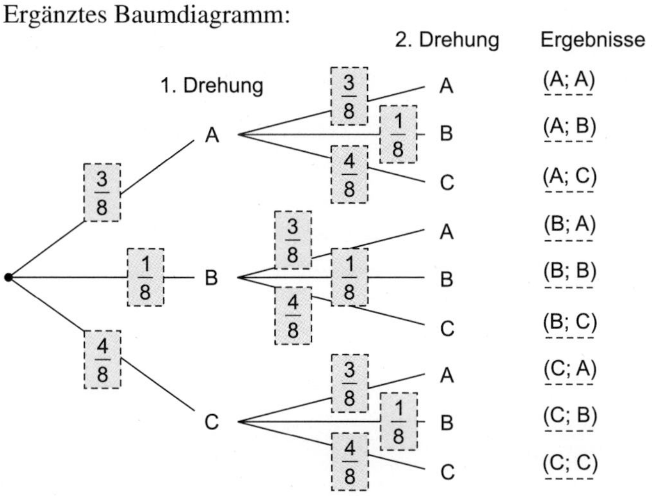

c) Es gibt 3 Pfade, die zum Ereignis „zwei gleiche Buchstaben“ führen.

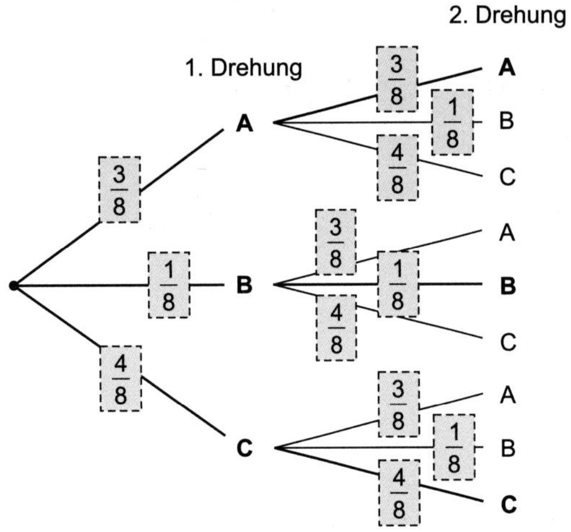

Ergebnisse	Wahrscheinlichkeit nach der 1. Pfadregel
(A; A)	$P(A; A) = \frac{3}{8} \cdot \frac{3}{8}$
(A; B)	
(A; C)	
(B; A)	
(B; B)	$P(B; B) = \frac{1}{8} \cdot \frac{1}{8}$
(B; C)	
(C; A)	
(C; B)	
(C; C)	$P(C; C) = \frac{4}{8} \cdot \frac{4}{8}$

Die Wahrscheinlichkeit, zwei gleiche Buchstaben zu drehen, ergibt sich mithilfe der 2. Pfadregel:

$$\begin{aligned} P(\text{zwei gleiche Buchstaben}) &= P(A; A) + P(B; B) + P(C; C) \\ &= \frac{3}{8} \cdot \frac{3}{8} + \frac{1}{8} \cdot \frac{1}{8} + \frac{4}{8} \cdot \frac{4}{8} \\ &= \frac{9}{64} + \frac{1}{64} + \frac{16}{64} \\ &= \frac{26}{64} = \frac{13}{32} \approx 0{,}406 = 40{,}6\ \% \end{aligned}$$

Die Wahrscheinlichkeit, zwei gleiche Buchstaben zu drehen und ein kleines Geschenk zu bekommen, liegt bei ungefähr 40,6 %.

8 Wachstum und Zerfall

148 a) Lineare Abnahme:
Von den ursprünglichen 5 000 ℓ werden gleichmäßig jeden Monat 250 ℓ abgezogen.
Funktionsgleichung: $y = 5\,000 - x \cdot 250 = -250x + 5\,000$

b) Exponentielle Zunahme:
Nach jeweils 20 Minuten erhöht sich die Salmonellenzahl um 100 % und erreicht 200 % der vorherigen Anzahl.
Funktionsgleichung: $y = a \cdot 2^x$

c) Lineare Zunahme:
Der Geldbetrag wächst gleichmäßig jede Woche um 2 €.
Funktionsgleichung: $y = 2x$

d) Exponentielle Abnahme:
Die Jeans verliert immer einen bestimmten Anteil (Prozentsatz) der vorhandenen Farbe. Jeder neue Farbwert bezieht sich auf den vorherigen Wert.
Funktionsgleichung: $y = a \cdot q^x$

e) Exponentielle Abnahme bei Herrn Schlemmermeier:
Herr Schlemmermeier verliert jeden Monat 1,5 % des gerade aktuellen Gewichtes, d. h., in jedem Folgemonat bringt er nur noch 98,5 % des vorherigen Gewichtes auf die Waage.
Funktionsgleichung: $y = a \cdot 0{,}985^x$
Dabei entspricht a dem Anfangsgewicht von Herrn Schlemmermeier vor der Diät.

Lineare Abnahme bei Frau Schlemmermeier:
Frau Schlemmermeier verliert gleichbleibend 1,5 kg pro Monat.
Funktionsgleichung: $y = a - x \cdot 1{,}5 = -1{,}5\,x + a$
Dabei entspricht a dem Anfangsgewicht von Frau Schlemmermeier vor der Diät.

---

149 a) Angebot I:
Es handelt sich um ein lineares Wachstum, weil jeden Monat der gleiche Wert in die Sparbüchse gesteckt wird. Insgesamt erhält Dominik:
$1\,000 + 18 \cdot 50 = 1\,000 + 900 = 1\,900$

Angebot II:
Es handelt sich um ein exponentielles Wachstum, weil der Betrag jeden Monat auf das Doppelte des Vormonats anwächst.
Anfangskapital: $K_0 = 0{,}01$
Laufzeit n: 18 Monate
Verdopplung bedeutet eine Erhöhung um 100 %, deshalb gilt:

Zinsfaktor: $q = 1 + \frac{100}{100} = 1 + 1 = 2$

Insgesamt erhält Dominik:

$$K_n = K_0 \cdot q^n$$
$$K_{18} = 0{,}01 \cdot 2^{18}$$
$$K_{18} = 2\,621{,}44$$

Bei Angebot I beträgt der Beitrag zum Führerschein 1 900 €, bei Angebot II beträgt er 2 621,44 €.
Dominik sollte also Angebot II wählen.

b) Angebot I: $y = 1\,000 + x \cdot 50$
Angebot II: $y = 0{,}01 \cdot 2^x$

c) Dominik wird in 30 Monaten 19 Jahre alt (18 Monate + 12 Monate = 30 Monate).
Angebot I:
$y = 50 \cdot x + 1\,000 = 50 \cdot 30 + 1\,000 = 2\,500$
Angebot II:
$y = 0{,}01 \cdot 2^x = 0{,}01 \cdot 2^{30} = 10\,737\,418{,}24$
Der Beitrag wächst bei Angebot I auf 2 500 € und bei Angebot II auf 10 737 418,24 € an.

---

150 a) Es handelt sich um eine exponentielle Zunahme, die Funktionsgleichung hat also die Form $y = a \cdot q^x$.
Anfangswert: $a = 15$
Wachstumsrate: $p\,\% = 60\,\%$
Wachstumsfaktor: $q = 1 + \frac{p}{100} = 1 + \frac{60}{100} = 1{,}6$
Damit ergibt sich als Funktionsgleichung:
$y = a \cdot q^x = 15 \cdot 1{,}6^x$

b) Eine Zeitspanne umfasst 10 Minuten. In einer Stunde sind also 6 Zeitspannen zu je 10 Minuten enthalten.
Um die einzelnen Werte zu berechnen, muss in die Formel aus Teilaufgabe a eingesetzt werden:
Fläche nach 10 Minuten ($\triangleq$ 1. Zeitspanne): $y = 15 \cdot 1{,}6^1 = 24$
Fläche nach 20 Minuten ($\triangleq$ 2. Zeitspanne): $y = 15 \cdot 1{,}6^2 = 38{,}4$
Fläche nach 30 Minuten ($\triangleq$ 3. Zeitspanne): $y = 15 \cdot 1{,}6^3 = 61{,}44$
Fläche nach 40 Minuten ($\triangleq$ 4. Zeitspanne): $y = 15 \cdot 1{,}6^4 \approx 98{,}30$
Fläche nach 50 Minuten ($\triangleq$ 5. Zeitspanne): $y = 15 \cdot 1{,}6^5 \approx 157{,}29$
Fläche nach 60 Minuten ($\triangleq$ 6. Zeitspanne): $y = 15 \cdot 1{,}6^6 \approx 251{,}66$

Wertetabelle:

Zeit in Minuten	0	10	20	30	40	50	60
Fläche in mm²	15	24	38,4	61,44	98,30	157,29	251,66

Graph:

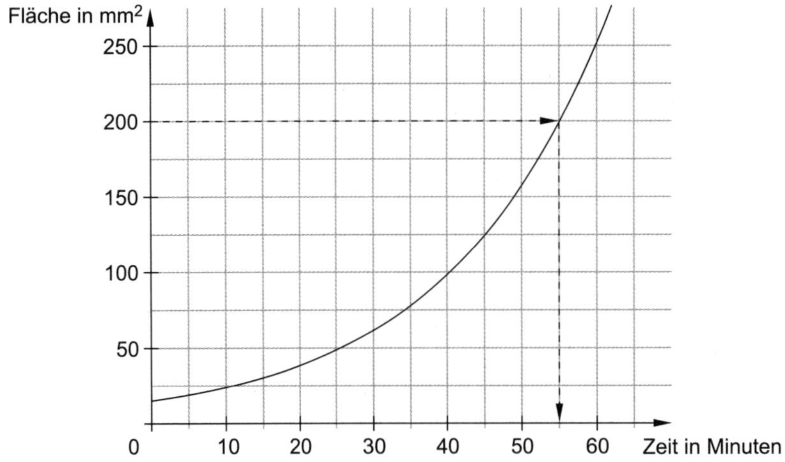

c) Die Fläche ist nach etwa 55 Minuten 200 mm² groß.

---

151 Es handelt sich um eine Zinseszinsaufgabe.

Gegeben:	Kapital nach 10 Jahren:	$K_{10} = 36\,408$
	Zinssatz:	$p\,\% = 4{,}7\,\%$
	Laufzeit:	$n = 10$ Jahre

Gesucht: K_0

Berechnung des Zinsfaktors q:

$$q = 1 + \frac{p}{100} = 1 + \frac{4{,}7}{100} = 1{,}047$$

Berechnung des Anfangskapitals K_0:

$$K_n = K_0 \cdot q^n$$

$$36\,408 = K_0 \cdot 1{,}047^{10} \quad |:1{,}047^{10}$$

$$\frac{36\,408}{1{,}047^{10}} = K_0$$

$$K_0 \approx 23\,000{,}11$$

Die Erbschaft betrug rund 23 000 €.

---

152 Allgemeine Funktionsgleichung: $y = a \cdot q^x$.

Anfangswert: $a = 100\,\%$

Zerfallsrate: $p\,\% = 50\,\%$

Zerfallsfaktor: $q = 1 - \frac{p}{100} = 1 - \frac{50}{100} = 0{,}5$

Damit ergibt sich als Funktionsgleichung: $y = a \cdot q^x = 100 \cdot 0{,}5^x$

Halbwertszeit: 6 Stunden ≙ 1 Zeitspanne
2 Tage = 48 Stunden ≙ 8 Zeitspannen

$y = 100 \cdot 0{,}5^x$

$y = 100 \cdot 0{,}5^8$

$y \approx 0{,}39$

Nach 2 Tagen sind noch ungefähr 0,39 % des radioaktiven Stoffes im Körper der Patientin zu finden.

oder

Die Halbwertszeit von 6 Stunden besagt, dass nach 6 Stunden die Hälfte des Stoffes zerfallen ist. Man kann die prozentuale Stoffkonzentration im Körper auch schrittweise berechnen:

Anfangswert:	100 %
Nach 6 Stunden	50 %
Nach 12 Stunden	25 %
Nach 18 Stunden	12,5 %
Nach 24 Stunden	6,25 %
Nach 30 Stunden	3,125 %
Nach 36 Stunden	1,5625 %
Nach 42 Stunden	0,78125 %
Nach 48 Stunden	0,390625 %

Nach 2 Tagen sind noch ungefähr 0,39 % des radioaktiven Stoffes im Körper der Patientin zu finden.

9 Prüfungsähnliche Aufgaben

153 a) Es wird der Zahlenstrahl betrachtet:

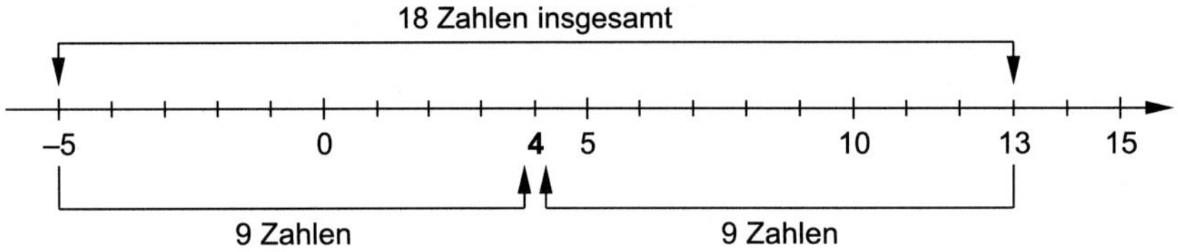

+4 liegt in der Mitte.

oder

Lösung über Mittelwertberechnung:

$(-5+13):2=8:2=4$

+4 liegt in der Mitte.

b) Lösung mit dem Dreisatz:

$$100\text{ g Gouda} \mathrel{\hat=} 1{,}45\ €$$

$$:100 \quad 1\text{ g Gouda} \mathrel{\hat=} \frac{1{,}45}{100}\ € \quad :100$$

$$\cdot 240 \quad 240\text{ g Gouda} \mathrel{\hat=} \frac{1{,}45\cdot 240}{100}\ € \quad \cdot 240$$

$$= 3{,}48\ €$$

Markus muss **3,48 €** bezahlen.

oder

Lösung über proportionale Zuordnung:

$$\frac{x}{240}=\frac{1{,}45}{100} \quad |\cdot 240$$

$$x=\frac{1{,}45\cdot 240}{100}$$

$$x=3{,}48$$

Markus muss **3,48 €** bezahlen.

c) Anzahl der Ergebnisse „Kopf“: 12

Anzahl der Ergebnisse „Zahl“: 8

Relative Häufigkeit:

$$h(\text{„Kopf“})=\frac{\text{Anzahl der Ergebnisse „Kopf“}}{\text{Anzahl aller Würfe}}=\mathbf{\frac{12}{20}}=\mathbf{0{,}6=60\ \%}$$

d) Darstellen der Zahlen als Dezimalzahlen:

$5\cdot 10^{-2}=5\cdot\frac{1}{100}=\frac{5}{100}=0{,}05$ $\quad -0{,}9 \quad$ $\sqrt{0{,}25}=\sqrt{0{,}5^2}=0{,}5$ $\quad -\frac{7}{10}=-0{,}7$

Es gilt: $-0{,}9<-0{,}7<0{,}05<0{,}5$

Geordnete Zahlen: $-0{,}9;\ -\frac{7}{10};\ 5\cdot 10^{-2};\ \sqrt{0{,}25}$

e) Bei einer Raute sind alle Seiten gleich lang und hier gilt offensichtlich $\overline{AB}=\overline{BC}$. Die Diagonalen einer Raute stehen senkrecht aufeinander und halbieren sich gegenseitig:

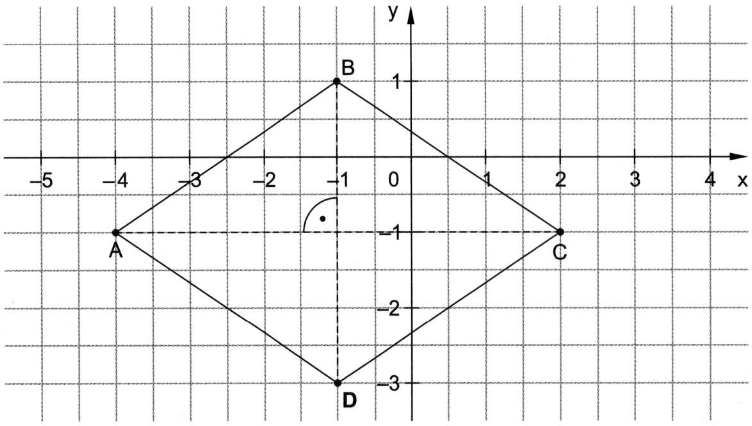

Es gilt: D(**–1** | **–3**)

f) Gegeben: Quadervolumen: $V = 1\,500 \text{ cm}^3$
Quaderhöhe: $h = 15$ cm

Gesucht: Länge a, Breite b

Volumen des Quaders:

$$V = a \cdot b \cdot h$$
$$1\,500 = a \cdot b \cdot 15 \quad |:15$$
$$100 = a \cdot b$$

Mögliche Werte für a und b:

$a = 10$ cm und $b = 10$ cm, weil $10 \cdot 10 = 100$.
$a = 5$ cm und $b = 20$ cm, weil $5 \cdot 20 = 100$.
$a = 4$ cm und $b = 25$ cm, weil $4 \cdot 25 = 100$.
$a = 2$ cm und $b = 50$ cm, weil $2 \cdot 50 = 100$.
usw.

g) ☐ $3{,}2^{-4}$ ☐ $3{,}2 \cdot 10^4$ ☒ $3{,}2 \cdot 10^{-4}$ ☐ $-3{,}2 \cdot 10^4$ ☒ 0,00032

Es gilt: $0{,}2^5 = 3{,}2 \cdot 10^{-4}$ (Taschenrechner)
$0{,}2^5 = 0{,}00032$, denn $0{,}2^5 = 0{,}2 \cdot 0{,}2 \cdot 0{,}2 \cdot 0{,}2 \cdot 0{,}2$

h) Die Hälfte von $\frac{1}{4}$ ist $\mathbf{\frac{1}{8}} = 1:8 = \mathbf{0{,}125}$. **oder** Es gilt: $\frac{1}{4} : 2 = \frac{1}{4 \cdot 2} = \mathbf{\frac{1}{8}} = \mathbf{0{,}125}$

i) Anzahl der Hauptgewinne: 5
Anzahl aller Lose: $5 + 75 = 80$

Wahrscheinlichkeit:

$$P(\text{„Hauptgewinn"}) = \frac{\text{Anzahl der Hauptgewinne}}{\text{Anzahl aller Lose}} = \mathbf{\frac{5}{80}} = 0{,}0625 = \mathbf{6{,}25\ \%}$$

j) Das Doppelte bedeutet zweimal so viel, d. h.: $2 \cdot 2^9 = 2^1 \cdot 2^9 = 2^{1+9} = 2^{10}$

Das Doppelte von 2^9 ist das Gleiche wie:

☐ 2^{18} ☒ 2^{10} ☐ 4^9 ☐ 4^{18} ☐ 4^{10}

k) **A** und **D** sind richtig.

ℓ) Lösen der Gleichung:

$$10 - 5x = 20 \quad |-10$$
$$-5x = 10 \quad |:(-5)$$
$$x = \mathbf{-2}$$

m) *1. Möglichkeit:* Berechnung über die Rabatthöhe
Berechnung der Rabatthöhe (20 %):

Lösung mit dem Dreisatz:

$$:100 \left(\begin{array}{l} 100\ \% \mathrel{\hat=} 120\ € \\ 1\ \% \mathrel{\hat=} 1{,}20\ € \end{array} \right) :100$$
$$\cdot 20 \left(\begin{array}{l} 1\ \% \mathrel{\hat=} 1{,}20\ € \\ 20\ \% \mathrel{\hat=} 24\ € \end{array} \right) \cdot 20$$

oder

Lösung über proportionale Zuordnung:

$$\frac{x}{20} = \frac{120}{100} \quad |\cdot 20$$
$$x = \frac{120 \cdot 20}{100}$$
$$x = 24$$

Berechnung des neuen Preises:
$120\ € - 24\ € = \mathbf{96\ €}$

Der neue Preis beträgt 96 €.

oder

2. Möglichkeit: Direkte Berechnung
Da die Schuhe um 20 % reduziert wurden, beträgt der neue Preis 100 % – 20 % = 80 % vom alten Preis.

Berechnung des neuen Preises:

Lösung mit dem Dreisatz:

$$\begin{array}{r l} :100\ (& 100\,\% \mathrel{\hat{=}} 120\text{ €} \\ & 1\,\% \mathrel{\hat{=}} 1{,}20\text{ €} \\ \cdot 80\ (& 80\,\% \mathrel{\hat{=}} 96\text{ €} \end{array} \quad \begin{array}{l}):100 \\ )\cdot 80 \end{array}$$

Der neue Preis beträgt **96 €**.

oder

Lösung über proportionale Zuordnung:

$$\frac{x}{80} = \frac{120}{100} \quad |\cdot 80$$

$$x = \frac{120 \cdot 80}{100}$$

$$x = 96$$

Der neue Preis beträgt **96 €**.

Ausgefülltes Plakat:

n) Umwandlung aller Werte in die Einheit kg:
$1\,005\text{ g} + 2{,}4\text{ kg} + 45\text{ g} + 0{,}75\text{ kg} = 1{,}005\text{ kg} + 2{,}4\text{ kg} + 0{,}045\text{ kg} + 0{,}75\text{ kg} = \mathbf{4{,}2\ kg}$

Es sind insgesamt 4,2 kg.

o) Da die Wahrscheinlichkeit, ein grünes Gummibärchen zu ziehen, $\frac{2}{3}$ beträgt, sind $\frac{2}{3}$ der 45 Gummibärchen grün.
$\frac{1}{3}$ von 45 Gummibärchen sind $\frac{1}{3} \cdot 45 = 45 : 3 = 15$ Gummibärchen.

$\frac{2}{3}$ von 45 Gummibärchen sind $2 \cdot 15 = 30$ Gummibärchen.

Somit gilt:

☐ 25 ☒ 30 ☐ 32 ☐ 35 ☐ 40

---

154 Gegeben: Höhe der Pyramide: $h = 8\text{ cm}$
Grundseitenlänge: $a = 8\text{ cm}$

a) Volumen einer Schokoladenpyramide:

$$V = \frac{1}{3} \cdot a^2 \cdot h = \frac{1}{3} \cdot 8^2 \cdot 8 \approx \mathbf{170{,}67}$$

b) α' ist die Hälfte des gesuchten Winkels.

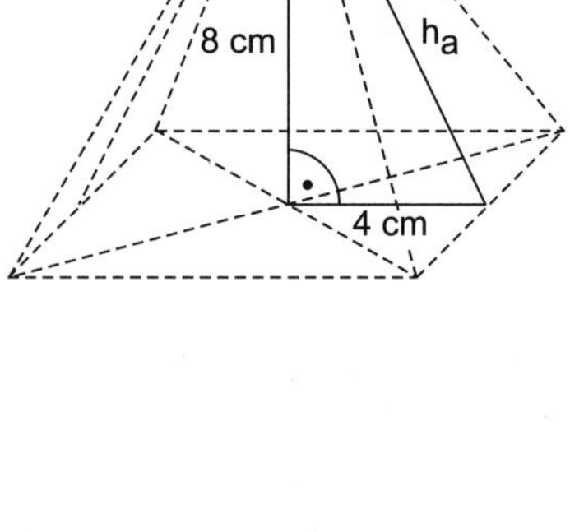

Berechnung von α':

$$\tan\alpha' = \frac{\text{Gegenkathete}}{\text{Ankathete}}$$

$$\tan\alpha' = \frac{4}{8}$$

$$\alpha' \approx 26{,}57°$$

Berechnung von α:

$\alpha = 2 \cdot \alpha' = \mathbf{53{,}14°}$

Der Winkel an der Spitze hat eine Größe von 53,14°.

c) Berechnung der Höhe der Seitenfläche mit dem Satz von Pythagoras:

$$h_a^2 = 4^2 + 8^2$$

$$h_a^2 = 80 \quad |\sqrt{\ }$$

$$h_a \approx 8{,}94$$

Berechnung des Flächeninhalts einer Seitenfläche:

$A = \frac{a \cdot h_a}{2}$

$A = \frac{8 \cdot 8{,}94}{2}$

$A = 35{,}76$

Berechnung der gesamten Oberfläche:

$O = a^2 + 4 \cdot A$

$O = 8^2 + 4 \cdot 35{,}76$

$O = 207{,}04$

Gesamtbedarf (10 % hinzurechnen):

$207{,}04 \cdot 1{,}10 = 227{,}744$

Für eine Schokoladenpyramide braucht man ca. **227,74 cm²** Verpackung.

d) Berechnung der Masse:

$m = V \cdot \rho$

$m = 170{,}67 \cdot 0{,}88$

$m \approx 150{,}19$

Es steht die Gewichtsangabe **150 g** auf der Verpackung.

e) Gegeben: $d = 18\text{ mm} \Rightarrow r = 9\text{ mm} = 0{,}9\text{ cm}$

Volumen einer Schokoladenkugel:

$V_K = \frac{4}{3}\pi \cdot r^3 = \frac{4}{3}\pi \cdot 0{,}9^3 \approx 3{,}05$

Volumen der Schokoladenpyramide (siehe Teilaufgabe a):

$V = 170{,}67$

Anzahl der Schokoladenkugeln, die man aus der Pyramide herstellen kann:

$V : V_K = 170{,}67 : 3{,}05 \approx 55{,}96$

Aus einer Schokoladenpyramide erhält man ca. **55** Schokoladenkugeln.

---

155 a)

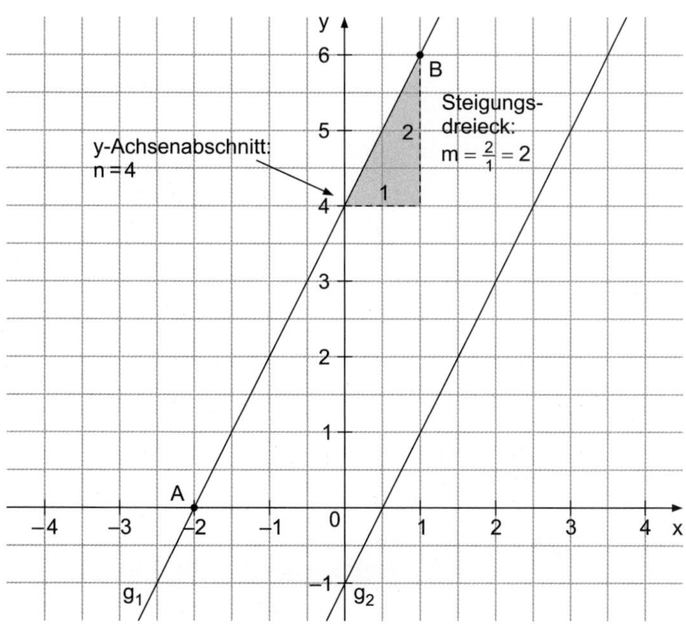

b) $A(-2\,|\,0)$ und $B(1\,|\,6)$ liegen auf g_1.

Einsetzen in die Geradengleichung $y = m \cdot x + n$:

I $\quad 0 = -2m + n$

II $\quad 6 = 1m + n \quad |\cdot(-1)$

Additionsverfahren:

$$\left.\begin{array}{ll} \text{I} & 0 = -2m + n \\ \text{II} & -6 = -m - n \end{array}\right\} +$$

I + II $\quad -6 = -3m \quad |:(-3)$

$\quad m = 2$

m = 2 in II:

$6 = 2 + n \quad |-2$

$n = 4$

Funktionsgleichung: $\mathbf{y = 2x + 4}$ oder $\mathbf{g_1(x) = 2x + 4}$

oder

Entnimm die Funktionsgleichung mithilfe des Steigungsdreiecks und des Achsenabschnitts direkt aus der grafischen Darstellung.

c) Einsetzen von $P(20\,|\,48)$ in die Geradengleichung $y = 2x + 4$:

$48 \stackrel{?}{=} 2 \cdot 20 + 4$

$48 \stackrel{?}{=} 40 + 4$

$48 \neq 44$

P liegt **nicht** auf g_1.

d) Einzeichnen der Geraden g_2: Die Steigung m ist dieselbe wie bei der Geraden g_1, der y-Achsenabschnitt ist -1. Funktionsgleichung: $\mathbf{y = 2x - 1}$ oder $\mathbf{g_2(x) = 2x - 1}$

e) Berechnung des Flächeninhalts:

Bestimmen der Schnittpunkte mit den Achsen:

x-Achse:

$0 = 2x + 4 \quad |-4$

$-4 = 2x \quad |:2$

$x = -2$

y-Achse:

$y = 2 \cdot 0 + 4$

$y = 4$

oder

Bestimmen der Schnittpunkte mit den Achsen durch Ablesen aus der Zeichnung:

$x_0 = -2;\ y_0 = 4$

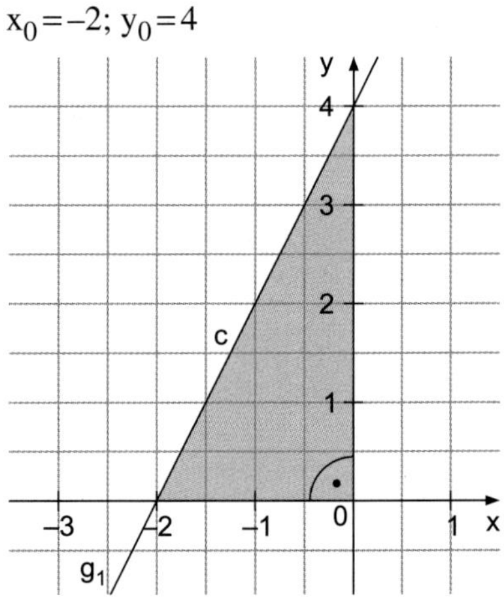

Flächeninhalt des Dreiecks:

$$A = \frac{g \cdot h}{2} = \frac{2 \cdot 4}{2} = 4$$

Berechnung des Umfangs:

Berechnung der Hypotenuse mit dem Satz von Pythagoras:

$c^2 = 2^2 + 4^2$

$c^2 = 4 + 16$

$c^2 = 20 \quad |\sqrt{\ }$

$c \approx 4{,}47$

Umfang des Dreiecks:

$u = 2 + 4 + 4{,}47 = 10{,}47$

Der Flächeninhalt des Dreiecks beträgt **4 FE** (Flächeneinheiten) und der Umfang **10,47 LE** (Längeneinheiten).

f) ☐ Aus 20 kg Äpfeln gewinnt man 10 kg Apfelmus.

Passt nicht, weil man aus 0 kg Äpfeln 0 kg Apfelmus erhält und der zugehörige Graph somit durch den Nullpunkt geht. Die zugehörige Funktionsgleichung lautet $y = 0{,}5x$.

☒ Die Leihgebühr für ein E-Bike beträgt 2 € pro Stunde, dazu kommen einmalig 4 € Verwaltungsgebühr.

Passt, die Funktionsgleichung lautet $y = 2x + 4$; x entspricht der Stundenzahl und y dem Gesamtpreis.

☐ In einer Tonne steht das Wasser 40 cm hoch. Durch ein Loch nimmt der Pegel stündlich um 2 cm ab.

Passt nicht, weil der Wasserstand abnimmt. Der zugehörige Graph ist eine fallende Gerade mit der Funktionsgleichung $y = -2x + 40$.

156 a) Berechnung des arithmetischen Mittels:

$78+75+80+73+78+75+83+72+79+98+72+190=1\,053$

$1\,053:12=87{,}75$

Das arithmetische Mittel liegt bei $\mathbf{87{,}75\ \frac{km}{h}}$.

b) Der Größe nach geordnete Datenmenge:

72 72 73 75 75 **78 / 78** 79 80 83 98 190

Der Median liegt bei $\mathbf{78\ \frac{km}{h}}$.

c) Bei der Testmessung haben 9 von 12 Fahrzeugen die Höchstgeschwindigkeit nicht überschritten.

Absolute Häufigkeit: **9**

Relative Häufigkeit: 9 von 12, d. h. $\frac{9}{12}=\frac{3}{4}=0{,}75=\mathbf{75\ \%}$

d) Eine Geschwindigkeit von 80 $\frac{km}{h}$ bedeutet:

Das Auto fährt 80 km in einer Stunde, d. h., das Auto fährt 80 km in 60 Minuten.

Lösung mit dem Dreisatz:

$$\begin{aligned} :80\ \Big(\quad & 80\text{ km} \mathrel{\hat=} 60\text{ min} & \Big):80 \\ \cdot 12\ \Big(\quad & 1\text{ km} \mathrel{\hat=} \frac{60}{80}\text{ min} & \Big)\cdot 12 \\ & 12\text{ km} \mathrel{\hat=} \frac{60\cdot 12}{80}\text{ min} \\ & = 9\text{ min} \end{aligned}$$

Das Auto braucht mindestens **9 Minuten**.

oder

Lösung über proportionale Zuordnung:

$$\begin{aligned} \frac{x}{12} &= \frac{60}{80} \qquad |\cdot 12 \\ x &= \frac{60\cdot 12}{80} \\ x &= 9 \end{aligned}$$

Das Auto braucht mindestens **9 Minuten**.

e) Berechnung des prozentualen Anteils:

Lösung mit dem Dreisatz:

$$\begin{aligned} :1{,}339\ \Big(\quad & 1{,}339\text{ €} \mathrel{\hat=} 100\ \% & \Big):1{,}339 \\ \cdot 1{,}469\ \Big(\quad & 1\text{ €} \mathrel{\hat=} \frac{100}{1{,}339}\ \% & \Big)\cdot 1{,}469 \\ & 1{,}469\text{ €} \mathrel{\hat=} \frac{100\cdot 1{,}469}{1{,}339}\ \% \\ & \approx 109{,}71\ \% \end{aligned}$$

oder

Lösung über proportionale Zuordnung:

$$\begin{aligned} \frac{x}{1{,}469} &= \frac{100}{1{,}339} \qquad |\cdot 1{,}469 \\ x &= \frac{100\cdot 1{,}469}{1{,}339} \\ x &\approx 109{,}71 \end{aligned}$$

Berechnung der prozentualen Steigerung:

$109{,}71\ \% - 100\ \% = \mathbf{9{,}71\ \%}$

Die prozentuale Steigerung beträgt etwa 9,71 %.

oder

Berechnung der preislichen Steigerung:

$1{,}469\text{ €} - 1{,}339\text{ €} = 0{,}13\text{ €}$

Berechnung der prozentualen Steigerung:

Lösung mit dem Dreisatz:

$$\begin{aligned} :1{,}339\ \Big(\quad & 1{,}339\text{ €} \mathrel{\hat=} 100\ \% & \Big):1{,}339 \\ \cdot 0{,}13\ \Big(\quad & 1\text{ €} \mathrel{\hat=} \frac{100}{1{,}339}\ \% & \Big)\cdot 0{,}13 \\ & 0{,}13\text{ €} \mathrel{\hat=} \frac{100\cdot 0{,}13}{1{,}339}\ \% \\ & \approx 9{,}71\ \% \end{aligned}$$

Die prozentuale Steigerung beträgt etwa **9,71 %**.

oder

Lösung über proportionale Zuordnung:

$$\begin{aligned} \frac{x}{0{,}13} &= \frac{100}{1{,}339} \qquad |\cdot 0{,}13 \\ x &= \frac{100\cdot 0{,}13}{1{,}339} \\ x &\approx 9{,}71 \end{aligned}$$

Die prozentuale Steigerung beträgt etwa **9,71 %**.

f) *1. Möglichkeit:* Werte stufenweise berechnen

nach dem 1. Jahr:

$$\frac{x}{80} = \frac{23\,000}{100}$$
$$x = 18\,400$$

nach dem 2. Jahr:

$$\frac{x}{92} = \frac{18\,400}{100}$$
$$x = 16\,928$$

nach dem 3. Jahr:

$$\frac{x}{92} = \frac{16\,928}{100}$$
$$x = 15\,573{,}76$$

nach dem 4. Jahr:

$$\frac{x}{92} = \frac{15\,573{,}76}{100}$$
$$x \approx 14\,327{,}86$$

oder

2. Möglichkeit: Werte mithilfe von Potenzen berechnen

nach dem 1. Jahr:

$$\frac{x}{80} = \frac{23\,000}{100}$$
$$x = 18\,400$$

nach 3 weiteren Jahren:

$18\,400 \cdot 0{,}92^3 \approx 14\,327{,}86$

Berechnung des Wertverlusts:

$23\,000 - 14\,327{,}86 = 8\,672{,}14$

Er muss mit einem Verlust von **8 672,14 €** rechnen.

---

157 a) *Hinweis:* Die Besucherzahlen sind in 1 000 angegeben. „Besucher“ wird im Folgenden mit BS abgekürzt.

- Überprüfung von Aussage A:
  Berechnung der Differenz der Besucherzahlen:
  $2\,075\,000 - 1\,036\,000 = 1\,039\,000$

  Aussage A ist **falsch**, der Zoologische Garten hatte 1 039 000 Besucher mehr als der Tierpark.

- Überprüfung von Aussage B:
  Anzahl der Besucher im Zoologischen Garten 2012: 2 077 000
  Anzahl der Besucher im Zoologischen Garten 2013: 2 075 000

  Berechnung des prozentualen Anteils der Besucherzahlen:

  Lösung mit dem Dreisatz:

  $$\begin{aligned} &2\,077\,000 \text{ BS} \mathrel{\hat=} 100\,\% && :2\,077\,000 \\ &1 \text{ BS} \mathrel{\hat=} \frac{100}{2\,077\,000}\,\% && \cdot 2\,075\,000 \\ &2\,075\,000 \text{ BS} \mathrel{\hat=} \frac{100 \cdot 2\,075\,000}{2\,077\,000}\,\% \\ &\approx 99{,}90\,\% \end{aligned}$$

  oder

  Lösung über proportionale Zuordnung:

  $$\frac{x}{2\,075\,000} = \frac{100}{2\,077\,000} \quad |\cdot 2\,075\,000$$
  $$x = \frac{100 \cdot 2\,075\,000}{2\,077\,000}$$
  $$x \approx 99{,}90$$

  Berechnung der prozentualen Abnahme der Besucherzahlen:
  $100\,\% - 99{,}90\,\% = \mathbf{0{,}10\,\%}$

  Aussage B ist **richtig**, die Besucherzahlen sind um ca. 0,10 % gesunken.

  oder

  Berechnung der Abnahme der Besucherzahlen:
  $2\,077\,000 - 2\,075\,000 = 2\,000$

  Berechnung der prozentualen Abnahme der Besucherzahlen:

  Lösung mit dem Dreisatz:

  $$\begin{aligned} &2\,077\,000 \text{ BS} \mathrel{\hat=} 100\,\% && :2\,077\,000 \\ &1 \text{ BS} \mathrel{\hat=} \frac{100}{2\,077\,000}\,\% && \cdot 2\,000 \\ &2\,000 \text{ BS} \mathrel{\hat=} \frac{100 \cdot 2\,000}{2\,077\,000}\,\% \\ &\approx 0{,}10\,\% \end{aligned}$$

  oder

  Lösung über proportionale Zuordnung:

  $$\frac{x}{2\,000} = \frac{100}{2\,077\,000} \quad |\cdot 2\,000$$
  $$x = \frac{100 \cdot 2\,000}{2\,077\,000}$$
  $$x \approx 0{,}10$$

  Aussage B ist **richtig**, die Besucherzahlen sind um ca. 0,10 % gesunken.

- Überprüfung von Aussage C:
  Anzahl aller Besucher 2013: $2\,075\,000 + 984\,000 + 1\,036\,000 = 4\,095\,000$
  Anzahl aller Besucher 2014: $4\,400\,000$

  Berechnung des prozentualen Anteils der Besucherzahlen:

  Lösung mit dem Dreisatz:

  $$\begin{array}{lrcll} :4\,095\,000 & 4\,095\,000\text{ BS} & \hat{=} & 100\,\% & :4\,095\,000 \\ \cdot 4\,400\,000 & 1\text{ BS} & \hat{=} & \frac{100}{4\,095\,000}\,\% & \cdot 4\,400\,000 \\ & 4\,400\,000\text{ BS} & \hat{=} & \frac{100 \cdot 4\,400\,000}{4\,095\,000}\,\% & \\ & & \approx & 107{,}45\,\% & \end{array}$$

  oder

  Lösung über proportionale Zuordnung:

  $$\frac{x}{4\,400\,000} = \frac{100}{4\,095\,000} \quad | \cdot 4\,400\,000$$
  $$x = \frac{100 \cdot 4\,400\,000}{4\,095\,000}$$
  $$x \approx 107{,}45$$

  Berechnung der prozentualen Zunahme der Besucherzahlen:
  $107{,}45\,\% - 100\,\% = \mathbf{7{,}45\,\%}$

  Aussage C ist **falsch**, der Zuwachs beträgt sogar ca. 7,45 %.

  oder

  Berechnung der Zunahme der Besucherzahlen:
  $4\,400\,000 - 4\,095\,000 = 305\,000$

  Berechnung der prozentualen Zunahme der Besucherzahlen:

  Lösung mit dem Dreisatz:

  $$\begin{array}{lrcll} :4\,095\,000 & 4\,095\,000\text{ BS} & \hat{=} & 100\,\% & :4\,095\,000 \\ \cdot 305\,000 & 1\text{ BS} & \hat{=} & \frac{100}{4\,095\,000}\,\% & \cdot 305\,000 \\ & 305\,000\text{ BS} & \hat{=} & \frac{100 \cdot 305\,000}{4\,095\,000}\,\% & \\ & & \approx & 7{,}45\,\% & \end{array}$$

  oder

  Lösung über proportionale Zuordnung:

  $$\frac{x}{305\,000} = \frac{100}{4\,095\,000} \quad | \cdot 305\,000$$
  $$x = \frac{100 \cdot 305\,000}{4\,095\,000}$$
  $$x \approx 7{,}45$$

  Aussage C ist **falsch**, der Zuwachs beträgt sogar ca. 7,45 %.

b) Da es drei Neugeborene sind, handelt es sich um ein dreistufiges Baumdiagramm.

Einzelwahrscheinlichkeiten:

Neugeborenes ist männlich (m): $P(m) = 50\,\% = \frac{1}{2}$

Neugeborenes ist weiblich (w): $P(w) = 50\,\% = \frac{1}{2}$

Baumdiagramm:

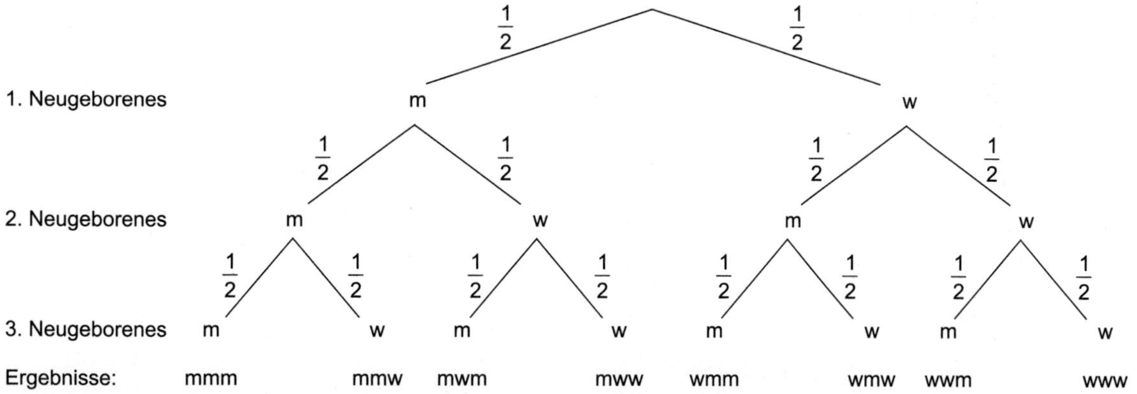

1. Möglichkeit: Berechnung über das Gegenereignis
Da 7 von 8 Pfaden zum Ereignis „mind. ein männl. Neugeborenes" führen, ist es günstig, zunächst die Wahrscheinlichkeit des Gegenereignisses „kein männl. Neugeborenes" (www) mit der 1. Pfadregel zu berechnen.

Berechnung der Wahrscheinlichkeit des Gegenereignisses mithilfe der 1. Pfadregel:

$P(www) = \frac{1}{2} \cdot \frac{1}{2} \cdot \frac{1}{2} = \frac{1}{8} = 0{,}125 = 12{,}5\ \%$

Berechnung der Wahrscheinlichkeit des Ereignisses:

$P(\text{mind. ein männl. Neugeborenes}) = 1 - P(www) = 1 - 0{,}125 = 0{,}875 = \mathbf{87{,}5\ \%}$

Die Wahrscheinlichkeit, dass von den 3 Neugeborenen mindestens eines männlich ist, beträgt 87,5 %.

2. Möglichkeit: Direkte Berechnung (1. und 2. Pfadregel)

$P(\text{mind. ein männl. Neugeborenes}) = P(mmm) + P(mmw) + P(mwm) + P(mww) + P(wmm) + P(wmw) + P(wwm)$

$= \frac{1}{2} \cdot \frac{1}{2} \cdot \frac{1}{2} + \frac{1}{2} \cdot \frac{1}{2} \cdot \frac{1}{2} + \frac{1}{2} \cdot \frac{1}{2} \cdot \frac{1}{2} + \frac{1}{2} \cdot \frac{1}{2} \cdot \frac{1}{2} + \frac{1}{2} \cdot \frac{1}{2} \cdot \frac{1}{2} + \frac{1}{2} \cdot \frac{1}{2} \cdot \frac{1}{2} + \frac{1}{2} \cdot \frac{1}{2} \cdot \frac{1}{2}$

$= \frac{1}{8} + \frac{1}{8} + \frac{1}{8} + \frac{1}{8} + \frac{1}{8} + \frac{1}{8} + \frac{1}{8}$

$= \frac{7}{8} = 0{,}875 = \mathbf{87{,}5\ \%}$

Die Wahrscheinlichkeit, dass von den 3 Neugeborenen mindestens eines männlich ist, beträgt 87,5 %.

c) Gegeben: $a = \overline{AK} = 750$ m; $k = \overline{KB} = 1\,040$ m; $b = \overline{BR} = 610$ m
$\sphericalangle ARB = \gamma = 110°$

Das allgemeine Viereck KBRA wird durch Einzeichnen der Diagonale $d = \overline{AB}$ in das rechtwinklige Teildreieck AKB und das allgemeine Dreieck ABR zerlegt.

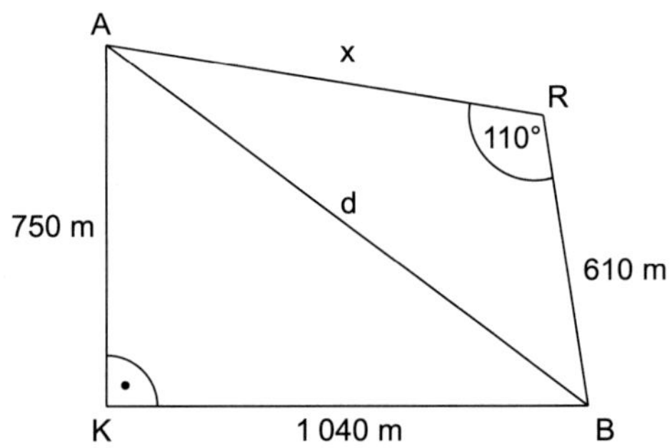

Berechnung von d mit dem Satz von Pythagoras im rechtwinkligen Dreieck AKB:

$d^2 = 750^2 + 1\,040^2$

$d^2 = 1\,644\,100 \quad |\sqrt{\ }$

$d \approx 1\,282{,}22$

Betrachtung des Dreiecks ABR:

Um mithilfe des Sinussatzes die Länge der Strecke x berechnen zu können, muss zunächst der Winkel β berechnet werden. Dazu wird zunächst der Winkel α bestimmt.

Berechnung von α mithilfe des Sinussatzes im Dreieck ABR:

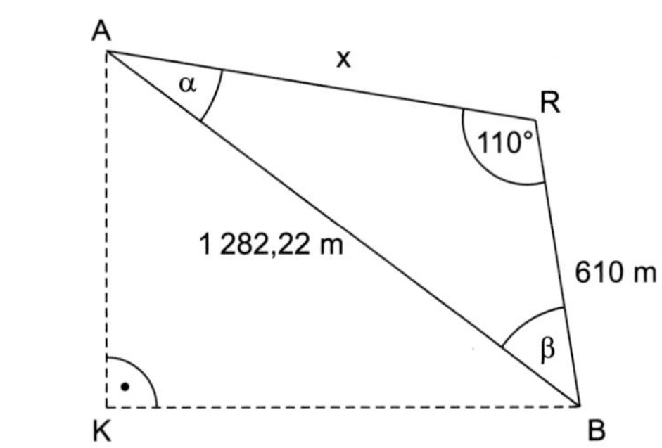

$\frac{610}{\sin\alpha} = \frac{1\,282{,}22}{\sin 110°} \quad |\cdot \sin 110° \quad |\cdot \sin\alpha$

$610 \cdot \sin 110° = 1\,282{,}22 \cdot \sin\alpha \quad |:1\,282{,}22$

$\sin\alpha = \frac{610 \cdot \sin 110°}{1\,282{,}22}$

$\sin\alpha = 0{,}44704\ldots$

$\alpha \approx 26{,}55°$

Berechnung von β mithilfe der Innenwinkelsumme im Dreieck:

$26{,}55° + \beta + 110° = 180°$

$\beta + 136{,}55° = 180° \quad |-136{,}55°$

$\beta = 43{,}45°$

Berechnung von x mithilfe des Sinussatzes im Dreieck ABR:

$\frac{x}{\sin 43{,}45°} = \frac{610}{\sin 26{,}55°} \quad |\cdot \sin 43{,}45°$

$x = \frac{610 \cdot \sin 43{,}45°}{\sin 26{,}55°}$

$x \approx 938{,}55$

oder

$\frac{x}{\sin 43{,}45°} = \frac{1\,282{,}22}{\sin 110°} \quad |\cdot \sin 43{,}45°$

$x = \frac{1\,282{,}22 \cdot \sin 43{,}45°}{\sin 110°}$

$x \approx 938{,}40$

Hinweis: Die unterschiedlichen Nachkommastellen von x sind die Folge vom Rechnen mit gerundeten Werten. Sie sind aber für die weitere Rechnung unerheblich.

Berechnung der Gesamtlänge Krokodilhaus – Bärenanlage – Raubtierhaus – Affenhaus – Krokodilhaus:
$1\,040 \text{ m} + 610 \text{ m} + 938{,}55 \text{ m} + 750 \text{ m} = 3\,338{,}55 \text{ m} \approx 3{,}3 \text{ km}$

Ben hat **nicht recht**. Die Klasse muss nur ca. 3,3 km laufen.

---

158 a) Da Kira zwei weiße Lose gezogen hat, erhält sie 20 % Rabatt.

1. Möglichkeit: Berechnung über die Rabatthöhe
Berechnung der Rabatthöhe (20 %):

Lösung mit dem Dreisatz:

$$\begin{array}{rrcll} & 100\,\% & \hat{=} & 69{,}90\,€ & \\ :100 & 1\,\% & \hat{=} & 0{,}699\,€ & :100 \\ \cdot 20 & 20\,\% & \hat{=} & 13{,}98\,€ & \cdot 20 \end{array}$$

oder

Lösung über proportionale Zuordnung:

$$\frac{x}{20} = \frac{69{,}90}{100} \quad |\cdot 20$$
$$x = \frac{69{,}90 \cdot 20}{100}$$
$$x = 13{,}98$$

Berechnung des neuen Preises:
$69{,}90\,€ - 13{,}98\,€ = \mathbf{55{,}92\,€}$

Kira muss 55,92 € bezahlen.

oder

2. Möglichkeit: Direkte Berechnung
Da die Halskette um 20 % reduziert wird, beträgt der neue Preis 100 % – 20 % = 80 % vom alten Preis.

Berechnung des neuen Preises:

Lösung mit dem Dreisatz:

$$\begin{array}{rrcll} & 100\,\% & \hat{=} & 69{,}90\,€ & \\ :100 & 1\,\% & \hat{=} & 0{,}699\,€ & :100 \\ \cdot 80 & 80\,\% & \hat{=} & 55{,}92\,€ & \cdot 80 \end{array}$$

Kira muss **55,92 €** bezahlen.

oder

Lösung über proportionale Zuordnung:

$$\frac{x}{80} = \frac{69{,}90}{100} \quad |\cdot 80$$
$$x = \frac{69{,}90 \cdot 80}{100}$$
$$x = 55{,}92$$

Kira muss **55,92 €** bezahlen.

b) Die Aussage stimmt nicht, denn durch das Ziehen nur eines Loses gewinnt man nichts. Erst durch das zweifache Ziehen hat man überhaupt Gewinnchancen, aber auch nur dann, wenn man zwei gleiche Farben zieht. Bei den Farbkombinationen „Rot – Weiß" und „Weiß – Rot" gewinnt man nichts, deshalb ist die Aussage irreführend und nicht korrekt.

c) Es handelt sich um einen zweistufigen Zufallsversuch „ohne Zurücklegen". Es sind insgesamt 50 Lose im Topf, davon sind 42 weiß (w) und 8 rot (r).

Baumdiagramm:

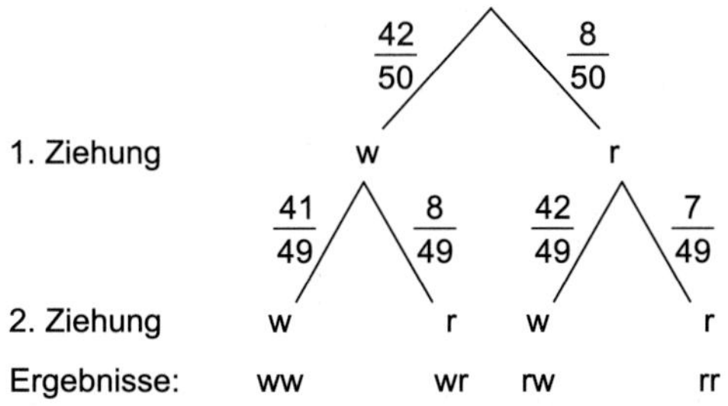

d) Man erhält 20 % Rabatt, wenn man 2 weiße Lose zieht.

Berechnung der Wahrscheinlichkeit mithilfe der 1. Pfadregel:

$$P(\text{ww}) = \frac{42}{50} \cdot \frac{41}{49} \approx 0{,}7029 = \mathbf{70{,}29\,\%}$$

Die Wahrscheinlichkeit, 20 % Rabatt zu erhalten, beträgt etwa 70,29 %.

e) Man erhält 50 % Rabatt, wenn man 2 rote Lose zieht.

Berechnung der Wahrscheinlichkeit mithilfe der 1. Pfadregel:

$P(rr) = \frac{8}{50} \cdot \frac{7}{49} \approx 0,0229 = \mathbf{2,29\ \%}$

Die Wahrscheinlichkeit, 50 % Rabatt zu erhalten, beträgt etwa 2,29 %.

f) Berechnung des Prozentsatzes der Kunden, die keinen Rabatt erhalten:

Berechnung über das Gegenereignis:

Wahrscheinlichkeit, einen Rabatt zu erhalten:

$P(\text{Rabatt}) = P(ww) + P(rr)$
$= 70,29\ \% + 2,29\ \%$
$= 72,58\ \% = 0,7258$

Wahrscheinlichkeit, keinen Rabatt zu erhalten:

$P(\text{kein Rabatt}) = 1 - P(\text{Rabatt})$
$= 1 - 0,7258$
$= 0,2742 = 27,42\ \%$

oder

Direkte Berechnung:

Wahrscheinlichkeit, keinen Rabatt zu erhalten:

$P(\text{kein Rabatt}) = P(wr) + P(rw)$
$= \frac{42}{50} \cdot \frac{8}{49} + \frac{8}{50} \cdot \frac{42}{49}$
$\approx 0,1371 + 0,1371$
$= 0,2742 = 27,42\ \%$

Prüfen der Behauptung von Frau Neumann:
Frau Neumann behauptet, dass jeder dritte Kunde keinen Rabatt erhält. „Jeder dritte Kunde" bedeutet dasselbe wie „ein Drittel aller Kunden".

$\frac{1}{3} = 0,\overline{3} \approx 33,33\ \%$

Die Rechnung von Frau Neumann stimmt **nicht**. Es sind nicht etwa 33 %, sondern nur etwa 27 % aller Kunden, die durchschnittlich keinen Rabatt erhalten.

---

159 a) Beschriften des Koordinatensystems:

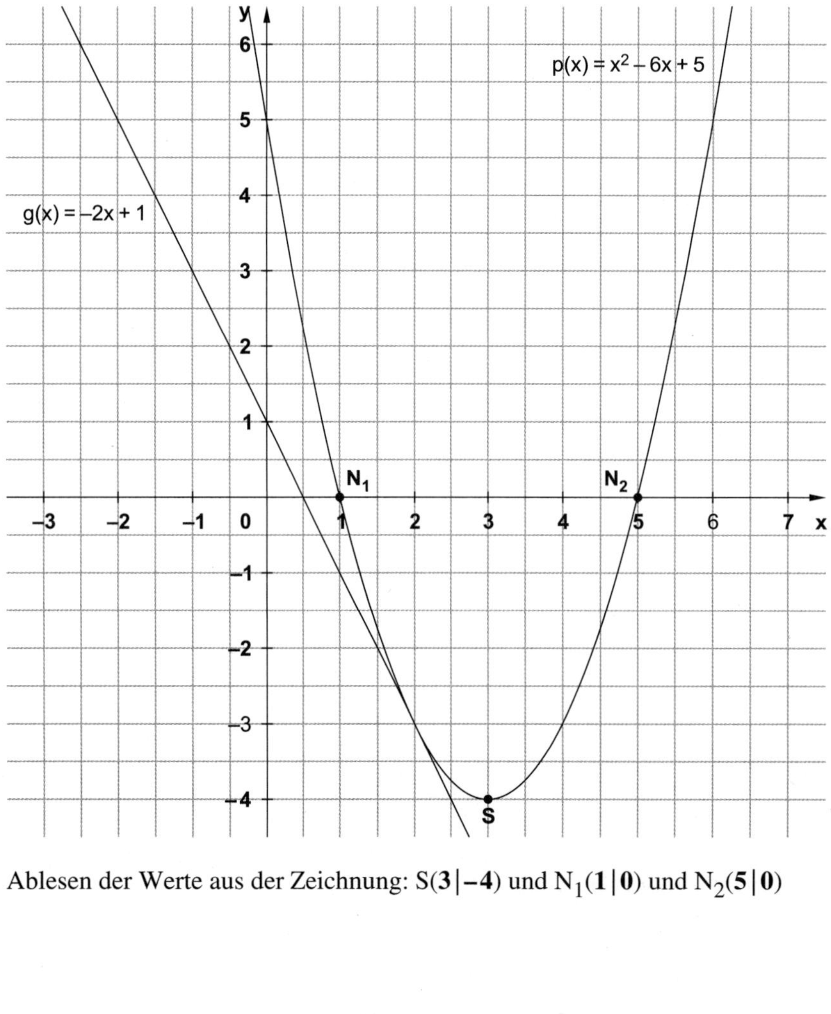

Ablesen der Werte aus der Zeichnung: $S(\mathbf{3}|\mathbf{-4})$ und $N_1(\mathbf{1}|\mathbf{0})$ und $N_2(\mathbf{5}|\mathbf{0})$

b) *1. Möglichkeit:* Nachweis über die Scheitelpunktformen

- Scheitelpunktform der abgebildeten Parabel:
  Die allgemeine Scheitelpunktform ist $y=(x+d)^2+e$ mit Scheitelpunkt $S(-d\,|\,e)$. Die abgebildete Parabel hat den Scheitelpunkt $S(3\,|-4)$ und damit lautet ihre Scheitelpunktform:
  $y=(x-3)^2-4$
- Scheitelpunktform der gegebenen Funktionsgleichung:
  Die gegebene allgemeine Form $y=x^2-6x+5$ wird mittels quadratischer Ergänzung in die Scheitelpunktform umgewandelt:
  $y=x^2-6x+5$
  $y=x^2-6x+\left(\frac{6}{2}\right)^2-\left(\frac{6}{2}\right)^2+5$
  $y=x^2-6x+9-9+5$
  $y=(x-3)^2-4$

Da die Scheitelpunktformen übereinstimmen, gehört die gegebene Funktionsgleichung zur Parabel.

oder

2. Möglichkeit: Bestimmung der Funktionsgleichung über die Scheitelpunktform
Um die Funktionsgleichung der abgebildeten Parabel zu bestimmen, wird der Scheitelpunkt $S(3\,|-4)$, allgemein $S(-d\,|\,e)$, in die Scheitelpunktform der verschobenen Normalparabel $y=f(x)=(x+d)^2+e$ eingesetzt.

Für den Scheitelpunkt $S(3\,|-4)$, also $d=-3$ und $e=-4$, erhält man:
$y=(x-3)^2-4$
$y=x^2-6x+9-4$
$y=x^2-6x+5$
Die gegebene Funktionsgleichung gehört somit zur abgebildeten Parabel.

oder

3. Möglichkeit: Überprüfung der Punkte der Parabel anhand einer Wertetabelle
Berechnung der y-Werte von $y=x^2-6x+5$:

x	0	1	2	3	4	5	6
y	5	0	–3	–4	–3	0	5

Die Koordinaten der Punkte auf der Parabel stimmen mit den berechneten Koordinaten der Wertetabelle überein. Damit gehört die gegebene Funktionsgleichung zur abgebildeten Parabel.

Hinweis: Da eine verschobene Normalparabel durch 2 Punkte eindeutig festgelegt ist, hätte es genügt zu zeigen, dass 2 berechnete Punkte mit Punkten auf der Parabel übereinstimmen.

c) Nullstellen sind die x-Koordinaten der Schnittpunkte der Parabel mit der x-Achse. Da für jeden Schnittpunkt mit der x-Achse die y-Koordinate 0 wird, setzt man $y=0$. Die Berechnung der Nullstellen erfolgt mithilfe der p-q-Formel:

$x^2-6x+5=0$ (Normalform; $p=-6$; $q=5$)

$$x_{1/2}=-\frac{p}{2}\pm\sqrt{\left(\frac{p}{2}\right)^2-q}$$

$$x_{1/2}=-\frac{-6}{2}\pm\sqrt{\left(\frac{-6}{2}\right)^2-5}$$

$x_{1/2}=3\pm\sqrt{9-5}$
$x_{1/2}=3\pm\sqrt{4}$
$x_{1/2}=3\pm 2$

$x_1=3+2=5;\ x_2=3-2=1$

Der Graph schneidet die x-Achse an den Stellen $x_1=1$ und $x_2=5$.

d) Da es um die Berechnung eines Schnittpunktes der Parabel p mit der Geraden g geht, werden die zugehörigen Funktionsgleichungen $p(x) = x^2 - 6x + 5$ und $g(x) = -2x + n$ gleichgesetzt:

Berechnung der x-Koordinaten x_S mithilfe der p-q-Formel:

$$p(x_S) = g(x_S)$$
$$x_S{}^2 - 6x_S + 5 = -2x_S + n \quad |+2x_S - n$$
$$x_S{}^2 - 4x_S + 5 - n = 0 \quad \text{(Normalform; } p = -4;\ q = 5 - n)$$

Einsetzen in die p-q-Formel:

$$x_{1/2} = -\frac{p}{2} \pm \sqrt{\left(\frac{p}{2}\right)^2 - q}$$
$$x_{1/2} = -\frac{-4}{2} \pm \sqrt{\left(\frac{-4}{2}\right)^2 - (5-n)}$$
$$x_{1/2} = 2 \pm \sqrt{4 - 5 + n}$$
$$x_{1/2} = 2 \pm \sqrt{-1 + n}$$

Damit die Parabel und die Gerade nur einen Schnittpunkt haben, sich also für x_s nur eine Lösung ergibt, muss der Ausdruck unter dem Wurzelzeichen (Diskriminante) $-1 + n$ null werden:

$$-1 + n = 0 \quad |+1$$
$$n = 1$$

Wenn n in der Geradengleichung durch 1 ersetzt wird, haben die Parabel und die Gerade nur einen gemeinsamen Punkt (an der Stelle $x_s = 2$). Die Geradengleichung lautet: $\mathbf{g(x) = -2x + 1}$

Einzeichnen der Geraden g in das vorhandene Koordinatensystem: siehe Seite 80

---

160 a) Der viereckige Garten hat die Form eines Trapezes.

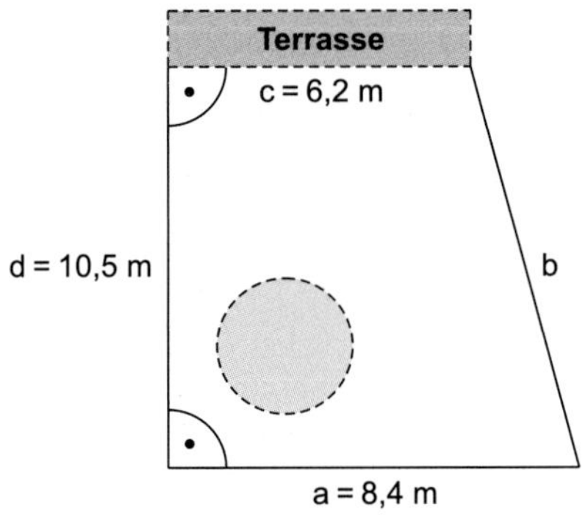

Berechnung des Flächeninhalts:

Gegeben: parallele Seiten: $a = 8{,}4$ m; $c = 6{,}2$ m
Trapezhöhe: $h = d = 10{,}5$ m

Gesucht: A

$$A = \frac{1}{2}(a + c) \cdot h$$
$$A = \frac{1}{2}(8{,}4 + 6{,}2) \cdot 10{,}5$$
$$A = 76{,}65$$

Der Flächeninhalt des Gartens beträgt **76,65 m²** und ist somit **etwas größer** als im Kaufvertrag angegeben.

b) • Länge der Hecke:

Durch Einzeichnen der Höhe h findet man ein rechtwinkliges Dreieck.

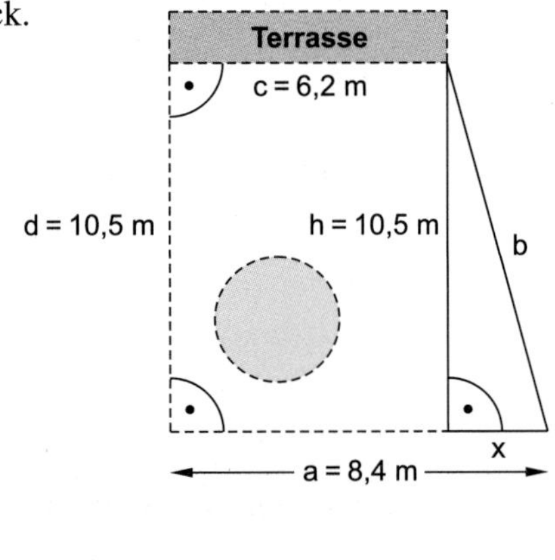

Kathetenlängen im rechtwinkligen Dreieck:
$h = d = 10{,}5$ m
$x = a - c = 8{,}4\text{ m} - 6{,}2\text{ m} = 2{,}2$ m

Berechnung der Seite b mit dem Satz von Pythagoras:

$$b^2 = h^2 + x^2$$
$$b^2 = 10{,}5^2 + 2{,}2^2$$
$$b^2 = 115{,}09 \quad |\sqrt{\ }$$
$$b \approx 10{,}73$$

Berechnung der Länge der gesamten Hecke:
$d + a + b = 10{,}5\text{ m} + 8{,}4\text{ m} + 10{,}73\text{ m} = \mathbf{29{,}63\text{ m}}$

Die gesamte Hecke wird etwa 29,63 m lang.

- Anzahl der Buchsbaum-Pflanzen für die 29,63 m lange Hecke:
  Lösung mit dem Dreisatz: **oder** Lösung über proportionale Zuordnung:

  $$\cdot 29{,}63 \left(\begin{array}{l} 1\text{ m} \mathrel{\hat{=}} 10\text{ Pflanzen} \\ 29{,}63\text{ m} \mathrel{\hat{=}} 296{,}3\text{ Pflanzen} \\ \qquad \approx 296\text{ Pflanzen} \end{array} \right) \cdot 29{,}63$$

  $$\frac{x}{29{,}63} = \frac{10}{1} \quad | \cdot 29{,}63$$
  $$x = 10 \cdot 29{,}63$$
  $$x = 296{,}3$$
  $$x \approx 296$$

  Für die Hecke braucht man insgesamt **296 Buchsbaum-Pflanzen.**
  Hinweis: Man kann nur ganze Pflanzen kaufen.

- Vergleich der Angebote:
  Angebot 1:
  Wenn Familie Gärtner 296 Pflanzen zum Preis von 1,20 € pro Pflanze kauft, zahlt sie insgesamt:
  $296 \cdot 1{,}20\text{ €} = 355{,}20\text{ €}$
  Wenn Familie Gärtner 300 Pflanzen zum billigeren Preis von 1,10 € pro Pflanze kauft, zahlt sie insgesamt:
  $300 \cdot 1{,}10\text{ €} = 330\text{ €}$
  Bei Angebot 1 zahlt Familie Gärtner im billigsten Fall 330 €.
  Angebot 2:
  Die Pflanzen werden in 9er-Packen zum Preis von jeweils 10 € verkauft. Familie Gärtner braucht für ihre 296 Pflanzen $296 : 9 \approx 32{,}89 \approx 33$ solche 9er-Packe. Dafür zahlt sie insgesamt:
  $33 \cdot 10\text{ €} = 330\text{ €}$
  Vergleich der Angebote:
  Familie Gärtner sollte **Angebot 1** wählen.
  Begründung:
  Bei beiden Angeboten beträgt der günstigste Gesamtpreis 330 €. Bei Angebot 1 erhält Familie Gärtner dafür 300 Pflanzen, während sie bei Angebot 2 nur $33 \cdot 9 = 297$ Pflanzen bekommt. Die zusätzlichen Pflanzen kann sie anderweitig einpflanzen oder verkaufen.

c)
- Es handelt sich um einen **exponentiellen** Wachstumsvorgang.
  Begründung:
  Der Flächeninhalt der Wasserlinsenfläche wächst jeden Tag auf das Doppelte des vorherigen Wertes an, d. h., nach jedem Tag wird die vorhandene Flächengröße mit dem Faktor 2 multipliziert. Der Wachstumsfaktor ist also 2. Wäre es ein linearer Wachstumsvorgang, würde sich der Flächeninhalt von Tag zu Tag um denselben (festen) Wert erhöhen.

- Schrittweise Berechnung der Fläche der Wasserlinsen am darauffolgenden Donnerstag:
  Die Fläche der Wasserlinsen verdoppelt sich pro Tag. Es gilt also:

Fläche am Freitag:	$y = 100\text{ cm}^2$
Fläche am Samstag:	$y = 2 \cdot 100\text{ cm}^2 = 200\text{ cm}^2$
Fläche am Sonntag:	$y = 2 \cdot 200\text{ cm}^2 = 400\text{ cm}^2$
Fläche am Montag:	$y = 2 \cdot 400\text{ cm}^2 = 800\text{ cm}^2$
Fläche am Dienstag:	$y = 2 \cdot 800\text{ cm}^2 = 1\,600\text{ cm}^2$
Fläche am Mittwoch:	$y = 2 \cdot 1\,600\text{ cm}^2 = 3\,200\text{ cm}^2$
Fläche am **Donnerstag**:	$y = 2 \cdot 3\,200\text{ cm}^2 = \mathbf{6\,400\text{ cm}^2}$

  oder
  Berechnung der Fläche der Wasserlinsen mithilfe der allgemeinen Funktionsgleichung $y = a \cdot q^x$:
  Anfangswert: $a = 100$
  Wachstumsrate: $p\,\% = 100\,\%$ (Da sich die Fläche verdoppelt, nimmt sie jeweils um 100 % zu.)
  Wachstumsfaktor: $q = 1 + \frac{p}{100} = 1 + \frac{100}{100} = 1 + 1 = 2$
  Damit ergibt sich als Funktionsgleichung: $y = a \cdot q^x = 100 \cdot 2^x$

Berechnung der Flächengröße am darauffolgenden Donnerstag:
Anzahl der Tage (von Freitag bis Donnerstag): $x = 6$
$y = 100 \cdot 2^6 = \mathbf{6\,400}$

Berechnung der Gesamtfläche des Teichs in cm^2:
Gegeben: $d = 2{,}5\text{ m} \Rightarrow r = 1{,}25\text{ m} = 125\text{ cm}$
Gesucht: A
$A = \pi \cdot r^2$
$A = \pi \cdot (125)^2$
$A \approx 49\,087{,}39$
Der Teich hat eine Fläche von etwa **49 087,39 cm²**.

Berechnung des prozentualen Anteils der Fläche der Wasserlinsen am Teich:

Lösung mit dem Dreisatz:

$$\begin{aligned} 49\,087{,}39\text{ cm}^2 &\mathrel{\hat=} 100\,\% \quad &&|:49\,087{,}39 \\ 1\text{ cm}^2 &\mathrel{\hat=} \frac{100}{49\,087{,}39}\,\% \quad &&|\cdot 6\,400 \\ 6\,400\text{ cm}^2 &\mathrel{\hat=} \frac{100\cdot 6\,400}{49\,087{,}39}\,\% \\ &\approx 13{,}04\,\% \end{aligned}$$

oder

Lösung über proportionale Zuordnung:

$$\frac{x}{6\,400} = \frac{100}{49\,087{,}39} \quad |\cdot 6\,400$$
$$x = \frac{100\cdot 6\,400}{49\,087{,}39}$$
$$x \approx 13{,}04$$

Am Donnerstag sind etwa **13 %** des Teichs mit Wasserlinsen bedeckt.

- *1. Möglichkeit:* Lösung über den Prozentsatz
  Schrittweise Berechnung der Anzahl der Tage, bis der Teich vollständig bedeckt ist:
  Am Donnerstag sind 13 % des Teichs mit Wasserlinsen bedeckt. Da sich die Fläche der Wasserlinsen pro Tag verdoppelt, verdoppelt sich auch der Prozentsatz, den sie vom Teich einnehmen. Damit gilt:

  Fläche am Donnerstag: 13 %
  Fläche am Freitag: $2 \cdot 13\,\% = 26\,\%$
  Fläche am Samstag: $2 \cdot 26\,\% = 52\,\%$
  Fläche am Sonntag: $2 \cdot 52\,\% = 104\,\%$

  Nach **drei weiteren Tagen** ist der Teich vollständig mit Wasserlinsen bedeckt.

  oder
  2. Möglichkeit: Lösung über den Flächeninhalt
  Am Donnerstag sind 6 400 cm² des 49 087,39 cm² großen Teichs mit Wasserlinsen bedeckt. Die Fläche verdoppelt sich weiterhin pro Tag:

  Fläche am Donnerstag: $y = 6\,400\text{ cm}^2$
  Fläche am Freitag: $y = 2 \cdot 6\,400\text{ cm}^2 = 12\,800\text{ cm}^2$
  Fläche am Samstag: $y = 2 \cdot 12\,800\text{ cm}^2 = 25\,600\text{ cm}^2$
  Fläche am Sonntag: $y = 2 \cdot 25\,600\text{ cm}^2 = 51\,200\text{ cm}^2$

  Nach **drei weiteren Tagen** ist der Teich vollständig mit Wasserlinsen bedeckt.

---

161 a) Frau Kauf fährt auf ihrer Rolltreppe von oben nach unten und erreicht nach 12 Sekunden die 8 m tiefer liegende Etage.
Herr Rausch fährt auf seiner Rolltreppe von unten nach oben und erreicht nach 16 Sekunden die 8 m höher liegende Etage. Somit ist seine Rolltreppe langsamer.

b) Der Graph der Rolltreppe von Herrn Rausch ist eine Ursprungsgerade und entspricht damit dem Graphen einer proportionalen Zuordnung.

Rolltreppe von Frau Kauf:
$y = -\frac{2}{3}x + 8$ **oder** $f_1(x) = -\frac{2}{3}x + 8$

Rolltreppe von Herrn Rausch:
$y = \frac{1}{2}x$ **oder** $f_2(x) = 0{,}5x$

c) *Rechnerische Lösung:*

$$-\frac{2}{3}x+8=\frac{1}{2}x \quad \left|+\frac{2}{3}x\right.$$

$$8=\frac{1}{2}x+\frac{2}{3}x$$

$$8=\frac{3}{6}x+\frac{4}{6}x$$

$$8=\frac{7}{6}x \quad \left|\cdot\frac{6}{7}\right.$$

$$x\approx 6{,}86$$

Frau Kauf und Herr Rausch treffen sich nach **6,86 Sekunden** Fahrtzeit.

$x=6{,}86$ in $y=\frac{1}{2}x$ einsetzen:

$$y=\frac{1}{2}\cdot 6{,}86=3{,}43$$

Der Treffpunkt hat die Koordinaten **(6,86 | 3,43)**.

oder

Grafische Lösung:

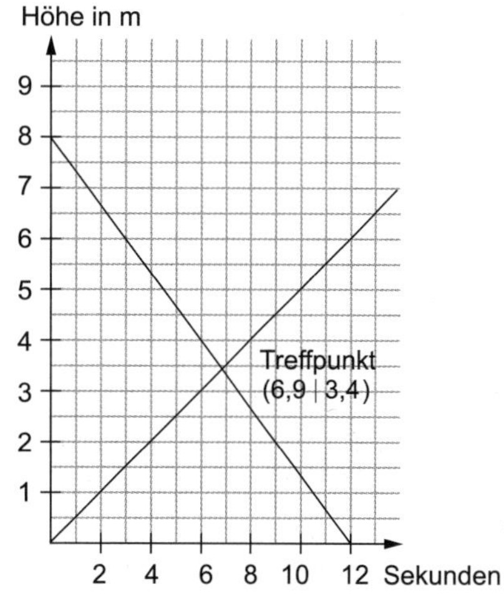

Frau Kauf und Herr Rausch treffen sich nach **6,9 Sekunden** Fahrtzeit.
Der Treffpunkt hat die Koordinaten **(6,9 | 3,4)**.

d) • Zeichnung:

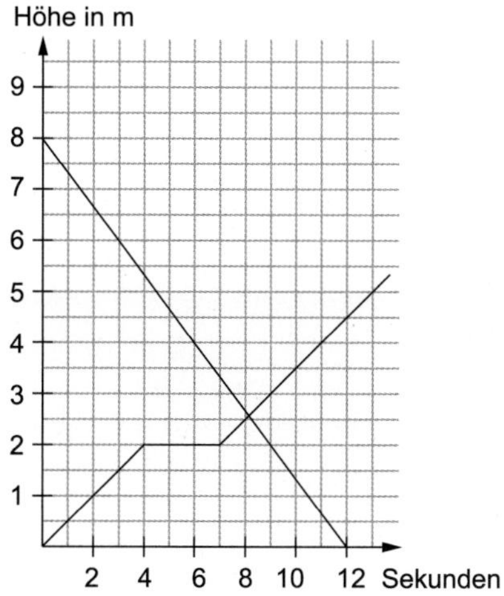

• Sie fahren in einer Höhe von etwa **2,5 m** bzw. **2,6 m** aneinander vorbei. (exakte Lösung: 2,57 m)

---

162 a) Bezeichnung an der x-Achse: Zeit in Jahren
Bezeichnung an der y-Achse: Preis in Cent

Hinweis:
Auch die Beschriftung mit „Zeit" und „Preis" oder „Jahre" und „Cent" wird akzeptiert.

b)

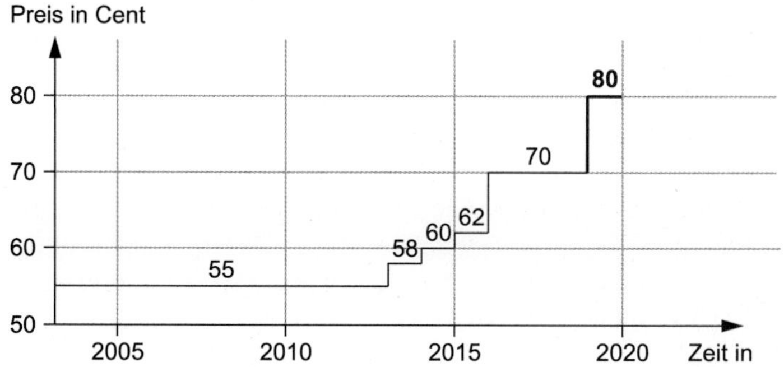

c)

	wahr	falsch
Im Jahr 2016 stieg das Porto um 0,08 €.	☒	☐

Begründung:
Es ist zu prüfen, ob die Differenz des Portos aus den Jahren 2016 und 2015 0,08 € beträgt:
Porto 2016 – Porto 2015 = 70 ct – 62 ct = 8 ct
Ergebnis: 8 ct = 0,08 €
Die Aussage ist richtig.

2019 stieg der Preis für einen Standardbrief um mehr als 14 %.	☒	☐

Begründung:
Es ist zu prüfen, ob das Porto im Jahr 2019 um mehr als 14 % gegenüber dem Vorjahr gestiegen ist, also auf mehr als 114 % angestiegen ist.
Porto 2018: 70 ct; Porto 2019: 80 ct

Lösung über Dreisatz:

$$:70 \left(\begin{array}{l} 70\text{ ct} \mathrel{\hat{=}} 100\,\% \\ 1\text{ ct} \mathrel{\hat{=}} \frac{100}{70}\,\% \end{array} \right) :70$$

$$\cdot 80 \left(\begin{array}{l} 1\text{ ct} \mathrel{\hat{=}} \frac{100}{70}\,\% \\ 80\text{ ct} \mathrel{\hat{=}} \frac{100 \cdot 80}{70}\,\% \end{array} \right) \cdot 80$$

$$\approx 114{,}29\,\%$$

oder

Lösung über proportionale Zuordnung:

$$\frac{100}{70} = \frac{x}{80} \quad | \cdot 80$$

$$x = \frac{100 \cdot 80}{70}$$

$$x \approx 114{,}29$$

Ergebnis: 114,29 % > 114 %
Die Aussage ist richtig.

Von 2012 bis 2020 ist das Porto 4-mal erhöht worden.	☐	☒

Begründung:
Erste Erhöhung auf 58 ct: 2013
Zweite Erhöhung auf 60 ct: 2014
Dritte Erhöhung auf 62 ct: 2015
Vierte Erhöhung auf 70 ct: 2016
Fünfte Erhöhung auf 80 ct: 2019

Ergebnis: Das Porto ist 5-mal erhöht worden. Die Aussage ist falsch.

d) Lena könnte folgende Begründungen für die falsche Darstellung vorbringen (Das korrekte Säulendiagramm ist rechts abgebildet.):

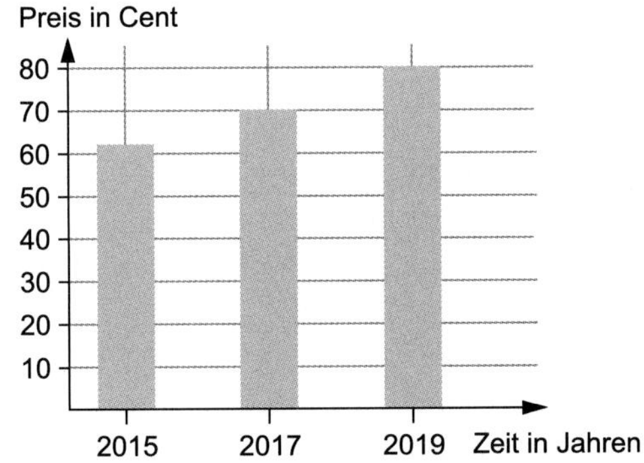

- Nikos Diagramm ist kein Säulendiagramm, so wie es in der Aufgabenstellung verlangt war. In einem Säulendiagramm unterscheiden sich die Säulen nur durch ihre Höhe, die Breite der Säulen bleibt immer gleich.
- In Nikos Diagramm beginnt die Einteilung der y-Achse nicht bei 0 ct, sondern bei 55 ct. Dadurch werden die Abstände zwischen den Einheiten wesentlich größer und es entsteht der Eindruck, als wäre das Porto zweimal enorm gestiegen. Tatsächlich betragen die Änderungen „nur" 8 ct bzw. 10 ct.
- Die Verwendung von Briefmarken als Darstellungsmittel passt zwar zum Thema, verfälscht aber durch die Vergrößerung der gesamten Briefmarkenfläche den Sachverhalt. Es wird nicht nur die Höhe der Briefmarke verändert, sondern auch die Breite. So ist z. B. die Briefmarke, die das Jahr 2017 darstellt, etwa doppelt so lang und breit wie die Briefmarke für das Jahr 2015, hat also einen viermal so großen Flächeninhalt. Tatsächlich beträgt die Erhöhung aber nicht, wie dem Betrachter vorgetäuscht wird, 400 %, sondern nur 13 %.

Mittlerer Schulabschluss und erweiterte Berufsbildungsreife 2019

Aufgabe 1

a) Scheitelwinkel liegen an sich kreuzenden Geraden gegenüber und sind gleich groß.

$\beta = \mathbf{35°}$

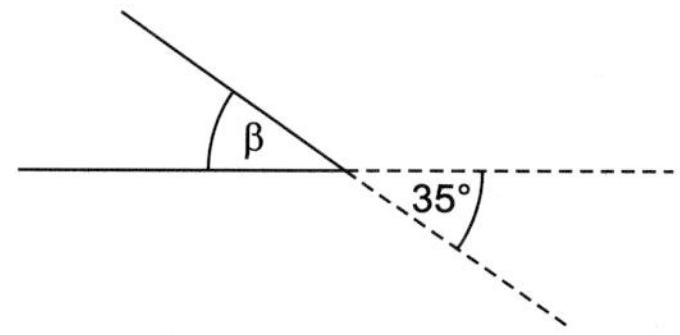

b) Umwandlung des ersten Terms in die kleinere Einheit:
0,06 m = 6 cm $\rightarrow$ 6 cm < 60 cm

oder Umwandlung des zweiten Terms in die größere Einheit:
60 cm = 0,6 m $\rightarrow$ 0,06 m < 0,6 m

Somit gilt:

0,06 m [<] 60 cm

c) 1,5 von 6 Anteilen sind markiert.

$\frac{1{,}5}{6} \underset{\text{Erweitern mit 2}}{=} \frac{3}{12}$ **oder** $1{,}5 : 6 = 0{,}25 = 25\,\% = \frac{1}{4} = \frac{3}{12}$

oder

Kreis teilen, sodass alle Anteile gleich groß sind:
Es sind 3 von 12 Anteilen markiert.

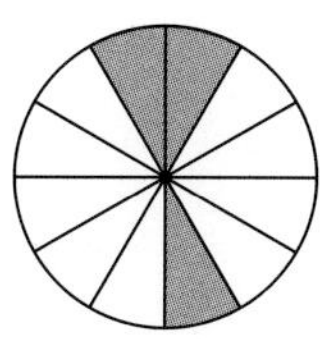

oder Der größere der beiden markierten Anteile wird „versetzt". Dadurch ist insgesamt ein Viertel des Kreises markiert:

$\frac{1}{4} = \frac{3}{12}$

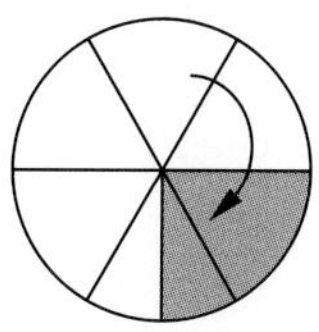

Somit gilt:

☐ $\frac{3}{7}$ ☐ $\frac{3}{5}$

☒ $\frac{3}{12}$ ☐ $\frac{5}{7}$

d) $4^3 = 4 \cdot 4 \cdot 4 = 64$
$8^4 = 8 \cdot 8 \cdot 8 \cdot 8 = 4\,096$ $\rightarrow$ größte Zahl
$2^8 = 2 \cdot 2 \cdot 2 \cdot 2 \cdot 2 \cdot 2 \cdot 2 \cdot 2 = 256$

oder $4^3 = (2^2)^3 = 2^6$
$8^4 = (2^3)^4 = 2^{12}$ $\rightarrow$ größter Exponent, somit größte Zahl
2^8

Somit gilt:
4^3, $\underline{8^4}$, 2^8

e) Formel zur Flächenberechnung eines Rechtecks: Fläche = Länge · Breite

Lösung über Gesamtrechteck:
$A = \mathbf{(a + b) \cdot c}$

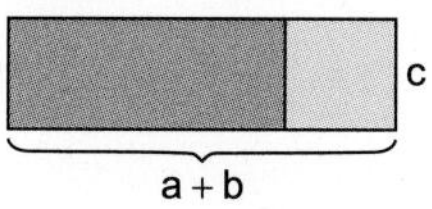

oder Lösung über Zerlegung des Gesamtrechtecks:
$A = \mathbf{a \cdot c + b \cdot c}$

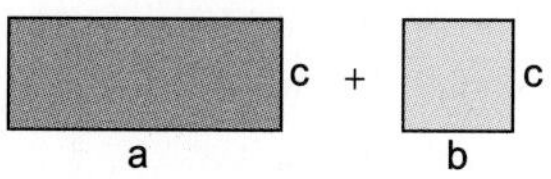

f) Mithilfe einer Skizze:
Anzahl der Kanten: **8**

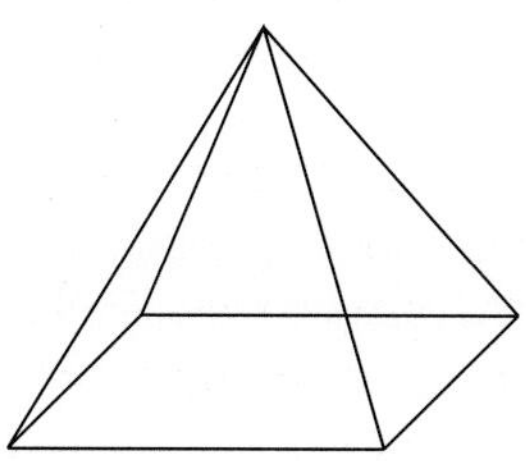

g) Lösung durch verkürzten Dreisatz:
Gegeben: Pfadwahrscheinlichkeit $p = \frac{2}{3}$ entspricht 4 Kugeln
Gesucht: Anzahl der Kugeln mit Pfadwahrscheinlichkeit $p = \frac{1}{3}$

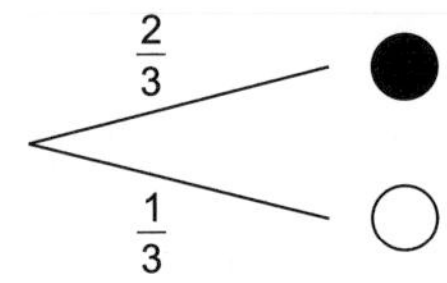

$$:2 \left(\begin{array}{l} \frac{2}{3} \mathrel{\hat{=}} 4 \text{ Kugeln} \\ \frac{1}{3} \mathrel{\hat{=}} 2 \text{ Kugeln} \end{array} \right) :2$$

2 Kugeln sind weiß.

oder

Lösung durch Erweitern des Bruchs mit 2:
Pfadwahrscheinlichkeit für 4 schwarze Kugeln: $\frac{2}{3} = \frac{4}{6}$, d. h., 4 von 6 Kugeln sind schwarz, die restlichen Kugeln, also 2 von 6, sind weiß.

Lösung:

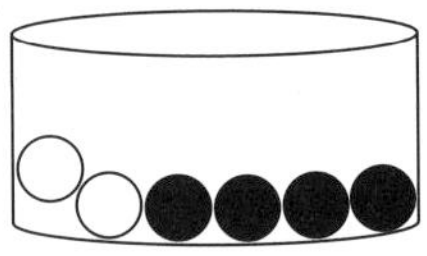

h) Der Sinus eines Winkels wird im rechtwinkligen Dreieck durch das Seitenverhältnis von Gegenkathete und Hypotenuse bestimmt:

$$\sin \alpha = \frac{\text{Gegenkathete}}{\text{Hypotenuse}}$$

Vom Winkel α aus betrachtet ist r die Gegenkathete und t die Hypotenuse.

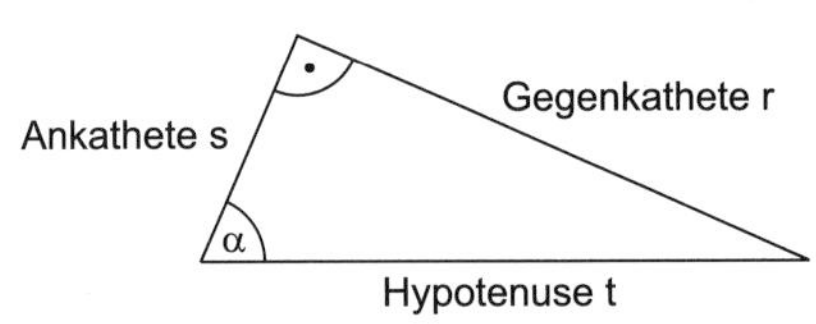

$$\mathbf{\sin\alpha = \frac{r}{t}}$$

i) Die Spannweite w einer Datenreihe ist die Differenz aus dem höchsten Datenwert (x_{max}) und dem kleinsten Datenwert (x_{min}): $w = x_{max} - x_{min}$

Datenreihe:	9,7 m	9,9 m	9,6 m	9,5 m	9,8 m	9,7 m
		↑		↑		
		höchster Wert		kleinster Wert		
		x_{max}		x_{min}		

$w = 9{,}9\text{ m} - 9{,}5\text{ m} = \mathbf{0{,}4\text{ m}}$

j) Für Potenzen mit negativen Exponenten gilt $a^{-n} = \frac{1}{a^n}$, also gilt:

$$10^{-4} = \frac{1}{10^4} = \frac{1}{10\,000}$$

Und damit:

$$2{,}1 \cdot 10^{-4} = 2{,}1 \cdot \frac{1}{10\,000} = \mathbf{0{,}00021}$$

oder

Es gilt:

$$10^{-4} = \frac{1}{10\,000} = 0{,}0001$$

Und damit:

$$2{,}1 \cdot 10^{-4} = 2{,}1 \cdot 0{,}0001 = \mathbf{0{,}00021}$$

Aufgabe 2

a) An dem Punkt, an dem der Graph einer Funktion die x-Achse schneidet, wird die y-Koordinate gleich null.
Die zugehörige x-Koordinate bezeichnet man als Nullstelle der Funktion.

Durch Ablesen: Nullstelle **x = –2**

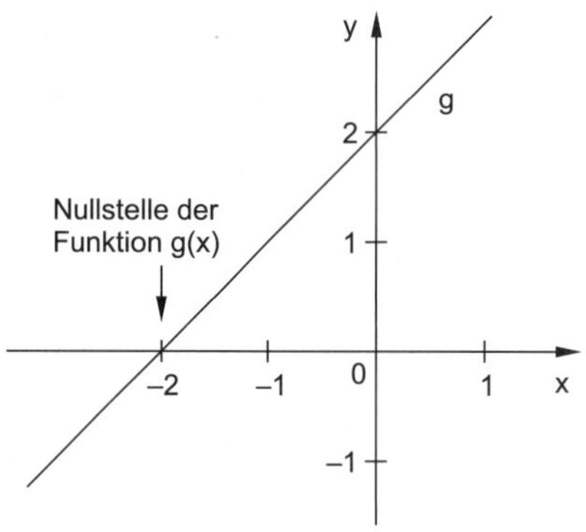

b) *Hinweis:* Der Begriff Anstieg ist gleichbedeutend mit Steigung.

Merkmale für Graphen einer linearen Funktion $y = mx + n$:
Ist die Steigung

- $m < 0$, erhält man eine fallende Gerade, die von links oben nach rechts unten verläuft.
- $m = 0$, erhält man eine Parallele zur x-Achse.
- $m > 0$, erhält man eine steigende Gerade, die von links unten nach rechts oben verläuft.

Betrachtet werden die Steigungen der drei Geraden f, g und h:

- **Gerade f** verläuft von links oben nach rechts unten, ist somit fallend, der Wert für die **Steigung ist eine negative Zahl**.
- Gerade g verläuft von links unten nach rechts oben, ist somit steigend, der Wert für die Steigung ist eine positive Zahl.
- **Gerade h verläuft parallel zur x-Achse**, hat keine Steigung, der Wert für die Steigung ist null.

oder

Lösung über das Steigungsdreieck:
Für f:
„Gehe 1 LE nach rechts und 2 LE nach unten", also:

$m = \frac{-2}{1} = -2$ → passt zur 1. Eigenschaft

Für g:
„Gehe 1 LE nach rechts und 1 LE nach oben", also:

$m = \frac{1}{1} = 1$

Für h:
Kein Steigungsdreieck möglich, da parallel zur x-Achse und keine Steigung vorhanden. → passt zur 2. Eigenschaft

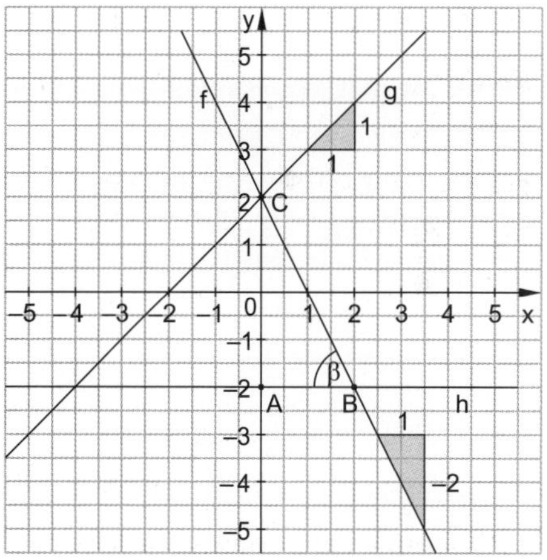

Lösung:

Eigenschaft	Graph
Der Graph hat den Anstieg –2.	**f**
Der Graph verläuft parallel zur x-Achse.	**h**

c) Ermitteln der Funktionsgleichungen für die Geraden f, g und h mithilfe der Steigung m und des y-Achsenabschnitts n.
Allgemeine Funktionsgleichung: $y = mx + n$

Gerade	Steigungsdreieck	Steigung m	y-Achsenabschnitt n (Schnittpunkt mit der y-Achse)	Funktionsgleichung
f	1 LE nach rechts und 2 LE nach unten	$\frac{-2}{1} = -2$	+2	$y = -2x + 2$
g	1 LE nach rechts und 1 LE nach oben	$\frac{1}{1} = 1$	+2	$y = 1x + 2$ oder $y = x + 2$
h	nicht möglich	0	−2	$y = 0x - 2$ oder $y = -2$

oder

Zeichnen der angebotenen Graphen in das vorhandene Koordinatensystem:

❶ $y = -2x + 2$	❷ $y = -\frac{1}{2}x + 2$	❸ $y = -2$
❹ $y = x + 2$	❺ $y = -2x$	❻ $y = x - 2$

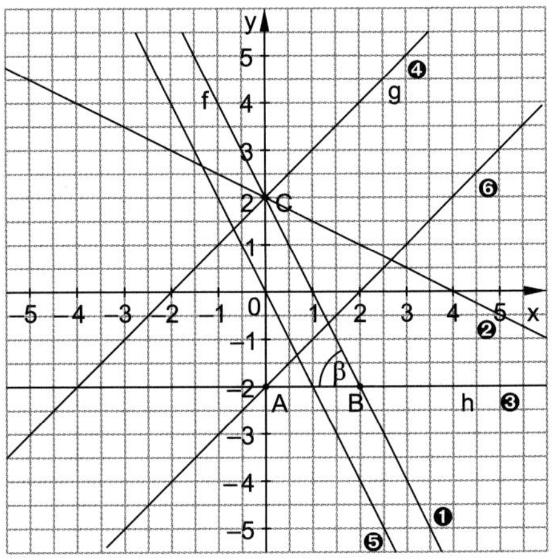

Hinweis:
So zeichnet man Geraden:
- Achsenabschnitt n auf der y-Achse markieren
- von diesem Punkt aus Steigungsdreieck einzeichnen und zweiten Punkt markieren
- beide Punkte durch eine Gerade verbinden

Ergebnis:
Gerade 1 und f sind identisch.
Gerade 3 und h sind identisch.
Gerade 4 und g sind identisch.

Lösung:

Graph	Funktionsgleichung
f	**$f = -2x + 2$**
g	**$y = x + 2$**
h	**$y = -2$**

d) • *Berechnung der Länge von $\overline{BC}$ im rechtwinkligen Dreieck:*
Mit dem Satz des Pythagoras gilt: $\overline{AB}^2 + \overline{AC}^2 = \overline{BC}^2$
Die Längen von $\overline{AB}$ und $\overline{AC}$ werden im Koordinatensystem abgelesen:
$\overline{AB} = 2$ LE
$\overline{AC} = 4$ LE

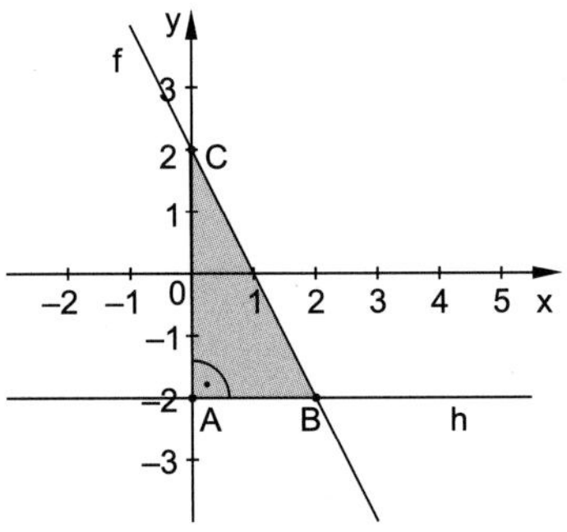

Einsetzen:

$$2^2 + 4^2 = \overline{BC}^2$$
$$4 + 16 = \overline{BC}^2$$
$$\overline{BC}^2 = 20 \qquad |\sqrt{\ }$$
$$\overline{BC} \approx 4{,}47$$

$\overline{BC}$ hat eine Länge von **4,47 LE**.

- *Berechnung der Größe des Winkels β im rechtwinkligen Dreieck ABC:*
  Vom Winkel β aus betrachtet ist $\overline{AB}$ die Ankathete, $\overline{AC}$ die Gegenkathete und $\overline{BC}$ die Hypotenuse.

  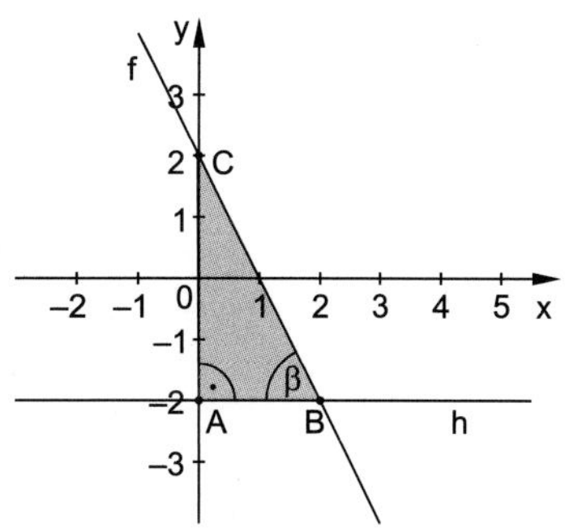

  $\overline{AB} = 2$ LE
  $\overline{AC} = 4$ LE
  $\overline{BC} = 4{,}47$ LE

  Lösung mithilfe des Tangens:

  $\tan\beta = \frac{\text{Gegenkathete}}{\text{Ankathete}}$

  $\tan\beta = \frac{4}{2}$

  $\tan\beta = 2$

  $\beta \approx 63{,}4°$

  oder

  Lösung mithilfe des Sinus:

  $\sin\beta = \frac{\text{Gegenkathete}}{\text{Hypotenuse}}$

  $\sin\beta = \frac{4}{4{,}47}$

  $\beta \approx 63{,}5°$

  oder

  Lösung mithilfe des Kosinus:

  $\cos\beta = \frac{\text{Ankathete}}{\text{Hypotenuse}}$

  $\cos\beta = \frac{2}{4{,}47}$

  $\beta \approx 63{,}4°$

  Hinweis: Die unterschiedlichen Nachkommastellen entstehen durch das Rechnen mit gerundeten Zahlen.

  Der Winkel β hat eine Größe von etwa **63,4°**.

Aufgabe 3

a) Berechnung von $\overline{BC}$ im rechtwinkligen Dreieck ABC mit dem Satz des Pythagoras:

Gegeben: $\overline{AB} = 4$ m
$\overline{AC} = 9$ m

Gesucht: $\overline{BC}$

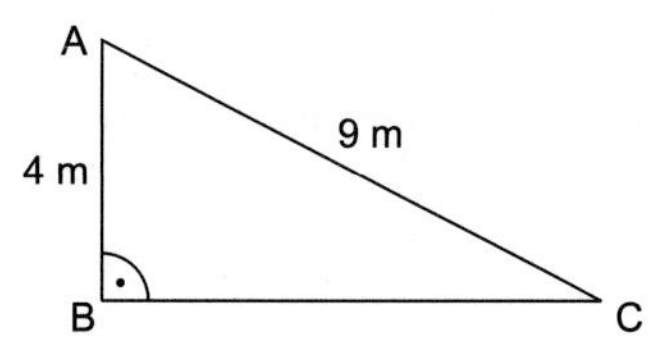

$\overline{AB}^2 + \overline{BC}^2 = \overline{AC}^2$

$4^2 + \overline{BC}^2 = 9^2$

$16 + \overline{BC}^2 = 81 \quad |-16$

$\overline{BC}^2 = 65 \quad |\sqrt{\ }$

$\overline{BC} \approx 8{,}06$

Der Abstand zwischen Ben und Chris beträgt etwa **8,06 m**.

b) Berechnung von α im rechtwinkligen Dreieck ABC:

Von Winkel α aus betrachtet ist $\overline{AB}$ die Ankathete und $\overline{AC}$ die Hypotenuse.

Es gilt:

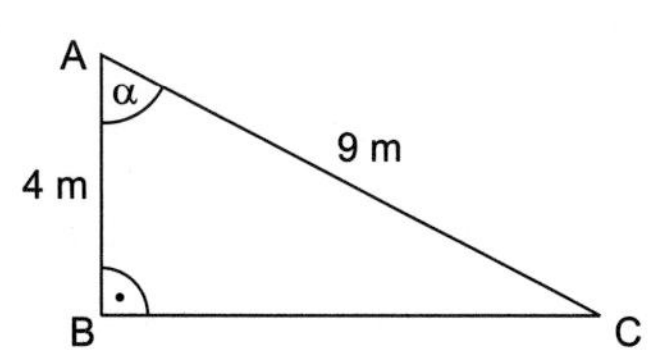

$\cos\alpha = \frac{\text{Ankathete}}{\text{Hypotenuse}}$

$\cos\alpha = \frac{4}{9}$

$\alpha \approx 63{,}6°$

Die Größe des Winkels α beträgt ungefähr 64°.

oder

Berechnung von α mithilfe des Sinus und der Länge von $\overline{BC}$:

Von Winkel α aus betrachtet ist $\overline{BC}$ die Gegenkathete und $\overline{AC}$ die Hypotenuse.

$\overline{BC} \approx 8{,}06$ m (siehe Lösung zu Teilaufgabe 3 a)

Es gilt:

$$\sin\alpha = \frac{\text{Gegenkathete}}{\text{Hypotenuse}}$$

$$\sin\alpha = \frac{8{,}06}{9}$$

$$\alpha \approx 63{,}6°$$

Die Größe des Winkels α beträgt ungefähr 64°.

c) Berechnung des Winkels γ_1 im Dreieck ABC:
Die Winkelsumme im Dreieck beträgt 180°.

$$64° + 90° + \gamma_1 = 180°$$

$$154° + \gamma_1 = 180° \qquad |-154°$$

$$\gamma_1 = 26°$$

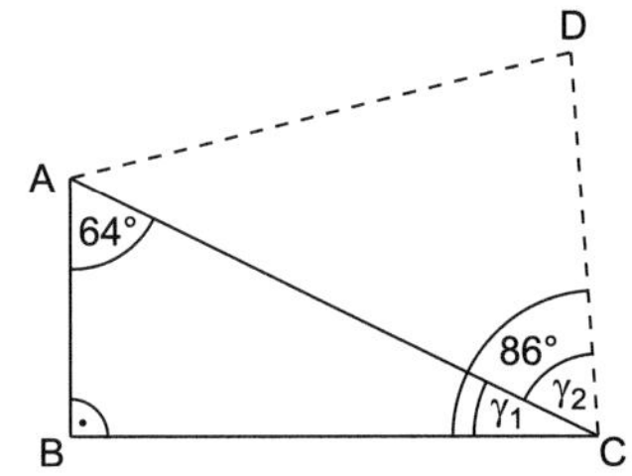

Berechnung des Winkels γ_2:

$$\gamma_1 + \gamma_2 = 86°$$

$$26° + \gamma_2 = 86° \qquad |-26°$$

$$\gamma_2 = 60°$$

Berechnung der Strecke $\overline{AD}$ mithilfe des Sinussatzes im allgemeinen Dreieck ACD:

$$\frac{\overline{AD}}{\sin\gamma_2} = \frac{\overline{AC}}{\sin\delta}$$

$$\frac{\overline{AD}}{\sin 60°} = \frac{9}{\sin 80°} \qquad |\cdot \sin 60°$$

$$\overline{AD} = \frac{9 \cdot \sin 60°}{\sin 80°}$$

$$\overline{AD} \approx 7{,}91$$

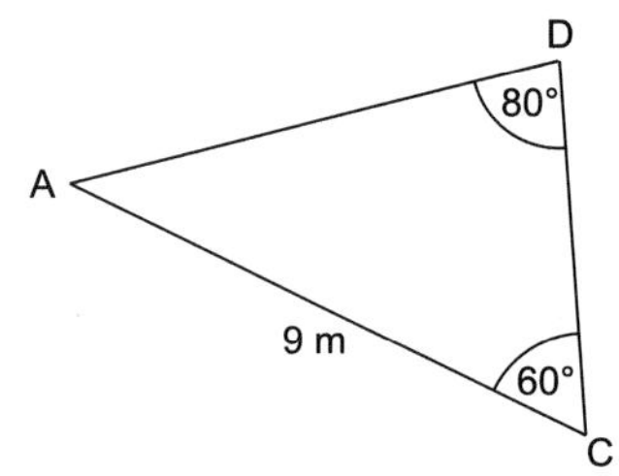

Der Abstand zwischen Amir und Deniz beträgt etwa **7,91 m**.

oder

Lösung mithilfe eines linearen Gleichungssystems:

$$\text{I} \quad \tan 60° = \frac{h}{9 - x_1}$$

$$\text{II} \quad \tan 40° = \frac{h}{x_1}$$

Zerlegung von Dreieck ADC in zwei rechtwinklige Dreiecke durch die Höhe h:

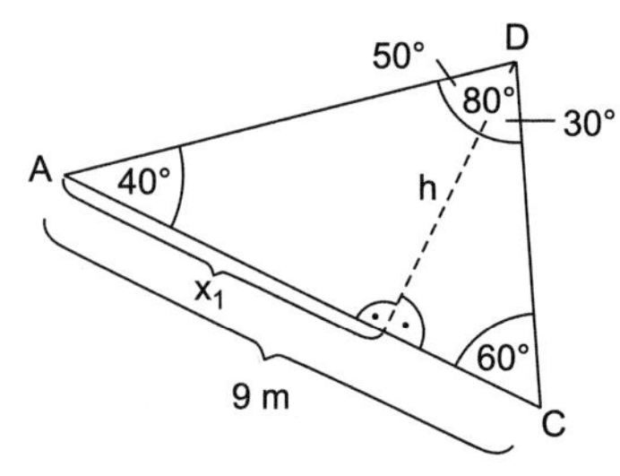

Umstellung von I und II nach h:

$$\text{I}' \quad (9 - x_1) \cdot \tan 60° = h$$

$$\text{II}' \quad x_1 \cdot \tan 40° = h$$

Anwendung des Gleichsetzungsverfahrens:

$$\text{I} = \text{II} \qquad (9 - x_1) \cdot \tan 60° = x_1 \cdot \tan 40° \qquad |\text{Klammern auflösen}$$

$$9 \cdot \tan 60° - x_1 \cdot \tan 60° = x_1 \cdot \tan 40° \qquad |+x_1 \cdot \tan 60°$$

$$9 \cdot \tan 60° = x_1 \cdot (\tan 40° + \tan 60°) \qquad |:(\tan 40° + \tan 60°)$$

$$x_1 = \frac{9 \cdot \tan 60°}{\tan 40° + \tan 60°}$$

$$x_1 = 6{,}06$$

$x_1 = 6{,}06$ einsetzen in II:

$$\tan 40° = \frac{h}{6{,}06} \qquad |\cdot 6{,}06$$

$$h = 6{,}06 \cdot \tan 40°$$

$$h \approx 5{,}08$$

Pythagoras:

$$x_1^2 + h^2 = \overline{AD}^2$$

$$6{,}06^2 + 5{,}08^2 \approx \overline{AD}^2 \qquad |\sqrt{}$$

$$\overline{AD} \approx 7{,}91$$

Der Abstand zwischen Amir und Deniz beträgt etwa **7,91 m**.

Aufgabe 4

a) *Vorüberlegungen:*
Es handelt sich um ein Prisma mit dreieckiger Grund- und Deckfläche. Die Seitenflächen sind drei kongruente Rechtecke mit den Maßen 1,50 m Breite und 1,20 m Höhe.
Bei der Grund- und Deckfläche handelt es sich um ein gleichseitiges Dreieck mit der Seitenlänge $a = 1{,}5$ m, die Höhe der Rechtecke ist gleichzeitig die Höhe des Prismas $h_K = 1{,}2$ m.

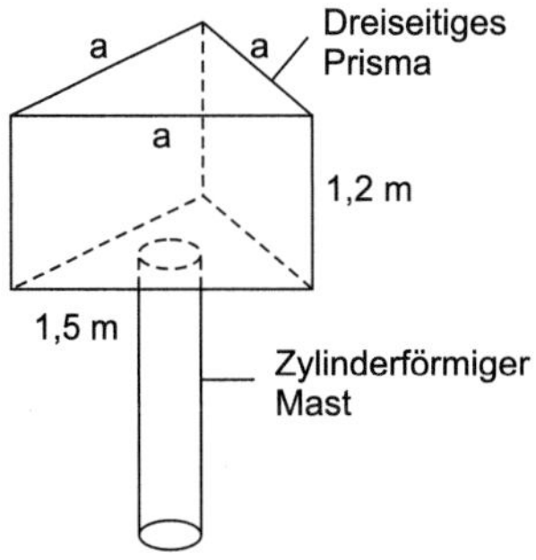

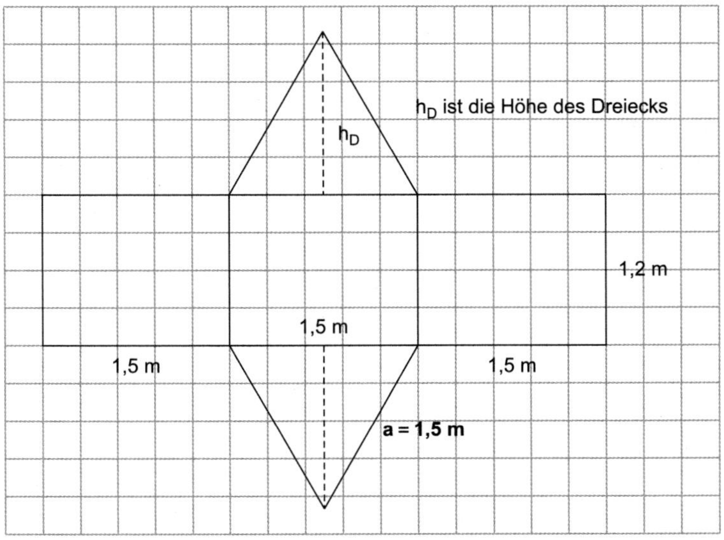

Anmerkung zur Zeichnung:
5 „Kästchen“ ≙ 1,5 m, ca. 4,3 „Kästchen“ ≙ h_D

b) Nur die Seitenflächen, also die drei Rechtecke, werden als Werbefläche genutzt.

Berechnung des Flächeninhalts eines Rechtecks:
$A = a \cdot b$
$A = 1{,}5 \cdot 1{,}2$
$A = 1{,}8$

Berechnung der Gesamtfläche:
$A_{\text{gesamt}} = 3 \cdot 1{,}8$
$A_{\text{gesamt}} = 5{,}4$

oder

Berechnung der Mantelfläche:
Die drei Rechtecke bilden die Mantelfläche A_M des Prismas. u_G ist der Umfang der Grundfläche.
Berechnung des Umfangs u_G:
$u_G = 1{,}5 + 1{,}5 + 1{,}5$
$u_G = 4{,}5$

Damit gilt:
$A_M = u_G \cdot h_K$
$A_M = 4{,}5 \cdot 1{,}2$
$A_M = 5{,}4$

Die gesamte Werbefläche hat eine Größe von **5,4 m²**.

c) • *Berechnung der Deckfläche:*
Die Deckfläche ist ein Dreieck. Es gilt:

$A = \frac{1}{2} \cdot c \cdot h_c$ c: Seite des Dreiecks; h_c: Höhe auf die Seite c

Gegeben: $a = 1{,}5$ m; $h_D = 1{,}3$ m
Gesucht: A

$A = \frac{1}{2} \cdot 1{,}5 \cdot 1{,}3$
$A = 0{,}975$

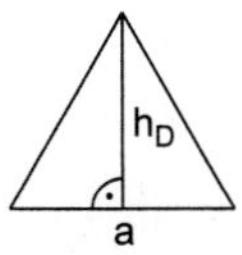

Der Flächeninhalt der Deckfläche beträgt **0,975 m²**.

- *Berechnung des Volumens des Prismas:*
  Es gilt: $V = A_G \cdot h_K$ — A_G: Flächeninhalt der Grundfläche; h_K: Höhe des Körpers (Prisma)
  Gegeben: $A_G = 0{,}975\ m^2$; $h_K = 1{,}2\ m$
  Gesucht: V
  $V = 0{,}975 \cdot 1{,}2$
  $V = 1{,}17$
  Es passen also ca. 1,2 m^3 Regenwasser in das Prisma.

- *Berechnung der Masse des zu 10 % gefüllten Prismas:*
  Berechnung von 10 % des maximalen Wasservolumens:
  Vorüberlegung:
  $V = 1{,}2\ m^3$, wenn Prisma maximal zu 100 % mit Wasser gefüllt ist.

  Lösung mit dem Dreisatz:
  $$:10 \left(\begin{array}{c} 100\,\% \mathrel{\hat=} 1{,}2\ m^3 \\ 10\,\% \mathrel{\hat=} 0{,}12\ m^3 \end{array}\right):10$$
  oder
  Lösung über proportionale Zuordnung:
  $$\frac{1{,}2}{100} = \frac{x}{10} \quad |\cdot 10$$
  $$x = \frac{1{,}2 \cdot 10}{100}$$
  $$x = 0{,}12$$

  Berechnung der Masse für 0,12 m^3 Wasser:
  Lösung mit dem Dreisatz:
  $$\cdot 0{,}12 \left(\begin{array}{c} 1\ m^3 \mathrel{\hat=} 1\,000\ \text{kg Masse} \\ 0{,}12\ m^3 \mathrel{\hat=} 120\ \text{kg Masse} \end{array}\right)\cdot 0{,}12$$
  oder
  Lösung über proportionale Zuordnung:
  $$\frac{1}{1\,000} = \frac{0{,}12}{x} \quad |\cdot x$$
  $$\frac{x}{1\,000} = 0{,}12 \quad |\cdot 1\,000$$
  $$x = 1\,000 \cdot 0{,}12$$
  $$x = 120$$

  Berechnung der Gesamtmasse:
  Gegeben: Masse des Prismas $M_P = 200$ kg; Masse des Regenwassers $M_R = 120$ kg
  $M_{gesamt} = M_P + M_R$
  $M_{gesamt} = 200 + 120$
  $M_{gesamt} = 320$
  Das Prisma hat eine Masse von **320 kg**, wenn es zu 10 % mit Regenwasser gefüllt ist.

Aufgabe 5

a) 2013: 72 % von 1 200 Jugendlichen besitzen ein Smartphone
2016: 95 % von 1 200 Jugendlichen besitzen ein Smartphone

Berechnung der Anzahl von Jugendlichen mit Smartphone:

Für 2013:

Lösung mit dem Dreisatz:
$$\begin{array}{l} :100 \\ \cdot 72 \end{array} \left(\begin{array}{c} 100\,\% \mathrel{\hat=} 1\,200\ \text{J.} \\ 1\,\% \mathrel{\hat=} \frac{1\,200}{100}\ \text{J.} \\ 72\,\% \mathrel{\hat=} 864\ \text{J.} \end{array}\right) \begin{array}{l} :100 \\ \cdot 72 \end{array}$$
oder
Lösung über proportionale Zuordnung:
$$\frac{1\,200}{100} = \frac{x}{72} \quad |\cdot 72$$
$$x = \frac{1\,200 \cdot 72}{100}$$
$$x = 864$$

Für 2016:

Lösung mit dem Dreisatz:

$$:100\left(\begin{array}{c} 100\,\% \mathrel{\hat{=}} 1\,200\text{ J.} \\ 1\,\% \mathrel{\hat{=}} \frac{1\,200}{100}\text{ J.} \\ 95\,\% \mathrel{\hat{=}} 1140\text{ J.} \end{array}\right):100 \quad \cdot 95 \;\; \cdot 95$$

oder

Lösung über proportionale Zuordnung:

$$\frac{1\,200}{100} = \frac{x}{95} \qquad |\cdot 95$$

$$x = \frac{1\,200 \cdot 95}{100}$$

$$x = 1140$$

Differenz zwischen 2016 und 2013:

$1140 - 864 = 276$

Die Anzahl der Jugendlichen mit Smartphone hat sich von 2013 bis 2016 um **276** erhöht.

oder

Berechnung über die Differenz des Prozentsatzes:

Differenz des Prozentsatzes zwischen 2016 und 2013:

$95\,\% - 72\,\% = 23\,\%$

Berechnung der Anzahl der Jugendlichen:

Lösung mit dem Dreisatz:

$$:100\left(\begin{array}{c} 100\,\% \mathrel{\hat{=}} 1\,200\text{ J.} \\ 1\,\% \mathrel{\hat{=}} \frac{1\,200}{100}\text{ J.} \\ 23\,\% \mathrel{\hat{=}} 276\text{ J.} \end{array}\right):100 \quad \cdot 23 \;\; \cdot 23$$

oder

Lösung über proportionale Zuordnung:

$$\frac{1\,200}{100} = \frac{x}{23} \qquad |\cdot 23$$

$$x = \frac{1\,200 \cdot 23}{100}$$

$$x = 276$$

Die Anzahl der Jugendlichen mit Smartphone hat sich von 2013 bis 2016 um **276** erhöht.

b)

Aussage	Richtig oder falsch?	Begründung
Drei Viertel der Mädchen nutzen in ihrer Freizeit einen Fernseher.	falsch	Umrechnung von drei Viertel in Prozent: $\frac{3}{4} = 0{,}75 = 75\,\%$ Laut Tabelle nutzen 81 % der Mädchen einen Fernseher, das sind mehr als 75 %.
Konsolenspiele sind bei Jungen wesentlich beliebter als bei Mädchen.	richtig	Laut Tabelle nutzen 72 % der Jungen und 14 % der Mädchen Konsolenspiele. 72 % ist ein wesentlich höherer Prozentsatz als 14 %.

Lösung:

☒ Drei Viertel der Mädchen nutzen in ihrer Freizeit einen Fernseher.

☐ Konsolenspiele sind bei Jungen wesentlich beliebter als bei Mädchen.

Berichtigung der falschen Aussage:

81 % der Mädchen nutzen in ihrer Freizeit einen Fernseher.

oder

Drei Viertel der Jungen nutzen in ihrer Freizeit einen Fernseher.

oder

Mehr als drei Viertel der Mädchen nutzen in ihrer Freizeit einen Fernseher.

c) Der Zeitungsartikel enthält zwei Aussagen:

(1) Die Anzahl der Jugendlichen, die Bücher lesen, nimmt extrem ab.

(2) Befürchtet wird, dass in wenigen Jahren kein Jugendlicher mehr ein Buch liest.

Berichtigung der Aussage (1):
Die Anzahl der Jugendlichen, die Bücher lesen, nimmt ab.

Begründung (wird in der Aufgabenstellung nicht verlangt):
Das Säulendiagramm zeigt eine stetige Abnahme von bücherlesenden Jugendlichen von 2011 bis 2015. Vergleicht man die Säulen für das Jahr 2011 und 2015 miteinander, so hat sich die Höhe mehr als halbiert. Dies erweckt den Eindruck, als hätte sich der Anteil der bücherlesenden Jugendlichen ebenfalls mehr als halbiert. Tatsächlich hat sich die Zahl aber nur von 44 % auf 36 % vermindert. Die Ursache für die falsche Wahrnehmung liegt in der verfälschten Darstellung im Diagramm. Die Werte auf der y-Achse beginnen nicht bei 0 %, sondern bei 30 %.

oder
Berichtigung der Aussage (2):
Die Anzahl der Jugendlichen, die Bücher lesen, nimmt weiter ab.

oder
Befürchtet wird, dass in 18 Jahren kein Jugendlicher mehr ein Buch liest.

Begründung (wird in der Aufgabenstellung nicht verlangt):
Das Säulendiagramm zeigt eine stetige Abnahme von bücherlesenden Jugendlichen von 2011 bis 2015. Die Säule für das Jahr 2015 ist nicht sehr hoch und vermittelt den Eindruck, als würde der Prozentsatz der bücherlesenden Jugendlichen in wenigen Jahren in Richtung 0 % gehen. Tatsächlich sind die Prozentsätze von 2011 bis 2015 aber nur jährlich um durchschnittlich 2 % heruntergegangen. Im Jahr 2015 gibt es immerhin noch 36 % bücherlesende Jugendliche. Sollte die Entwicklung gleichmäßig weitergehen, würde es noch 18 Jahre dauern, bis (annähernd) kein Jugendlicher mehr ein Buch liest. Die Ursache für die falsche Wahrnehmung liegt in der verfälschten Darstellung im Diagramm: die Werte auf der y-Achse beginnen nicht bei 0 %, sondern bei 30 %.

Aufgabe 6

a) Ereignis E: Paul zieht einen gelben Buntstift.
Anzahl der gelben Buntstifte: 3
Anzahl aller Buntstifte: 20

Wahrscheinlichkeit P, einen gelben Buntstift zu ziehen:

$$P(E) = \frac{\text{Anzahl der gelben Buntstifte}}{\text{Anzahl aller Buntstifte}} = \frac{3}{20} = 0{,}15 = 15\,\%$$

Mit der Wahrscheinlichkeit von $\mathbf{\frac{3}{20}}$ bzw. **15 %** zieht Paul einen gelben Stift.

b) • *Ergänzen des Baumdiagramms:*
Das Baumdiagramm zeigt einen dreistufigen Zufallsversuch „ohne Zurücklegen". Marie greift nacheinander aus einer Menge von 20 Buntstiften (4 roten und 16 nicht roten) 3 Buntstifte heraus.

Betrachtet wird der Pfad zum Ereignis (nicht rot, rot, rot):

1. Zug: Nicht roter Buntstift: Anzahl der nicht roten Stifte: 16
Anzahl aller Stifte: 20
Pfadwahrscheinlichkeit: $\frac{16}{20}$

Ohne Zurücklegen
2. Zug: Roter Buntstift: Anzahl der roten Stifte: 4
Anzahl aller Stifte: 19
Pfadwahrscheinlichkeit: $\frac{4}{19}$

Ohne Zurücklegen
3. Zug: Roter Buntstift: Anzahl der roten Stifte: 3
Anzahl aller Stifte: 18
Pfadwahrscheinlichkeit: $\frac{3}{18}$

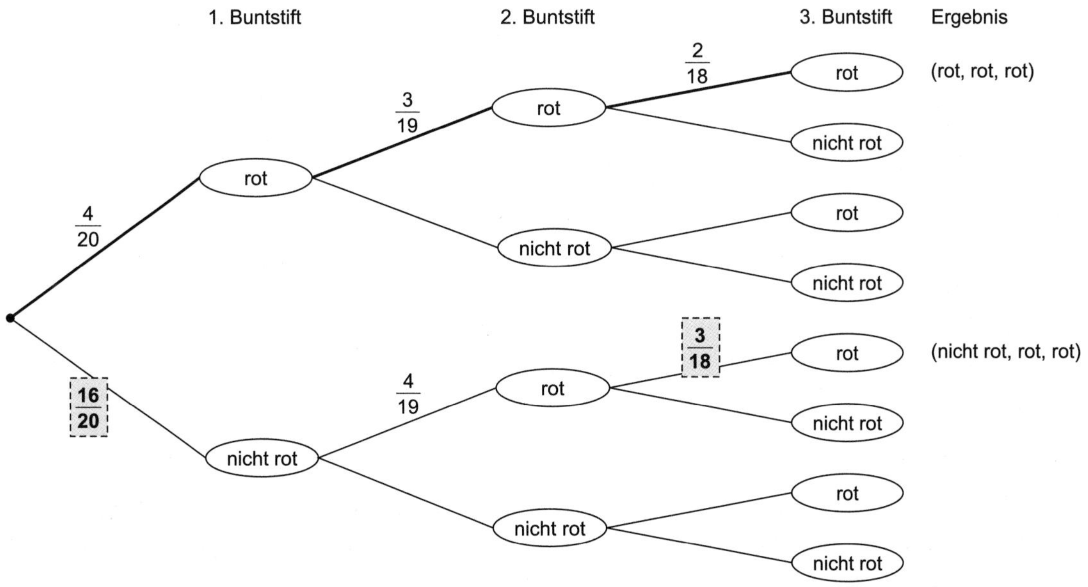

- *Entscheiden, ob Aussagen wahr oder falsch sind:*

	wahr	falsch	Begründung (nicht verlangt)
Marie greift nacheinander drei unterschiedlich farbige Buntstifte.	☐	☒	Der fett markierte Pfad führt zu dem Ergebnis (rot, rot, rot). Die Stifte sind gleichfarbig.
Marie legt den Stift nach jedem Ziehen wieder zurück.	☐	☒	Die Pfadwahrscheinlichkeiten am fett markierten Pfad zeigen, dass die Anzahl aller Buntstifte nach jedem Ziehen um 1 abnimmt. Von 20 auf 19, von 19 auf 18. Würde Marie den Stift nach jedem Ziehen wieder zurücklegen, wäre die Gesamtzahl aller Stifte gleichbleibend 20.
Die Wahrscheinlichkeit für das Ereignis des fett markierten Pfades ist kleiner als 1 %.	☒	☐	Der fett markierte Pfad zeigt das Ereignis E: Marie zieht 3 rote Stifte. Berechnung der Wahrscheinlichkeit für das Ereignis E (1. Pfadregel): $P(\text{rot, rot, rot}) = \frac{4}{20} \cdot \frac{3}{19} \cdot \frac{2}{18} = \frac{1}{285}$ $\approx 0{,}0035 = 0{,}35\,\%$ 0,35 % ist kleiner als 1 %.

c) Darstellung im reduzierten Baumdiagramm:
Es werden nur die Pfade gezeichnet, die für die Lösung der Aufgabe gebraucht werden.

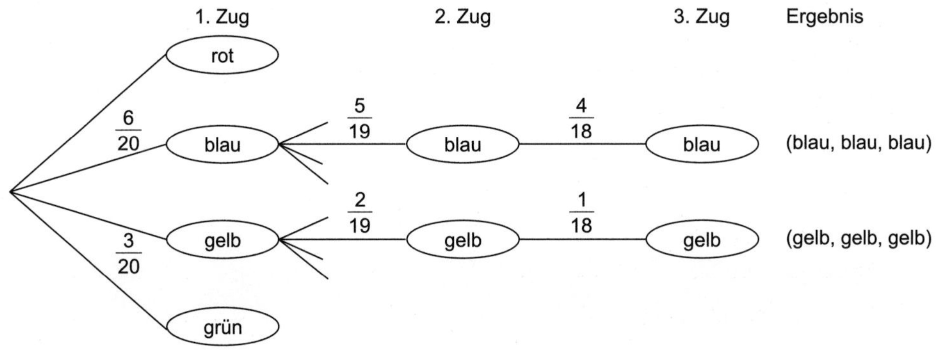

Berechnung der Wahrscheinlichkeit für „3 blaue Stifte“ und „3 gelbe Stifte“ nach der 1. Pfadregel:

$P(\text{blau, blau, blau}) = \frac{6}{20} \cdot \frac{5}{19} \cdot \frac{4}{18} = \frac{1}{57} \approx 0{,}0175 = 1{,}75\ \%$

$P(\text{gelb, gelb, gelb}) = \frac{3}{20} \cdot \frac{2}{19} \cdot \frac{1}{18} = \frac{1}{1140} \approx 0{,}000877 = 0{,}0877\ \%$

Vergleich der Wahrscheinlichkeiten:
Das Doppelte von 0,0877 %:
$2 \cdot 0{,}0877\ \% = 0{,}1754\ \%$
$1{,}75\ \% \neq 0{,}1754\ \%$, also ist Marcs Behauptung falsch.

oder

Das Doppelte von 0,000877:
$2 \cdot 0{,}000877 = 0{,}001754$
$0{,}0175 \neq 0{,}001754$, also ist Marcs Behauptung falsch.

Aufgabe 7

a) Berechnung der fehlenden Werte in der Tabelle:
Es liegt ein exponentielles Wachstum vor. Zu Beginn, in der nullten Woche, beträgt die Masse des Ferkels **10 kg (erster fehlender Wert in der Tabelle)**. Danach nimmt die Masse pro Wochen um 4 % zu, d. h., in jeder neuen Woche beträgt die Masse 104 % der vorhergehenden Woche.

Hinweis: Da in der Tabelle schon ein Wert mit drei Nachkommastellen angegeben ist, wird im Folgenden entsprechend gerundet.

Berechnung der Masse für die zweite Woche mithilfe der Prozentrechnung:

Lösung mit dem Dreisatz:

$$\begin{aligned} :100 \quad 100\ \% &\mathrel{\hat=} 10{,}400\text{ kg} \quad :100 \\ \cdot 4 \quad 1\ \% &\mathrel{\hat=} \frac{10{,}400}{100}\text{ kg} \quad \cdot 4 \\ 4\ \% &\mathrel{\hat=} 0{,}416\text{ kg} \end{aligned}$$

oder

Lösung über proportionale Zuordnung:

$$\begin{aligned} \frac{10{,}400}{100} &= \frac{x}{4} \quad |\cdot 4 \\ x &= \frac{10{,}400 \cdot 4}{100} \\ x &= 0{,}416 \end{aligned}$$

Masse gesamt:
$10{,}400 + 0{,}416 = 10{,}816$

Berechnung der Masse für die fünfte Woche mithilfe der Prozentrechnung:

Achtung: In der Tabelle fehlen die beiden vorhergehenden Wochen, nämlich die dritte und vierte Woche. Da sich jeder neue Wert für die Masse auf den Wert der vorhergehenden Woche bezieht, müssen auch diese Zwischenwerte bestimmt werden.

Masse in der dritten Woche:

Lösung mit dem Dreisatz:

$$\begin{aligned} :100 \quad 100\ \% &\mathrel{\hat=} 10{,}816\text{ kg} \quad :100 \\ \cdot 4 \quad 1\ \% &\mathrel{\hat=} \frac{10{,}816}{100}\text{ kg} \quad \cdot 4 \\ 4\ \% &\mathrel{\hat=} 0{,}43264\text{ kg} \\ &\approx 0{,}433\text{ kg} \end{aligned}$$

oder

Lösung über proportionale Zuordnung:

$$\begin{aligned} \frac{10{,}816}{100} &= \frac{x}{4} \quad |\cdot 4 \\ x &= \frac{10{,}816 \cdot 4}{100} \\ x &\approx 0{,}433 \end{aligned}$$

Masse gesamt:
$10{,}816 + 0{,}433 = 11{,}249$

Masse in der vierten Woche:

Lösung mit dem Dreisatz:

$$\begin{aligned} :100\;\big(\quad 100\,\% &\triangleq 11{,}249\text{ kg} \quad\big):100 \\ \cdot 4\;\big(\quad 1\,\% &\triangleq \frac{11{,}249}{100}\text{ kg} \quad\big)\cdot 4 \\ 4\,\% &\triangleq 0{,}44996\text{ kg} \\ &\approx 0{,}450\text{ kg} \end{aligned}$$

oder

Lösung über proportionale Zuordnung:

$$\begin{aligned} \frac{11{,}249}{100} &= \frac{x}{4} \qquad |\cdot 4 \\ x &= \frac{11{,}249\cdot 4}{100} \\ x &\approx 0{,}450 \end{aligned}$$

Masse gesamt:

$11{,}249 + 0{,}450 = 11{,}699$

Masse in der fünften Woche:

Lösung mit dem Dreisatz:

$$\begin{aligned} :100\;\big(\quad 100\,\% &\triangleq 11{,}699\text{ kg} \quad\big):100 \\ \cdot 4\;\big(\quad 1\,\% &\triangleq \frac{11{,}699}{100}\text{ kg} \quad\big)\cdot 4 \\ 4\,\% &\triangleq 0{,}46796\text{ kg} \\ &\approx 0{,}468\text{ kg} \end{aligned}$$

oder

Lösung über proportionale Zuordnung:

$$\begin{aligned} \frac{11{,}699}{100} &= \frac{x}{4} \qquad |\cdot 4 \\ x &= \frac{11{,}699\cdot 4}{100} \\ x &\approx 0{,}468 \end{aligned}$$

Masse gesamt:

$11{,}699 + 0{,}468 = 12{,}167$

oder

Berechnung der Masse für die fünfte Woche mithilfe des Prozentfaktors:

In jeder neuen Woche erhöht sich die Masse des Ferkels um 4 % und beträgt 104 % des vorhergehenden Wertes, d. h., jeder Wert erhöht sich mit dem Faktor $\frac{104}{100} = 1{,}04$.

Anfangswert:	$y = 10$		
1. Woche:	$y = 10\cdot 1{,}04$	$\Rightarrow$	10,400
2. Woche:	$y = 10\cdot 1{,}04\cdot 1{,}04$	$\Rightarrow$	10,816
3. Woche:	$y = 10\cdot 1{,}04\cdot 1{,}04\cdot 1{,}04$	$\Rightarrow$	11,249
4. Woche:	$y = 10\cdot 1{,}04\cdot 1{,}04\cdot 1{,}04\cdot 1{,}04$	$\Rightarrow$	11,699
5. Woche:	$y = 10\cdot 1{,}04\cdot 1{,}04\cdot 1{,}04\cdot 1{,}04\cdot 1{,}04$	$\Rightarrow$	12,167

oder

Berechnung der Masse für die fünfte Woche mithilfe der Funktionsgleichung $y = a\cdot q^x$:

Anfangswert: $a = 10$

Wachstumsrate: $p\,\% = 4\,\%$

Wachstumsfaktor: $q = 1 + \frac{p}{100} = 1 + \frac{4}{100} = 1{,}04$

Damit ergibt sich als Funktionsgleichung $y = 10\cdot 1{,}04^x$.

Anzahl der Wochen: $x = 5$

Einsetzen in die Funktionsgleichung:

$y = 10\cdot 1{,}04^5 \approx 12{,}167$

Tabelle:

Zeit in Wochen	0	1	2	…	5
Masse in kg	**10**	10,400	**10,816**	…	**12,167**

b) Ein exponentieller Wachstumsvorgang wird durch diese allgemeine Funktionsgleichung beschrieben:

$y = a\cdot q^x$

Anfangswert (a)   Wachstumsfaktor (q)

$f(x) = 10\cdot 1{,}04^x$

Funktionsgleichung der Landwirtin Wilma:

	Bedeutung	**Erklärung (nicht verlangt)**
10	Anfangswert **oder** Masse zum Zeitpunkt null	Bevor das exponentielle Wachstum beginnt, beträgt die Masse des Ferkels 10 kg.
1,04	Wachstumsfaktor **oder** Zunahmefaktor **oder** nach jedem Zeitabstand nimmt die Masse um 4 % zu **oder** nach jedem Zeitabstand erhöht sich der Wert mit dem Faktor 1,04	Der Wachstumsfaktor q wird mithilfe der Wachstumsrate $p = 4\ \%$ berechnet: $q = 1 + p\ \%$ $q = 1 + 4\ \% = 1 + \frac{4}{100} = 1 + 0{,}04 = 1{,}04$
x	beschreibt die Anzahl der Wochen **oder** Zeit in Wochen **oder** steht für Anzahl der Zeiteinheiten **oder** unabhängige Variable, die den Wert für die Masse bestimmt	x ist der Exponent in der Exponentialfunktion. Durch Einsetzen einer Zahl wird der zugehörige y-Wert (Masse des Ferkels) eindeutig bestimmt.

c)

Skizze des Graphen	**passt**	**passt nicht**	**Begründung**	**Erklärung (nicht verlangt)**
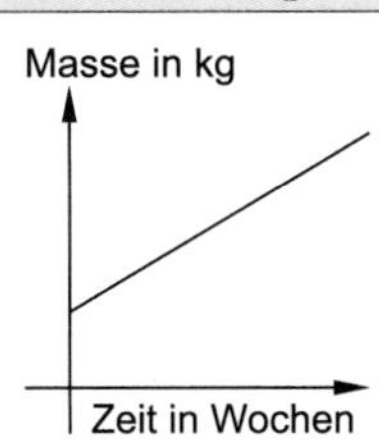	☐	☒	Es ist ein lineares Wachstum dargestellt. **oder** Der Graph gehört zu einer linearen Funktion.	Der Graph ist eine Gerade, die gleichmäßig ansteigt. Die Masse des Ferkels nimmt aber nicht gleichmäßig mit demselben kg-Wert zu.
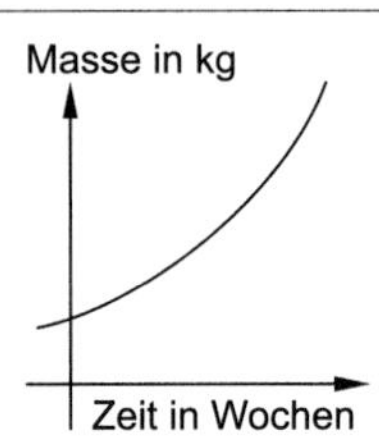	☒	☐	Es ist ein exponentielles Wachstum dargestellt und der Graph beginnt nicht im Nullpunkt.	So wie das Ferkel von Woche zu Woche mit immer größeren kg-Werten an Masse zunimmt, so wird der Graph nach anfangs schwächerem Anstieg immer „steiler“. Da der Anfangswert bei $y = 10$ liegt, darf der Graph nicht durch den Nullpunkt gehen.
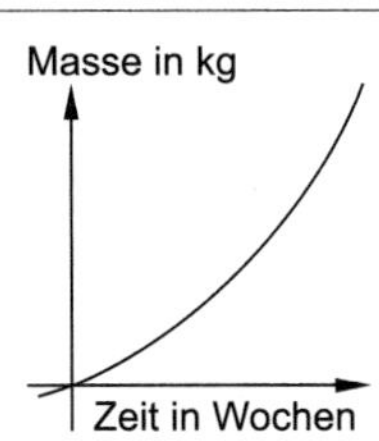	☐	☒	Es ist ein exponentielles Wachstum dargestellt, aber der Graph beginnt im Nullpunkt.	Der Graph zeigt exponentielles Wachstum, aber der Anfangswert ist 0 kg und nicht 10 kg.

Mittlerer Schulabschluss und erweiterte Berufsbildungsreife 2020

Aufgabe 1

a) *Überlegungen:*

- „4 von 10 Bäumen" entspricht $\frac{4}{10} = \frac{40}{100} = 40\ \%$.
- „Jeder 4. Baum" entspricht $\frac{1}{4} = \frac{25}{100} = 25\ \%$.
- „4 von 100 Bäumen" entspricht $\frac{4}{100} = 4\ \%$.

Es gilt:

☐ 4 von 10 Bäumen wachsen nicht an.

☐ Jeder 4. Baum wächst nicht an.

☒ 4 von 100 Bäumen wachsen nicht an.

b) Ein Punkt P(x | y) liegt dann auf der x-Achse, wenn die y-Koordinate null ist. Es gilt also P(x | 0).

oder

Lösung durch Einzeichnen der Punkte in ein Koordinatensystem:

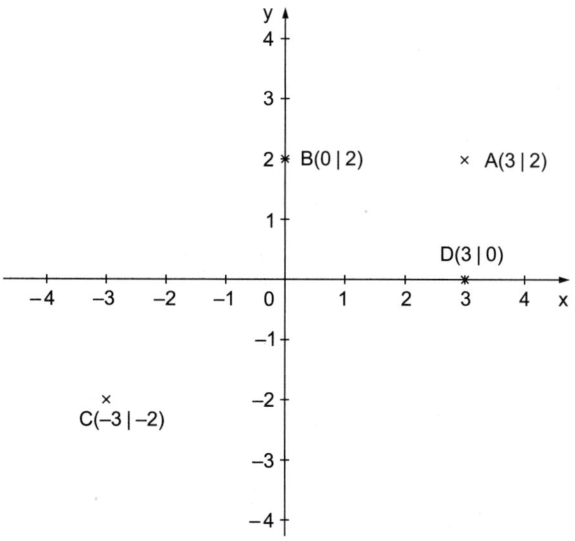

Es gilt:

☐ A(3 | 2) ☐ B(0 | 2) ☐ C(–3 | –2) ☒ D(3 | 0)

c) Der Tangens eines Winkels wird im rechtwinkligen Dreieck durch das Seitenverhältnis von Gegenkathete und Ankathete bestimmt:

$$\tan\alpha = \frac{\text{Gegenkathete}}{\text{Ankathete}}$$

Vom Winkel α aus betrachtet ist die Seite r die Gegenkathete und die Seite s die Ankathete.

Damit gilt für das abgebildete Dreieck:

$$\mathbf{\tan\alpha = \frac{r}{s}}$$

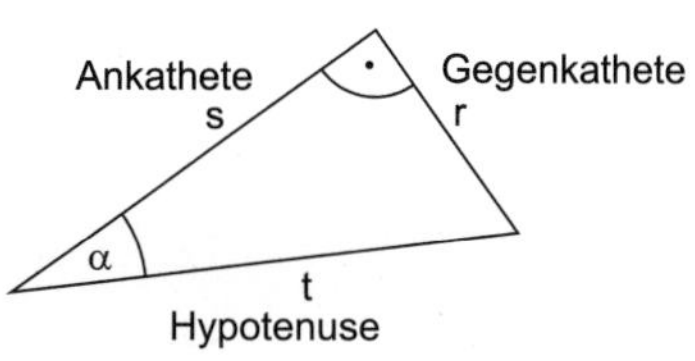

d) Für die Flächenberechnung eines Quadrates mit der Seitenlänge a gilt:
$A = a^2$
Gegeben: $A = 36\ cm^2$
Gesucht: a

$36 = a^2 \quad |\sqrt{\ }$
$a = 6$

Die Seitenlänge beträgt **6 cm**.

e) Lösen der vorgegebenen linearen Gleichung:

$2(x-4) = 6 \quad |$ Klammern auflösen
$2x - 8 = 6 \quad | +8$
$2x = 14 \quad | :2$
$x = \mathbf{7}$

oder

$2(x-4) = 6 \quad | :2$
$x - 4 = 3 \quad | +4$
$x = \mathbf{7}$

f) Lösung mithilfe des Zahlenstrahls:

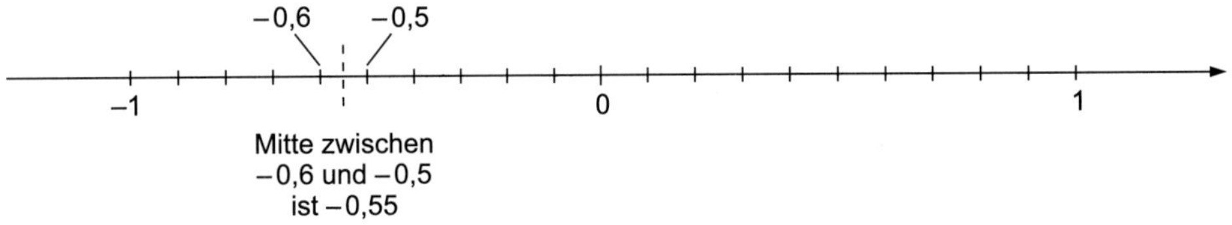

oder

Lösung mithilfe des Mittelwertes m:

$$\text{Mittelwert } m = \frac{\text{Summe der Zahlen}}{\text{Anzahl der Zahlen}}$$

$$m = \frac{-0{,}6 + (-0{,}5)}{2} = \frac{-1{,}1}{2} = -0{,}55$$

Die gesuchte Zahl ist **−0,55**.

g) Wenn zwei parallele Geraden von einer dritten Geraden geschnitten werden, entstehen gleich große Stufenwinkel (α). Der Winkel α und sein Gegenwinkel (auch Scheitelwinkel genannt) von 74° sind ebenfalls gleich groß.
$\alpha = \mathbf{74°}$

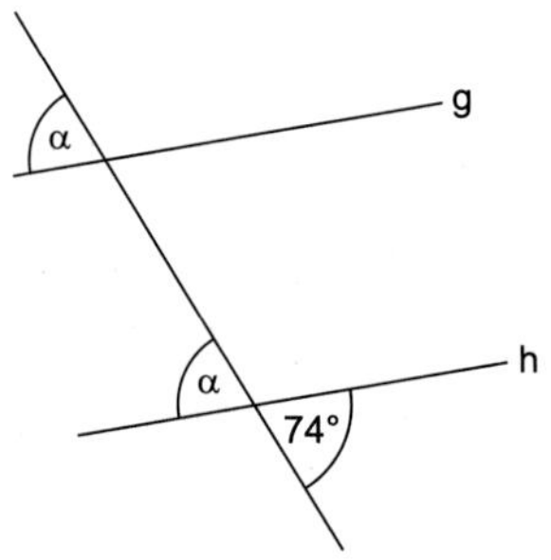

h) Es handelt sich hier um eine Potenz mit der Basis 2 und dem unbekannten Exponenten x. Eine Potenz ist die verkürzte Schreibweise einer Multiplikation. Man muss herausfinden, wie oft die Basis 2 mit sich selbst multipliziert wird, bis das Ergebnis 16 ist.
2-mal: $2 \cdot 2 = 2^2 = 4 \neq 16$
3-mal: $2 \cdot 2 \cdot 2 = 2^3 = 8 \neq 16$
4-mal: $2 \cdot 2 \cdot 2 \cdot 2 = 2^4 = 16$
$x = \mathbf{4}$

i) Damit ein Dreieck entstehen kann, muss jeweils die Summe der Längen zweier Seiten größer sein als die Länge der dritten Seite. Veranschaulicht:

$b+c>a$	$b+c=a$	$b+c<a$
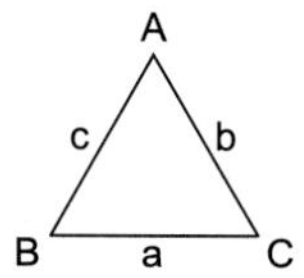	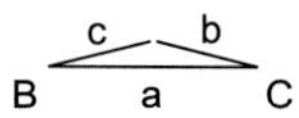	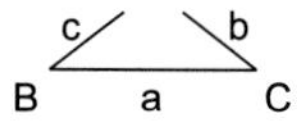
b und c berühren sich in einem Punkt A.	b und c können sich nur berühren, wenn sie auf a liegen.	b und c können sich nicht berühren.

Es gilt:

☒ $b+c>10$ cm
☐ $b+c=10$ cm
☐ $b+c<10$ cm

j) Lösen der vorgegebenen Gleichung:

$$\sin 30° = \frac{7}{x} \quad |\cdot x$$
$$x \cdot \sin 30° = 7 \quad |:\sin 30°$$
$$x = \frac{7}{\sin 30°}$$
$$x = \frac{7}{0{,}5}$$
$$x = \mathbf{14}$$

Aufgabe 2

Vorüberlegungen zum Balkendiagramm:
- Die Besucherzahlen an den einzelnen Wochentagen sind durch die Längen der Balken dargestellt und werden an der x-Achse abgelesen.
- Auf der x-Achse liegen zwischen 0 und 50, 50 und 100 usw. jeweils 5 Teileinheiten. Somit ist der Wert an jeder senkrechten Gitterlinie immer um $50:5=10$ höher als der Wert an der senkrechten Gitterlinie links daneben.

a) Am Donnerstag betrug die Besucheranzahl 180. Deshalb hat der Balken eine Länge von 18 Einheiten bzw. ist so lang wie die Strecke auf der x-Achse von 0 bis 180. Die Höhe des Balkens entspricht der Höhe der sechs anderen Balken.

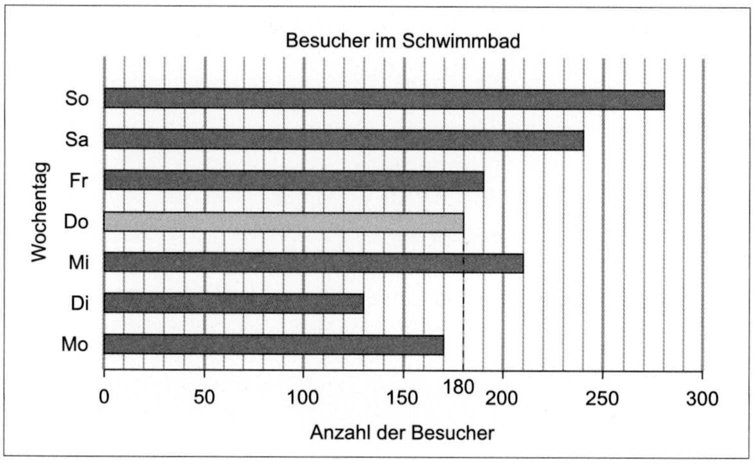

b) Lösung mithilfe des Diagramms:
Die Besucherzahl 190 wird durch eine Senkrechte zur x-Achse markiert. Alle Balken, die rechts über die Senkrechte hinausgehen, stehen für Besucherzahlen über 190.

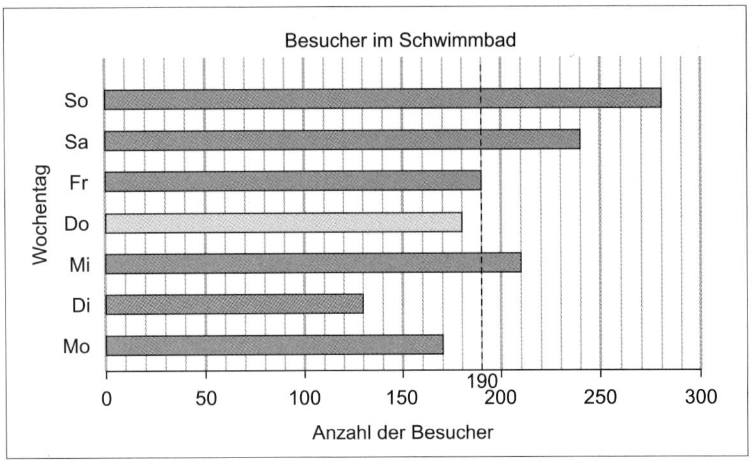

Am **Sonntag**, **Samstag** und **Mittwoch** waren mehr als 190 Besucher im Schwimmbad.

oder

Lösung mithilfe der absoluten Zahlen:
Aus dem Diagramm werden die einzelnen Besucherzahlen abgelesen und die Wochentage mit Besucherzahlen > 190 herausgesucht.

Wochentag	Sonntag	Samstag	Freitag	Donnerstag	Mittwoch	Dienstag	Montag
Besucher	**280**	**240**	190	180	**210**	130	170

Am **Sonntag**, **Samstag** und **Mittwoch** waren mehr als 190 Besucher im Schwimmbad.

c) Für die Berechnung des Durchschnittswertes werden die Besucherzahlen der einzelnen Wochentage benötigt (siehe Aufgabe b):

Wochentag	Sonntag	Samstag	Freitag	Donnerstag	Mittwoch	Dienstag	Montag
Besucher	280	240	190	180	210	130	170

Der Durchschnittswert d (= arithmetisches Mittel) einer Zahlenmenge ist die Summe aller Werte geteilt durch die Anzahl aller Werte.

$$d = \frac{x_1 + x_2 + \ldots + x_n}{n}$$

Berechnung mithilfe der Formel:

$$d = \frac{280 + 240 + 190 + 180 + 210 + 130 + 170}{7}$$

$$d = \frac{1\,400}{7}$$

$$d = 200$$

In der ersten Ferienwoche kamen durchschnittlich **200 Besucher** pro Tag ins Schwimmbad.

d)

Aussage	Hinweis	Nachweis
Die Spannweite der Besucherzahlen in der ersten Ferienwoche beträgt 150 Besucher.	Die Spannweite w ist die Differenz zwischen dem höchsten Datenwert (Maximum) und dem niedrigsten Datenwert (Minimum): $w = x_{max} - x_{min}$	Höchster Wert: 280 Besucher Niedrigster Wert: 130 Besucher $w = 280 - 130 = 150$
Am Sonntag kamen ein Drittel mehr Besucher als am Mittwoch.	Besucher am Sonntag (So): 280 Besucher am Mittwoch (Mi): 210 Ein Drittel von 210: $210 : 3 = 70$	Besucher Mi + ein Drittel der Besucher Mi = Besucher So $210 + 70 = 280$ **oder** Besucher So – Besucher Mi = ein Drittel der Besucher Mi $280 - 210 \stackrel{?}{=} 210 : 3$ $70 = 70$ **oder** Besucher Mi erhöht um ein Drittel = Besucher So $210 \cdot \frac{4}{3} \stackrel{?}{=} 280$ $280 = 280$

e) Tatsächliche Besucherzahl: 520
x: Anzahl der fehlenden Besucher für die gewünschten Einnahmen
Gewünschte Besucherzahl: $520 + x$
Preis für eine Karte: 12 €
Einnahmen bei $(520 + x)$ Besuchern: $(520 + x) \cdot 12$ € Gewünschte Einnahmen: 7 920 €
Gleichung: $\mathbf{(520 + x) \cdot 12 = 7\,920}$

Lösung mithilfe der Gleichung:

$$\begin{aligned} (520 + x) \cdot 12 &= 7\,920 && \mid \text{Klammern auflösen} \\ 6\,240 + 12x &= 7\,920 && \mid -6\,240 \\ 12x &= 1\,680 && \mid :12 \\ x &= 140 \end{aligned}$$

oder

Lösung über den Differenzbetrag:
Tatsächliche Einnahmen = Anzahl der Besucher · Preis für eine Karte
$520 \cdot 12$ € = 6 240 €
Gewünschte Einnahmen: 7 920 €

Differenz zwischen tatsächlichen und gewünschten Einnahmen:
7 920 € – 6 240 € = 1 680 €

Anzahl der Besucher, die bei 12 € Eintritt 1 680 € erbracht hätten:
$1\,680 : 12 = 140$

Es fehlten **140 Besucher**, um 7 920 € Einnahmen zu erzielen.

Aufgabe 3

a) Lösung durch Ablesen aus der Zeichnung:
Der Scheitelpunkt S einer nach oben geöffneten Parabel ist der tiefste Punkt der Parabel. Die Koordinaten des Scheitelpunkts S werden der Zeichnung entnommen: **S(–2 | –4)**

oder

Lösung mithilfe der Funktionsgleichung:
Die Scheitelpunktform einer Normalparabel lautet $y = (x + d)^2 + e$ für den Scheitelpunkt $S(-d\,|\,e)$.
Da die Funktionsgleichung $y = (x + 2)^2 - 4$ der Scheitelpunktform entspricht, gilt $d = 2$ und $e = -4$ und somit für den Scheitelpunkt **S(–2 | –4)**.

b) Zeichnerische Lösung:
Durch Einzeichnen der Punkte in das vorhandene Koordinatensystem wird überprüft, welcher Punkt nicht auf dem Graphen liegt.

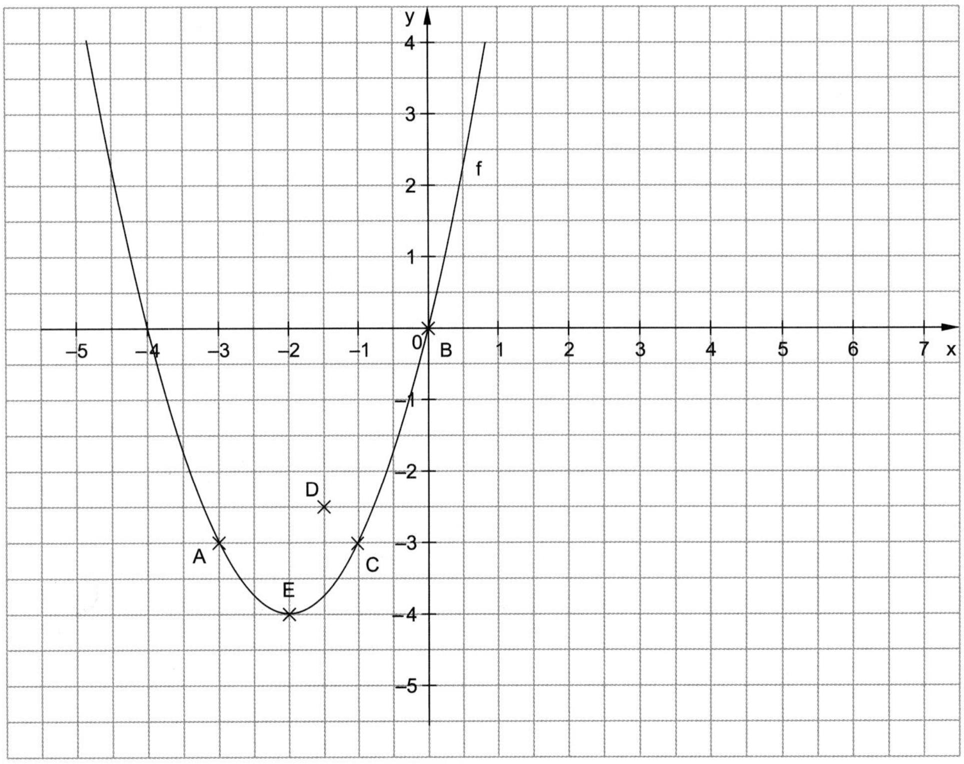

Der Punkt D liegt nicht auf dem Graphen von f.

oder

Rechnerische Lösung:
Durch Einsetzen der Koordinaten der jeweiligen Punkte in die Funktionsgleichung $y = (x + 2)^2 - 4$ wird überprüft, ob sich eine wahre oder falsche Aussage ergibt:

Für A(–3 | –3):
$-3 \stackrel{?}{=} (-3 + 2)^2 - 4$
$-3 \stackrel{?}{=} 1 - 4$
$-3 = -3$ (wahr) $\Rightarrow$ A liegt auf f.

Für B(0 | 0):
$0 \stackrel{?}{=} (0 + 2)^2 - 4$
$0 \stackrel{?}{=} 4 - 4$
$0 = 0$ (wahr) $\Rightarrow$ B liegt auf f.

Für C(–1 | –3):
$-3 \stackrel{?}{=} (-1 + 2)^2 - 4$
$-3 \stackrel{?}{=} 1 - 4$
$-3 = -3$ (wahr) $\Rightarrow$ C liegt auf f.

Für D(–1,5 | –2,5):
$-2{,}5 \stackrel{?}{=} (-1{,}5 + 2)^2 - 4$
$-2{,}5 \stackrel{?}{=} 0{,}25 - 4$
$-2{,}5 \neq -3{,}75$ (falsch) $\Rightarrow$ D liegt nicht auf f.

Für E(−2 | −4):

$-4 \stackrel{?}{=} (-2+2)^2 - 4$

$-4 \stackrel{?}{=} 0 - 4$

$-4 = -4$ (wahr) $\Rightarrow$ E liegt auf f.

Der Punkt D liegt nicht auf dem Graphen von f.

Somit gilt:

☐ A(−3 | −3) ☐ B(0 | 0) ☐ C(−1 | −3) ☒ D(−1,5 | −2,5) ☐ E(−2 | −4)

c) Eine zeichnerische Lösung durch Ablesen mithilfe des vorhandenen Graphen ist nicht möglich, da der Punkt A(2 | y) außerhalb der Zeichnung liegt.

Rechnerische Lösung:
Zur Bestimmung der y-Koordinate wird die x-Koordinate x = 2 in die Funktionsgleichung $y = (x+2)^2 - 4$ eingesetzt:

$y = (2+2)^2 - 4$

$y = 4^2 - 4$

$y = \mathbf{12}$ $\quad\Rightarrow$ A(2 | 12)

d) *Vorüberlegungen zur Spiegelung an der y-Achse:*

1. Der gespiegelte Graph p hat dieselbe Form wie der Originalgraph f, ist also wieder eine verschobene Normalparabel.
2. Jeder gespiegelte Punkt P' liegt auf der anderen Seite der y-Achse und hat denselben Abstand von der y-Achse wie der Originalpunkt P.
3. Beim Spiegeln an der y-Achse ändert sich bei jedem Spiegelpunkt nur das Vorzeichen der x-Koordinate:
   $P(x \mid y) \xrightarrow{\text{gespiegelt}} P'(-x \mid y)$

- Tipps zum Spiegeln des Graphen f:
  - Da der gespiegelte Graph p nur skizziert werden soll, reicht es aus, nur einige Punkte des Graphen f zu spiegeln, die anschließend zum Graph p verbunden werden können.
  - Die Schnittpunkte mit den Achsen (N_1, N_2) und der Scheitelpunkt S als besondere Punkte sollten gespiegelt werden, damit das Skizzieren des gespiegelten Graphen p einfacher wird.
  - Beim Spiegeln liegt die Mittellinie des Geodreiecks auf der Spiegelachse, also auf der y-Achse, der Abstand von P zur y-Achse und von P' zur y-Achse ist gleich.

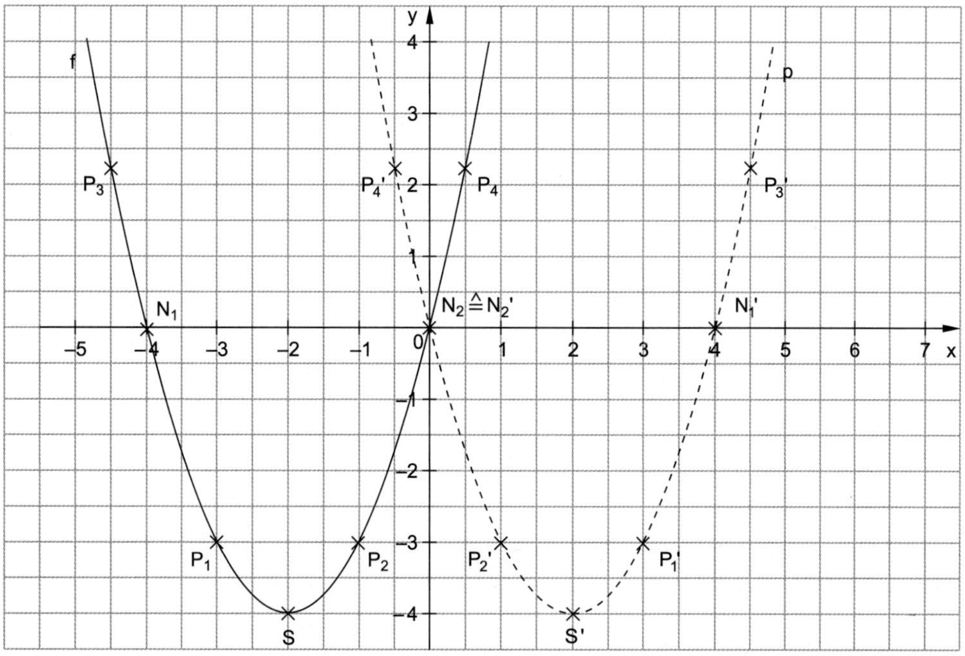

Hinweis: Es können auch andere Punkte als P_1, P_2, P_3 und P_4 zum Spiegeln ausgewählt werden.

- Lösung als Scheitelpunktform:
  Die Scheitelpunktform der verschobenen Normalparabel mit dem Scheitelpunkt $S(-d\,|\,e)$ lautet $y=(x+d)^2+e$. Zur Bestimmung der Scheitelpunktform werden die Koordinaten des gespiegelten Scheitelpunktes $S'(2\,|\,-4)$ eingesetzt.
  Für $S'(2\,|\,-4)$ gilt $d=-2$ und $e=-4$.
  Scheitelpunktform für p: $\mathbf{y=(x-2)^2-4}$ *

  oder

  Lösung über den Vorzeichenwechsel der x-Koordinaten:
  Beim Spiegeln an der y-Achse ändern sich die Vorzeichen der x-Koordinaten aller Punkte des Originalgraphen:
  $x \xrightarrow{\text{gespiegelt}} -x$
  Deshalb gilt: Originalgraph f: $y=(x+2)^2-4 \xrightarrow{\text{gespiegelt}}$ Spiegelgraph p: $\mathbf{y=(-x+2)^2-4}$ *

  oder

  Lösung über ein lineares Gleichungssystem:
  Allgemeine Form einer verschobenen Normalparabel p: $y=x^2+ax+b$
  Alle Punkte, die auf der Parabel liegen, erfüllen diese Gleichung. Auf dem Graphen p liegen zum Beispiel die Punkte $N_2'(0\,|\,0)$, $N_1'(4\,|\,0)$, $S'(2\,|\,-4)$ …

  Einsetzen der Koordinaten von N_2' in $y=x^2+ax+b$:

  $$\text{I}\quad 0=0^2+a\cdot 0+b$$
  $$b=0$$

  Einsetzen der Koordinaten von N_1' in $y=x^2+ax+b$:

  $$\begin{aligned} \text{II}\quad 0&=4^2+4a+b &&|\,\text{einsetzen } b=0\\ 0&=16+4a+0 &&|-16\\ -16&=4a &&|:4\\ a&=-4 \end{aligned}$$

  $a=-4$ und $b=0$ werden eingesetzt in $y=x^2+ax+b$:
  $\Rightarrow$ Funktionsgleichung für p: $\mathbf{y=x^2-4x}$ *

  * *Hinweis:* Alle Ergebnisse sind gleichwertig, denn:
  $(x-2)^2-4=(-x+2)^2-4=x^2-4x$

↓	↓
$x^2-4x+4-4$	$x^2-4x+4-4$
↓	↓
x^2-4x	x^2-4x

e) Nullstellen sind die x-Koordinaten der Schnittpunkte der Parabel mit der x-Achse. Da für jeden Schnittpunkt mit der x-Achse die y-Koordinate 0 wird, setzt man $y=0$:
$y=2x^2+8x+6 \Rightarrow 0=2x^2+8x+6$
Um mit der pq-Formel rechnen zu können, muss diese Gleichung zunächst in die Normalform umgeformt werden:

$$2x^2+8x+6=0 \quad |:2$$
$$x^2+4x+3=0 \quad (\text{Normalform: } p=4, q=3)$$

$$x_{1/2}=-\frac{p}{2}\pm\sqrt{\left(\frac{p}{2}\right)^2-q}$$
$$x_{1/2}=-\frac{4}{2}\pm\sqrt{\left(\frac{4}{2}\right)^2-3}$$
$$x_{1/2}=-\frac{4}{2}\pm\sqrt{1}$$
$$x_1=-2+\sqrt{1}=-1$$
$$x_2=-2-\sqrt{1}=-3$$

Die Nullstellen dieser Funktion sind $\mathbf{x_1=-1}$ und $\mathbf{x_2=-3}$.

Aufgabe 4

a) *Wichtige Angaben im Text:*
- Der Wasserverbrauch 2019 beträgt **54 Tausend Liter pro Person.**
- Der Wasserverbrauch pro Person **steigt jährlich um 3 %**.

Ergänzen der fehlenden Werte in der Tabelle:
Der erste fehlende Wert für das Jahr 2019 wird direkt aus dem Text übernommen.
Der zweite fehlende Wert für das Jahr 2022 ist gegenüber dem Wert des Jahres 2021 um 3 % gestiegen und beträgt 103 % von 57,3 Tausend Liter.

Berechnung des Wertes für 2022 mithilfe der Prozentrechnung:
Lösung mit dem Dreisatz: **oder** Lösung über proportionale Zuordnung:

Lösung mit dem Dreisatz:

$$:100\;\Big(\;100\,\% \mathrel{\hat{=}} 57{,}3\,\text{Tsd.}\,\ell\;\Big):100$$
$$\cdot 103\;\Big(\;1\,\% \mathrel{\hat{=}} \frac{57{,}3}{100}\,\text{Tsd.}\,\ell\;\Big)\cdot 103$$
$$103\,\% \mathrel{\hat{=}} \frac{57{,}3\cdot 103}{100}\,\text{Tsd.}\,\ell$$
$$\approx 59{,}02\,\text{Tsd.}\,\ell$$

Lösung über proportionale Zuordnung:

$$\frac{57{,}3}{100} = \frac{x}{103} \quad |\cdot 103$$
$$x = \frac{57{,}3\cdot 103}{100}$$
$$x \approx 59{,}02$$

Jahr	2019	2020	2021	2022
Jährlicher Wasserverbrauch pro Person in Tausend Litern	**54,0 ***	55,6	57,3	**59,0 ***

* *Hinweis:* Wie bei den anderen Werten in der Tabelle wird auf die erste Dezimalstelle gerundet.

b) *Vorüberlegungen zum Diagramm:*
- Das Diagramm zeigt die voraussichtliche Entwicklung des jährlichen Wasserverbrauchs pro Person ab dem Jahr 2019.
- Auf der y-Achse wird der Wasserverbrauch pro Person dargestellt, die Maßeinheit ist 1 000 Liter, die y-Achse ist mit einer Schrittweite von 5 eingeteilt, d. h., ein „Kästchen" steht für 5 000 Liter.
- Auf der x-Achse wird die Zeit ab 2019 dargestellt, die Einheit ist Jahre, die x-Achse ist mit einer Schrittweite von 2 eingeteilt, d. h., ein „Kästchen" steht für 2 Jahre und $x = 0$ entspricht dem Jahr 2019.
- Der Graph zeigt exponentielles Wachstum, der Anfangswert ist 54 Tausend Liter im Jahr 2019.

Verdopplung des Wasserverbrauchs pro Person:

Lösung durch Ablesen aus der Grafik:
Ab 2019 dauert es **ca. 23 Jahre**, bis sich der Wasserverbrauch verdoppelt.

Beschreibung des Vorgehens zur Findung der Lösung:
1. Das Ausgangsjahr sei 2019.
2. Den Wasserverbrauch 2019 durch Ablesen auf der y-Achse bzw. durch die Angabe im Text ermitteln: 54 Tausend Liter
3. Den Wert 54 verdoppeln: $54 \cdot 2 = 108$
4. Die x-Koordinate zu $y = 108$ in der Grafik ablesen:
   – Den Wert 108 auf der y-Achse markieren.
   – Von dieser Stelle aus eine Parallele zur x-Achse bis zum Graphen zeichnen.
   – Den Schnittpunkt mit dem Graphen markieren.
   – Von dieser Stelle aus eine Parallele zur y-Achse bis zur x-Achse zeichnen.
   – An der Schnittstelle auf der x-Achse den Wert ablesen: ca. 23,4
5. Den Wert 23,4 runden und die Lösung formulieren:
   Ab 2019 dauert es **ca. 23 Jahre**, bis sich der Wasserverbrauch verdoppelt.

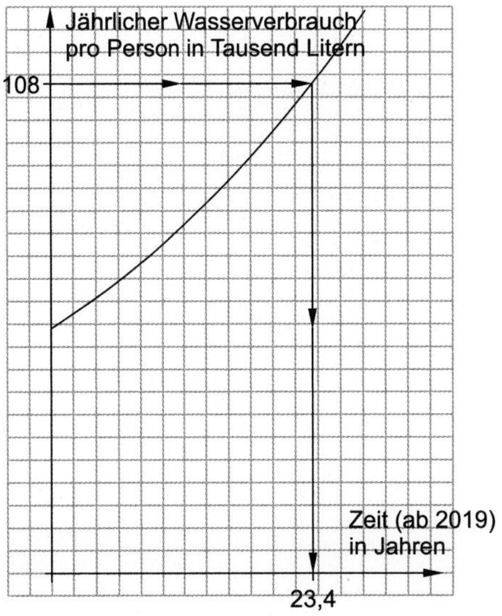

Hinweis:
Alle Werte zwischen 22 und 24 Jahren werden als Lösung akzeptiert.

c) Für beide Studien wird der Wasserbrauch (in Tausend Litern) im Jahr 2033 berechnet, dann werden die Werte verglichen.

Studie 1:
Vorhersage: Der Wasserverbrauch wird mithilfe folgender Gleichung bestimmt:
$y = 54 \cdot 1{,}03^x$ (x: Zeit in Jahren, y: Wasserverbrauch pro Person in Tausend Litern)

Berechnung der Anzahl der Jahre von 2019 bis 2033:
$2033 - 2019 = 14 \Rightarrow x = 14$

x = 14 einsetzen in die Gleichung:
$y = 54 \cdot 1{,}03^{14} \approx 81{,}7$

Ergebnis für Studie 1: Im Jahr 2033 beträgt der Wasserverbrauch etwa **81,7 Tausend Liter**.

Studie 2:
Vorhersage: Der Wasserverbrauch steigt von 2019 bis 2033 um 40 %.
Gegeben: Wasserverbrauch 2019: 54 Tausend Liter

Berechnung des Anstiegs des Wasserverbrauchs von 2019 bis 2033 mithilfe der Prozentrechnung:

Lösung mit dem Dreisatz:

$$:100 \left(\begin{array}{l} 100\,\% \mathrel{\hat{=}} 54\text{ Tsd. }\ell \\ 1\,\% \mathrel{\hat{=}} \frac{54}{100}\text{ Tsd. }\ell \end{array} \right) :100$$

$$\cdot 40 \left(\begin{array}{l} 1\,\% \mathrel{\hat{=}} \frac{54}{100}\text{ Tsd. }\ell \\ 40\,\% \mathrel{\hat{=}} \frac{54 \cdot 40}{100}\text{ Tsd. }\ell \end{array} \right) \cdot 40$$

$$= 21{,}6\text{ Tsd. }\ell$$

oder

Lösung über proportionale Zuordnung:

$$\frac{54}{100} = \frac{x}{40} \quad | \cdot 40$$

$$x = \frac{54 \cdot 40}{100}$$

$$x = 21{,}6$$

$\Rightarrow$ Damit steigt der Wasserverbrauch bis 2033 auf $54 + 21{,}6 = 75{,}6$ Tausend Liter.

Ergebnis für Studie 2: Im Jahr 2033 beträgt der Wasserverbrauch **75,6 Tausend Liter**.

Vergleich der beiden Studien:
$81{,}7 > 75{,}6 \Rightarrow$ Die beiden Studien sagen verschiedene Werte für den Wasserverbrauch pro Person im Jahr 2033 voraus.

Aufgabe 5

Vorüberlegungen:
Es handelt sich um ein „liegendes" Prisma mit trapezförmiger Grund- und Deckfläche. Die Körperhöhe zwischen Grund- und Deckfläche beträgt 12 cm. Die Seitenflächen bestehen aus vier unterschiedlichen Rechtecken.

a) In dem unvollständigen Netz der Schachtel fehlen zwei Flächen:
- die trapezförmige Wand in der Vorderansicht, die kongruent zur Rückwand ist
- die rechteckige rechte Seitenwand mit den Maßen 12 cm × 15 cm

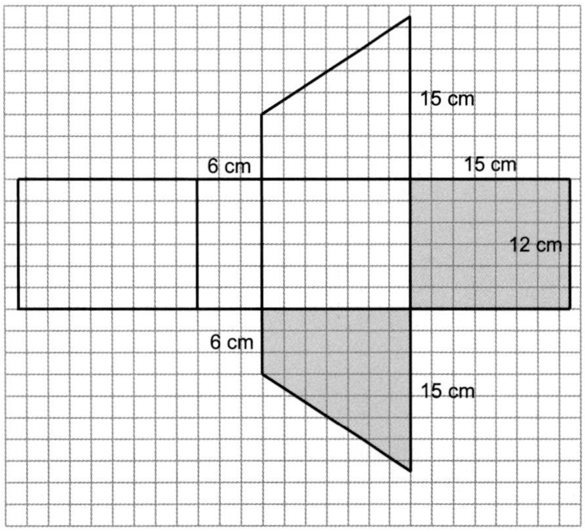

oder

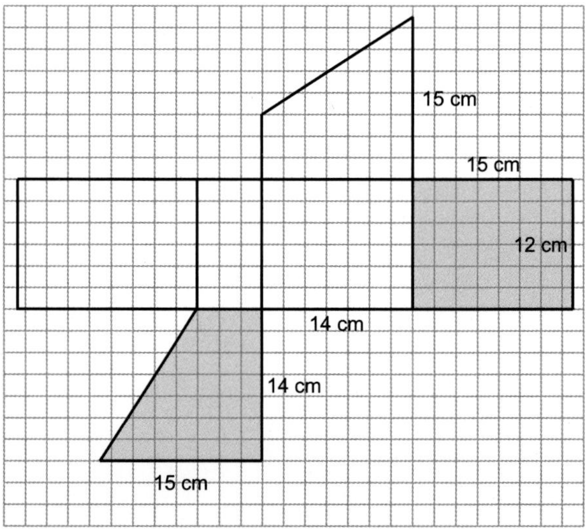

Anmerkungen: 1 „Kästchen" ≙ 2 cm; Es gibt noch weitere Lösungsmöglichkeiten.

b) Betrachtet wird das rechtwinklige Dreieck mit den Seitenlängen 14 cm und 9 cm.

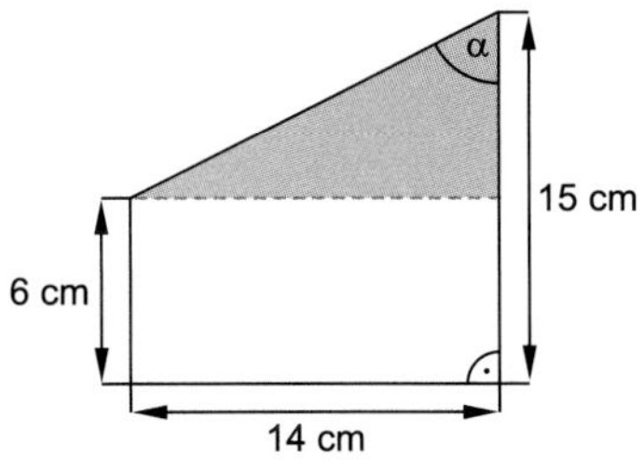

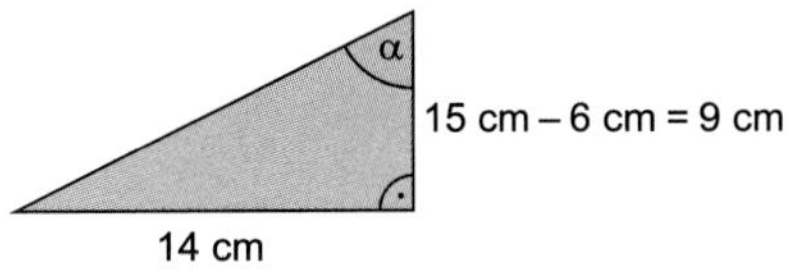

Vom Winkel α aus gesehen ist die Seite mit der Länge 14 cm die Gegenkathete und die Seite mit der Länge 9 cm die Ankathete.
Im rechtwinkligen Dreieck gilt:

$$\tan\alpha = \frac{\text{Gegenkathete}}{\text{Ankathete}}$$

$$\tan\alpha = \frac{14}{9}$$

$$\tan\alpha = 1{,}555\ldots$$

$$\alpha \approx \mathbf{57{,}26°}$$

c) Es geht nicht um die Berechnung, wie oft das Volumen einer Schachtel in das Volumen der Kiste hineinpasst, sondern hier ist das räumliche Vorstellungsvermögen gefragt. Herauszufinden ist, wie viele Schachteln (Trapezsäulen mit vorgegebenen Maßen) maximal in die Kiste (Quader mit vorgegebenen Maßen) passen:

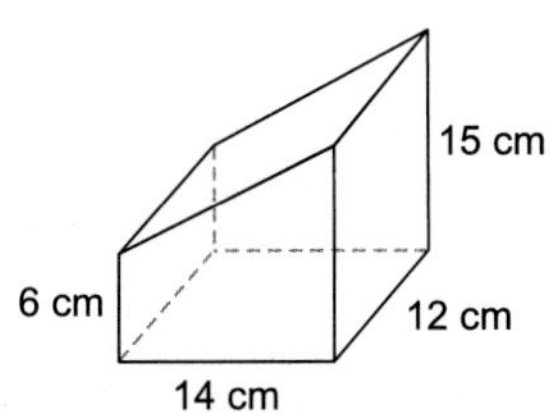

Schrägbild der Schachtel

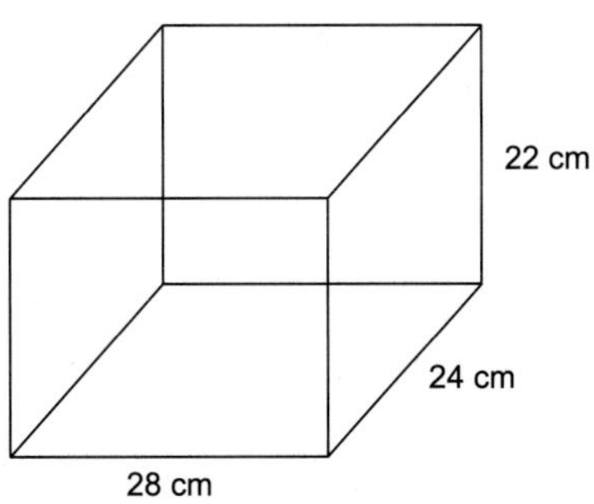

Schrägbild der Kiste

Beschreibung des Lösungsweges:
Die Kiste ist mit 28 cm doppelt so lang wie eine Schachtel, also passen in der Länge 2 Schachteln nebeneinander.
Die Kiste ist mit 24 cm doppelt so breit wie eine Schachtel, also passen in der Breite 2 Schachteln hintereinander.
Die Kiste ist 22 cm hoch. Werden die Schachteln umgedreht gestapelt, passen in der Höhe 2 Schachteln mit der Gesamthöhe 6 cm + 15 cm = 21 cm übereinander.
Es ergeben sich zwei Schichten mit je 4 Schachteln.

Insgesamt passen also **8 Schachteln** in die Kiste. **oder** Insgesamt passen also $2 \cdot 2 \cdot 2 = \mathbf{8}$ **Schachteln** in die Kiste.

Skizzen:

Schachteln in der Kiste, von vorne betrachtet:

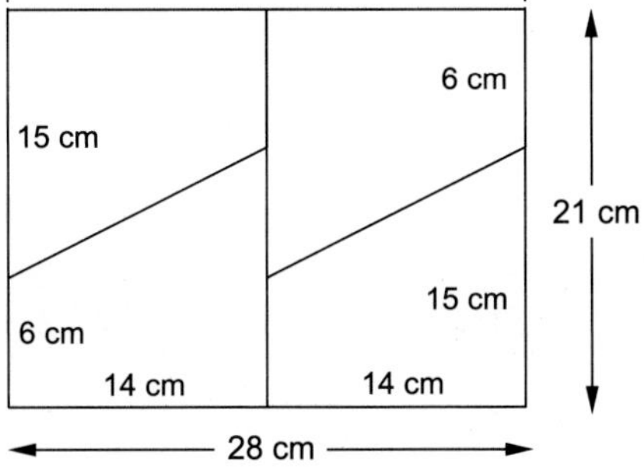

Schachteln in der Kiste, von oben betrachtet:

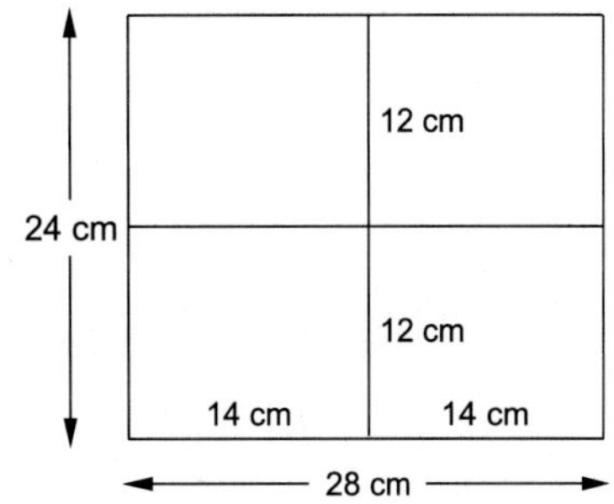

Aufgabe 6

Der Würfel wird zweimal nacheinander geworfen. Es handelt sich also um einen zweistufigen Zufallsversuch „mit Zurücklegen". Zum besseren Verständnis sind im folgenden Diagramm alle 36 Augenpaare dargestellt:

1. Wurf / 2. Wurf	**1**	**2**	**3**	**4**	**5**	**6**
1	(1, 1)	(2, 1)	(3, 1)	(4, 1)	(5, 1)	(6, 1)
2	(1, 2)	(2, 2)	(3, 2)	(4, 2)	(5, 2)	(6, 2)
3	(1, 3)	(2, 3)	(3, 3)	(4, 3)	(5, 3)	(6, 3)
4	(1, 4)	(2, 4)	(3, 4)	(4, 4)	(5, 4)	(6, 4)
5	(1, 5)	(2, 5)	(3, 5)	(4, 5)	(5, 5)	(6, 5)
6	(1, 6)	(2, 6)	(3, 6)	(4, 6)	(5, 6)	(6, 6)

a) Ereignis E: „Augenzahl 2 im zweiten Wurf"
günstige Ergebnisse: **(1, 2)**; **(2, 2)**; **(3, 2)**; **(4, 2)**; **(5, 2)**; **(6, 2)**

Anzahl der für E günstigen Ergebnisse: 6
Anzahl aller möglichen Ergebnisse: 36

Berechnung der Wahrscheinlichkeit für das Ereignis E:

$$P(E) = \frac{\text{Anzahl der für E günstigen Ergebnisse}}{\text{Anzahl aller möglichen Ergebnisse}}$$

$$P(E) = \frac{6}{36}$$

$$P(E) = \frac{1}{6} \approx 0{,}1667 = 16{,}67\ \%$$

Die Wahrscheinlichkeit dafür, dass der zweite Wurf eine 2 zeigt, beträgt ca. **16,67 %**.

b) Zunächst werden die Einzelwahrscheinlichkeiten für die Behauptung von Max berechnet und danach miteinander verglichen.

Ereignis E_1: „zwei gleiche Augenzahlen"
günstige Ergebnisse: (1, 1); (2, 2); (3, 3); (4, 4); (5, 5); (6, 6)
Anzahl der für E_1 günstigen Ergebnisse: 6
Anzahl aller möglichen Ergebnisse: 36

Berechnung der Wahrscheinlichkeit für das Ereignis E_1:

$$P(E_1) = \frac{\text{Anzahl der für } E_1 \text{ günstigen Ergebnisse}}{\text{Anzahl aller möglichen Ergebnisse}}$$

$$P(E_1) = \frac{6}{36}$$

$$P(E_1) = \frac{1}{6} \approx 0{,}1667 = 16{,}67\ \%$$

Ereignis E_2: „Augenzahl 6 im ersten Wurf"
günstige Ergebnisse: (6, 1); (6, 2); (6, 3); (6, 4); (6, 5); (6, 6)

Anzahl der für E_2 günstigen Ergebnisse: 6
Anzahl aller möglichen Ergebnisse: 36

Berechnung der Wahrscheinlichkeit für das Ereignis E_2:

$$P(E_2) = \frac{\text{Anzahl der für } E_2 \text{ günstigen Ergebnisse}}{\text{Anzahl aller möglichen Ergebnisse}}$$

$$P(E_2) = \frac{6}{36}$$

$$P(E_2) = \frac{1}{6} \approx 0{,}1667 = 16{,}67\ \%$$

Die Wahrscheinlichkeit, zwei gleiche Augenzahlen zu würfeln, ist genauso groß wie die Wahrscheinlichkeit, zuerst eine 6 zu würfeln.

☐ Max hat recht ☒ Max hat nicht recht

c) Der Würfel wird dreimal hintereinander geworfen. Es handelt sich um einen dreistufigen Zufallsversuch „mit Zurücklegen". Für die Einzelwahrscheinlichkeiten gilt:
Augenzahl „6" mit der Wahrscheinlichkeit $\frac{1}{6}$ (eine von sechs Augenzahlen ist günstig) und
Augenzahl „keine 6" mit der Wahrscheinlichkeit $\frac{5}{6}$ (fünf von sechs Augenzahlen sind günstig)
Vervollständigtes Baumdiagramm:

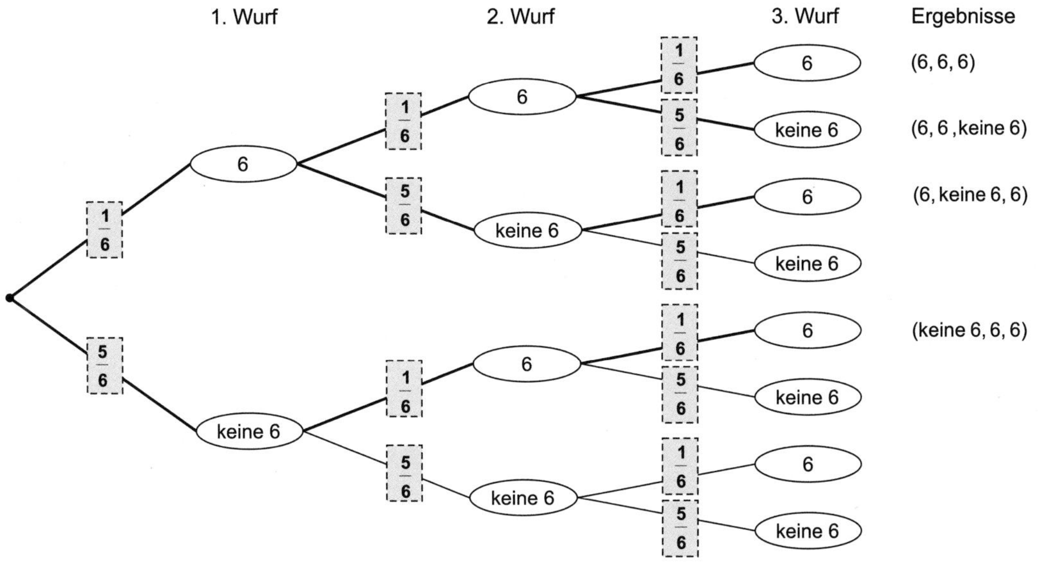

Lösung über das Baumdiagramm:

Das Ereignis „mindestens 2-mal eine 6" bedeutet, dass 2-mal oder 3-mal die 6 erscheinen muss. Die zugehörigen Pfade sind im Baumdiagramm fett markiert.

Berechnung der Wahrscheinlichkeit mithilfe der 1. und 2. Pfadregel:
P(„mindestens 2-mal 6") = P(6, 6, 6) + P(6, 6, keine 6) + P(6, keine 6, 6) + P(keine 6, 6, 6)

$$= \frac{1}{6}\cdot\frac{1}{6}\cdot\frac{1}{6}+\frac{1}{6}\cdot\frac{1}{6}\cdot\frac{5}{6}+\frac{1}{6}\cdot\frac{5}{6}\cdot\frac{1}{6}+\frac{5}{6}\cdot\frac{1}{6}\cdot\frac{1}{6}$$
$$= \frac{1}{216}+\frac{5}{216}+\frac{5}{216}+\frac{5}{216}$$
$$= \frac{16}{216}$$
$$\approx 0{,}074$$
$$= 7{,}4\,\%$$

oder

Lösung über gleiche Wahrscheinlichkeit (Laplace):
Wird ein Würfel 3-mal nacheinander geworfen, so können sich 216 verschiedene Augenkombinationen ergeben, die alle gleich wahrscheinlich sind.
Begründung:

6 Zahlen im 1. Wurf	kombiniert mit	6 Zahlen im 2. Wurf	kombiniert mit	6 Zahlen im 3. Wurf	
6	·	6	·	6	= 216

Ereignis E: „mindestens 2-mal 6“
günstige Ergebnisse: (6, 6, 6)
(6, 6, 1); (6, 6, 2); (6, 6, 3); (6, 6, 4); (6, 6, 5)
(6, 1, 6); (6, 2, 6); (6, 3, 6); (6, 4, 6); (6, 5, 6)
(1, 6, 6); (2, 6, 6); (3, 6, 6); (4, 6, 6); (5, 6, 6)
Anzahl der für E günstigen Ergebnisse: 16
Anzahl aller möglichen Ergebnisse: 216

Berechnung der Wahrscheinlichkeit für das Ereignis E:

$$P(E) = \frac{\text{Anzahl der für E günstigen Ergebnisse}}{\text{Anzahl aller möglichen Ergebnisse}}$$

$$P(E) = \frac{16}{216}$$

$$P(E) \approx 0{,}074 = 7{,}4\,\%$$

Die Wahrscheinlichkeit, dass Max die Kinokarten bezahlt, beträgt **7,4 %**.

Aufgabe 7

a) Berechnung der Länge der Strecke $\overline{AB}$ im rechtwinkligen Dreieck ABC mithilfe des Satzes des Pythagoras:

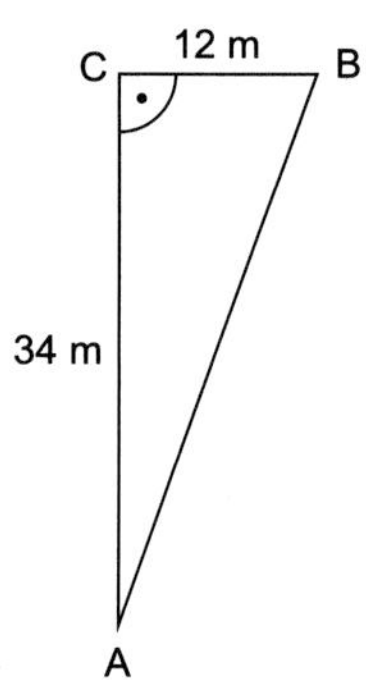

$$\overline{BC}^2 + \overline{CA}^2 = \overline{AB}^2$$
$$12^2 + 34^2 = \overline{AB}^2$$
$$144 + 1156 = \overline{AB}^2$$
$$\overline{AB}^2 = 1300 \quad |\sqrt{}$$
$$\overline{AB} = \sqrt{1300} \approx 36{,}06$$

Die Strecke $\overline{AB}$ hat eine Länge von ca. **36,06 m**.

b) Betrachtet wird das Dreieck QBC:

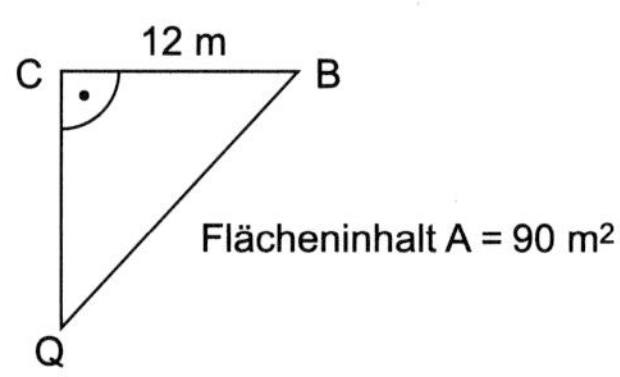

Für die Flächenberechnung im allgemeinen Dreieck gilt die Formel $A = \frac{\text{Grundseite} \cdot \text{Höhe}}{2} = \frac{g \cdot h}{2}$.

Im rechtwinkligen Dreieck bilden die beiden Katheten a und b den rechten Winkel und entsprechen somit der Grundseite mit der zugehörigen Höhe, deshalb gilt im rechtwinkligen Dreieck:

$$A = \frac{a \cdot b}{2}$$

Gegeben: $\overline{BC} = 12\text{ m}$
$A = 90\text{ m}^2$

Gesucht: $\overline{CQ}$

Es gilt: $A = \frac{\overline{BC} \cdot \overline{CQ}}{2}$

$$90 = \frac{12 \cdot \overline{CQ}}{2} \quad |\cdot 2$$
$$180 = 12 \cdot \overline{CQ} \quad |:12$$
$$\overline{CQ} = 15$$

Die Strecke $\overline{CQ}$ hat eine Länge von **15 m**.

c) Bei dem Dreieck DEF handelt es sich um ein allgemeines Dreieck mit den in der Skizze angegebenen Maßen:

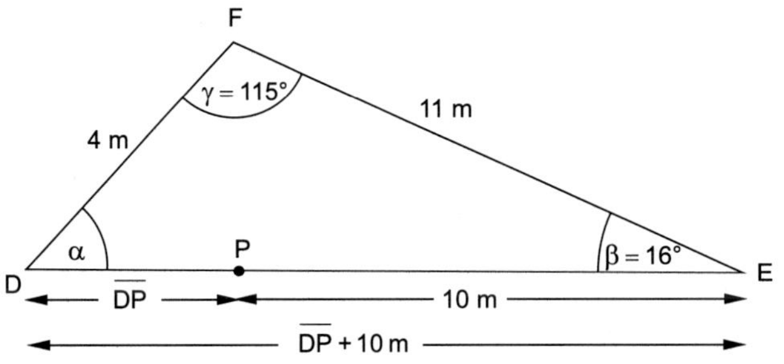

Es gilt der Sinussatz: $\frac{a}{\sin\alpha} = \frac{b}{\sin\beta} = \frac{c}{\sin\gamma}$

Berechnung der Länge der Strecke $\overline{DE}$ im allgemeinen Dreieck DEF mithilfe des Sinussatzes:

$$\frac{\overline{DE}}{\sin\gamma} = \frac{\overline{FD}}{\sin\beta}$$

Gegeben: $\overline{DE} = \overline{DP} + 10\text{ m}$

$\overline{FD} = 4\text{ m}$

$\beta = 16°$

$\gamma = 115°$

Gesucht: $\overline{DP}$

$$\frac{\overline{DP}+10}{\sin 115°} = \frac{4}{\sin 16°} \quad |\cdot \sin 115°$$

$$\overline{DP}+10 = \frac{4\cdot \sin 115°}{\sin 16°}$$

$$\overline{DP}+10 \approx 13{,}15 \quad |-10$$

$$\overline{DP} \approx 3{,}15$$

oder

$$\frac{\overline{DE}}{\sin 115°} = \frac{4}{\sin 16°} \quad |\cdot \sin 115°$$

$$\overline{DE} = \frac{4\cdot \sin 115°}{\sin 16°}$$

$$\overline{DE} \approx 13{,}15$$

$$\overline{DE} = \overline{DP}+10$$

$$13{,}15 \approx \overline{DP}+10 \quad |-10$$

$$\overline{DP} \approx 3{,}15$$

Die Länge der Strecke $\overline{DP}$ beträgt etwa **3,15 m**.

Mittlerer Schulabschluss und erweiterte Berufsbildungsreife 2021

Aufgabe 1

a) Eine Stunde hat 60 Minuten.

	Abfahrtszeit	11:38
+	Dauer der Zugfahrt	+ 2:35
=	Ankunftszeit	= 13:**73** → 73 Minuten ≙ 1 Std. und 13 Minuten

Die Ankunftszeit ist also **14:13 Uhr**.

b) Das Rechteck ist in 8 gleich große Teile zerlegt worden:

$1\text{ Teil} \triangleq \frac{1}{8}$

$3\text{ Teile} \triangleq \frac{3}{8}$

Es müssen 3 Teile grau markiert werden (egal welche).

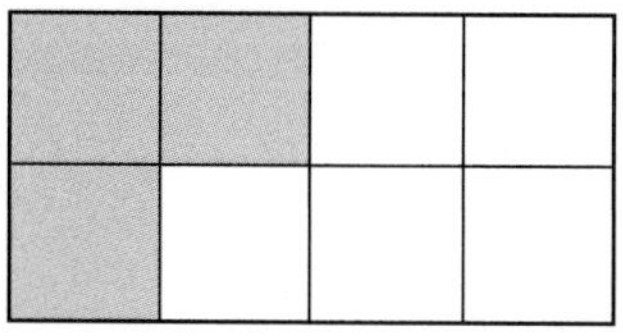

oder

Das Rechteck ist in 8 gleich große Teile zerlegt worden. $\frac{3}{8}$ bedeutet „3 von 8“, deshalb müssen 3 von 8 Teilen grau markiert werden. Welche 3 Teile markiert werden, ist egal.

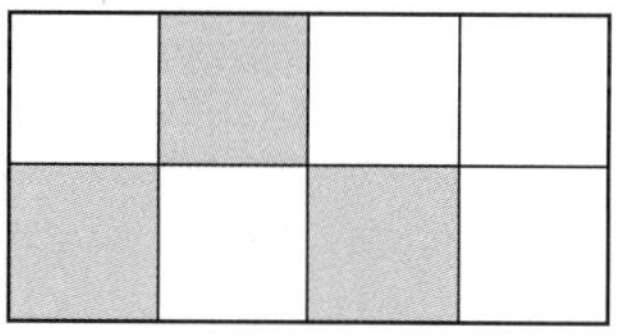

c) Lösung durch Kopfrechnen:
10 % von 550 € sind 55 €.
20 % von 550 € sind das Doppelte von 10 %, also auch das Doppelte von 55 €.
Die Lösung ist 110 €.

oder

Lösung mit dem Dreisatz:

$$:100 \left(100\,\% \triangleq 550\,€ \right) :100$$
$$\cdot 20 \left(1\,\% \triangleq \frac{550}{100}\,€ \right) \cdot 20$$
$$20\,\% \triangleq 110\,€$$

oder

Lösung über proportionale Zuordnung:

$$\frac{x}{20} = \frac{550}{100} \quad |\cdot 20$$
$$x = \frac{20 \cdot 550}{100}$$
$$x = 110$$

Somit gilt:

☐ 100 € ☐ 440 € ☒ 110 € ☐ 660 €

d) Der Scheitelpunkt S einer nach oben geöffneten Parabel ist der tiefste Punkt der Parabel.

☐ S(−1 | −2)
☐ S(−1 | 2)
☒ S(−2 | −1)
☐ S(2 | −1)

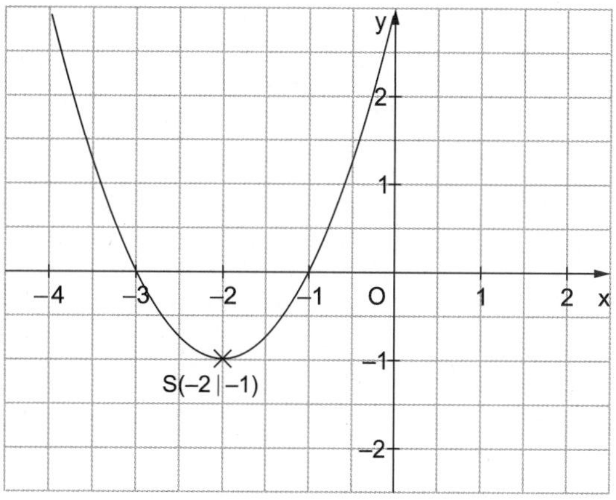

e) Die Satzteile werden der Reihe nach in eine Gleichung übersetzt:

Das Fünffache einer Zahl	vermindert um 4	ist gleich 36.
5x	−4	= 36

Somit gilt:

☐ $5x = -4 + 36$ ☐ $5 - 4x = 36$ ☒ $5x - 4 = 36$ ☐ $36 - 4 = 5x$

f) Der Durchschnitt (oder das arithmetische Mittel) m einer Datenreihe ist die Summe aller Werte dividiert durch die Anzahl aller Werte.

$m = \frac{\text{Summe aller Werte}}{\text{Anzahl aller Werte}} = \frac{x_1 + x_2 + x_3 + \ldots + x_n}{n}$

Berechnung der durchschnittlichen Weite:

$m = \frac{4{,}08 + 3{,}88 + 3{,}92 + 4{,}12}{4} = \frac{16}{4} = 4$

Die durchschnittliche Weite beträgt **4 m**.

g) Für die Variable a wird der Wert 8, für die Variable b der Wert –1 und für die Variable c der Wert –2 eingesetzt und das Ergebnis bestimmt. Dabei ist auf das Vorzeichen zu achten:

$\frac{a+b}{c} = \frac{8+(-1)}{-2} = \frac{8-1}{-2} = \frac{7}{-2} = -\frac{7}{2} = \mathbf{-3{,}5}$

h) Es handelt sich um ein rechtwinkliges Dreieck mit z als Hypotenuse.

Nach dem Satz von Pythagoras gilt:

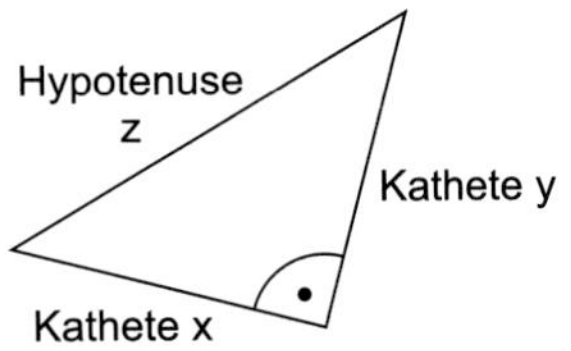

$z^2 = x^2 + y^2 \quad |\sqrt{}$

$z = \sqrt{x^2 + y^2}$

Somit gilt:

☐ $z = \sqrt{x^2 - y^2}$ ☒ $z = \sqrt{x^2 + y^2}$ ☐ $z = \sqrt{y^2 - x^2}$ ☐ $z = y^2 + x^2$

i) Es handelt sich um ein allgemeines Viereck. Die Winkelsumme im Viereck beträgt 360°. Damit gilt:

$\alpha + \beta + \gamma + \delta = 360°$

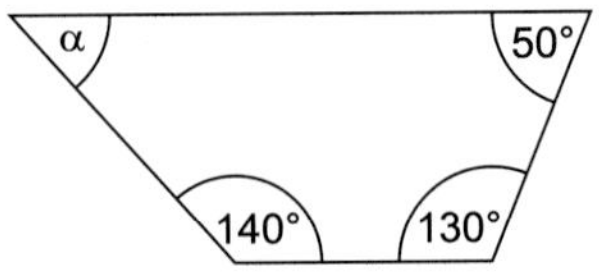

Einsetzen der gegebenen Winkelgrößen:

$\alpha + 140° + 130° + 50° = 360°$

$\alpha + 320° = 360° \quad |-320°$

$\alpha = \mathbf{40°}$

j) Eine Symmetrieachse (Spiegelachse) teilt eine Figur in zwei deckungsgleiche Hälften. Faltet man die Figur an einer Symmetrieachse, so liegen beide Hälften der Figur genau deckungsgleich aufeinander.

Die Symmetrieachsen im Quadrat sind sowohl die beiden Diagonalen als auch die beiden Mittelsenkrechten.

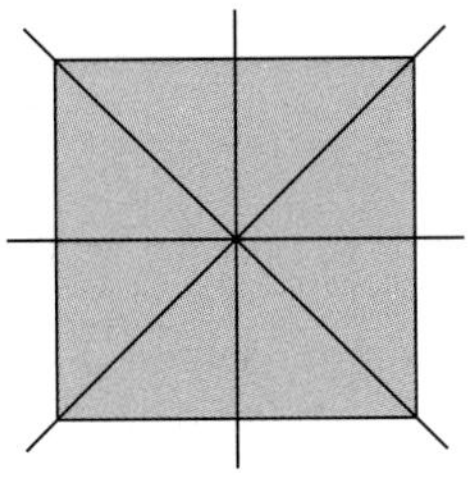

Somit gilt:

☐	☐	☐	☐	☒	☐
0	1	2	3	4	5

Aufgabe 2

a) Zeichnen der Geraden mithilfe des y-Achsenabschnitts und des Steigungsdreiecks:

$y = 3x + 1$

Steigung $m = 3$ — y-Achsenabschnitt $n = 1$

- Den y-Achsenabschnitt $n = 1$ auf der y-Achse markieren.
- Von diesem Punkt aus das Steigungsdreieck einzeichnen, was für $m = 3 = \frac{3}{1}$ bedeutet: „1 LE nach rechts, 3 LE nach oben." Den Punkt markieren.
- Beide Punkte durch eine Gerade verbinden.

oder

Zeichnen der Geraden mit 2 Punkten:
- Zwei Wertepaare bestimmen, z. B.:

für $x = -1$:
$y = 3 \cdot (-1) + 1$
$y = -3 + 1$
$y = -2$

für $x = 1$:
$y = 3 \cdot 1 + 1$
$y = 3 + 1$
$y = 4$

Wertepaare in einer Tabelle:

x	−1	1
y	−2	4

- Die Punkte $(-1\,|\,-2)$ und $(1\,|\,4)$ einzeichnen und durch eine Gerade verbinden.

Zeichnung:

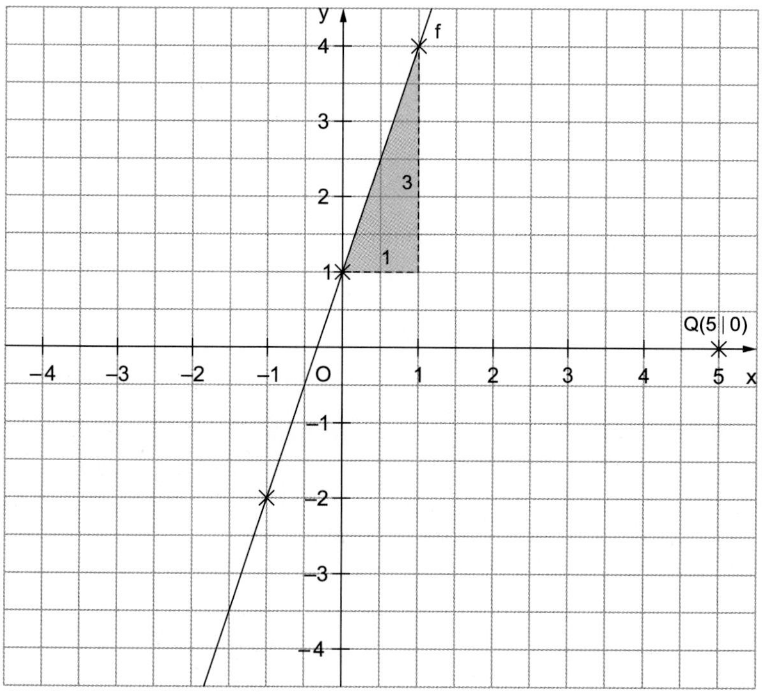

b) Angekreuzte Tabelle:

Aussage	
(1) Der Punkt Q(5 | 0) liegt auf dem Graphen der Funktion f.	☐
(2) Der Graph der Funktion f ist monoton steigend.	☒
(3) Der Graph der Funktion f schneidet die y-Achse im Punkt P(0 | 1).	☒
(4) Der Graph der Funktion f verläuft durch den Koordinatenursprung.	☐

Begründungen (nicht verlangt):

- Aussage (1) ist falsch.

Zeichnerische Begründung:
Da Q(5 | 0) bei $x = 5$ auf der x-Achse liegt, liegt der Punkt Q außerhalb des Graphen (vgl. Zeichnung bei Teilaufgabe a).
Somit ist Aussage (1) falsch.

oder

Rechnerische Begründung:
Die Koordinaten von Q(5 | 0) werden in die Funktionsgleichung $y = 3x + 1$ eingesetzt und es wird überprüft, ob sich eine wahre oder eine falsche Aussage ergibt:

$0 \stackrel{?}{=} 3 \cdot 5 + 1$

$0 \neq 16$ (f), also liegt Q nicht auf dem Graphen von f.

- Aussage (2) ist richtig.
  Begründung:
  Der Graph einer linearen Funktion $y = mx + n$ ist eine Gerade, m gibt Auskunft über die Steigung. Ist $m > 0$, so erhält man eine steigende Gerade. Da $m = 3$ ist, handelt es sich um eine steigende Gerade. Die Aussage ist richtig.
  Anmerkung: Ein *monoton steigender* Graph kann horizontal oder steigend verlaufen, aber nie fallend.
- Aussage (3) ist richtig.
  Begründung:
  Der Graph einer linearen Funktion $y = mx + n$ ist eine Gerade, n gibt Auskunft über den y-Achsenabschnitt (= Schnittstelle mit der y-Achse). Da $n = 1$ ist, schneidet die Gerade die y-Achse im Punkt $(0 \mid 1)$. Die Aussage ist richtig.
  oder
  Der Zeichnung (siehe Teilaufgabe a) kann man entnehmen, dass die Gerade die y-Achse im Punkt $(0 \mid 1)$ schneidet. Die Aussage ist richtig.
- Aussage (4) ist falsch.
  Begründung:
  Der Graph einer linearen Funktion $y = mx + n$ ist eine Gerade, n gibt Auskunft über den y-Achsenabschnitt (= Schnittstelle mit der y-Achse). Da $n = 1$ ist, schneidet die Gerade die y-Achse im Punkt $(0 \mid 1)$ und nicht im Koordinatenursprung $(0 \mid 0)$. Die Aussage ist falsch.
  oder
  Der Zeichnung (siehe Teilaufgabe a) kann man entnehmen, dass die Gerade die y-Achse im Punkt $(0 \mid 1)$ und nicht im Koordinatenursprung $(0 \mid 0)$ schneidet. Die Aussage ist falsch.

c) Berechnung der Schnittpunkte der Graphen mit den Funktionsgleichungen $y = x^2 + 2x - 1$ und $y = 3x + 1$:
Um die Schnittpunkte zu ermitteln, werden die beiden Funktionsterme gleichgesetzt.

Berechnung der x-Koordinaten mithilfe der p-q-Formel:

$x^2 + 2x - 1 = 3x + 1 \quad | -3x - 1$ (Gleichung null setzen)
$x^2 - 1x - 2 = 0$ (Normalform: $p = -1$; $q = -2$)

p-q-Formel:

$$x_{1/2} = -\frac{p}{2} \pm \sqrt{\left(\frac{p}{2}\right)^2 - q}$$

Einsetzen in die p-q-Formel:

$$x_{1/2} = -\frac{-1}{2} \pm \sqrt{\left(\frac{-1}{2}\right)^2 - (-2)}$$

$$x_{1/2} = \frac{1}{2} \pm \sqrt{\frac{1}{4} + 2}$$

$$x_{1/2} = \frac{1}{2} \pm \sqrt{2{,}25}$$

$$x_{1/2} = \frac{1}{2} \pm 1{,}5$$

$$x_1 = \frac{1}{2} + 1{,}5 = 2 \quad \text{und} \quad x_2 = \frac{1}{2} - 1{,}5 = -1$$

Zur Berechnung der y-Koordinaten werden $x_1 = 2$ und $x_2 = -1$ nacheinander in eine der beiden Funktionsgleichungen eingesetzt.

Berechnung der y-Koordinate für $x_1 = 2$:
Einsetzen in die Funktionsgleichung $y = 3x + 1$ liefert:
$y_1 = 3 \cdot 2 + 1$
$y_1 = 7$

Berechnung der y-Koordinate für $x_2 = -1$:
Einsetzen in die Funktionsgleichung $y = 3x + 1$ liefert:
$y_2 = 3 \cdot (-1) + 1$
$y_2 = -2$

Die beiden Graphen schneiden sich in den Punkten $S_1(2 \mid 7)$ und $S_2(-1 \mid -2)$.

Aufgabe 3

a) Betrachtet wird das rechtwinklige Dreieck ABD.

Berechnung von $\overline{AB}$ mithilfe des Sinus:

$$\sin 55° = \frac{\text{Gegenkathete}}{\text{Hypotenuse}}$$

$$\sin 55° = \frac{\overline{AB}}{1\,500} \quad |\cdot 1\,500$$

$$\overline{AB} = 1\,500 \cdot \sin 55°$$

$$\overline{AB} = 1\,228{,}728\ldots$$

$$\overline{AB} \approx 1\,229$$

Die Länge der Strecke $\overline{AB}$ beträgt ca. **1 229 m**.

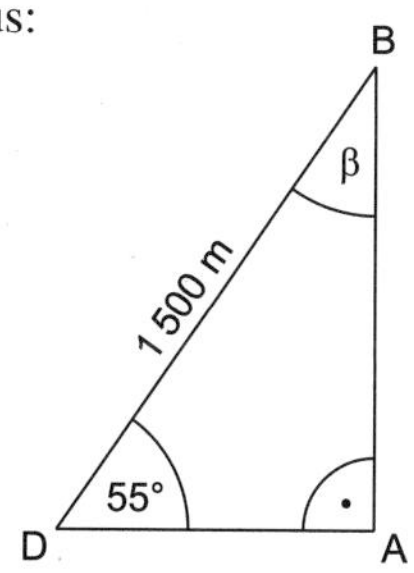

oder

Berechnung von $\overline{AB}$ mithilfe des Kosinus:
Zunächst Bestimmung von β im Dreieck ABD:
Die Winkelsumme im Dreieck beträgt 180°.
Damit gilt:

$$90° + \beta + 55° = 180°$$

$$\beta + 145° = 180° \quad |-145°$$

$$\beta = 35°$$

Es gilt:

$$\cos\beta = \frac{\text{Ankathete}}{\text{Hypotenuse}}$$

$$\cos 35° = \frac{\overline{AB}}{1\,500} \quad |\cdot 1\,500$$

$$\overline{AB} = 1\,500 \cdot \cos 35°$$

$$\overline{AB} = 1\,228{,}728\ldots$$

$$\overline{AB} \approx 1\,229$$

Die Länge der Strecke $\overline{AB}$ beträgt ca. **1 229 m**.

b) Betrachtet wird das rechtwinklige Dreieck ABD.

Berechnung von $\overline{AD}$ mithilfe der trigonometrischen Funktionen:

Berechnung von $\overline{AD}$ mithilfe des Kosinus:

$$\cos 55° = \frac{\text{Ankathete}}{\text{Hypotenuse}}$$

$$\cos 55° = \frac{\overline{AD}}{1\,500} \quad |\cdot 1\,500$$

$$\overline{AD} = 1\,500 \cdot \cos 55°$$

$$\overline{AD} = 860{,}364\ldots$$

$$\overline{AD} \approx 860{,}36$$

Die Länge der Strecke $\overline{AD}$ beträgt ca. **860,36 m**.

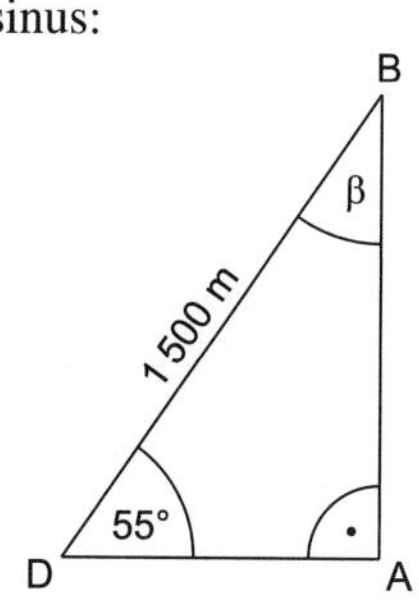

oder

Berechnung von $\overline{AD}$ mithilfe des Sinus:
Zunächst Bestimmung von β im Dreieck ABD über die Winkelsumme im Dreieck (vgl. Teilaufgabe a):

$$\beta = 180° - 90° - 55° = 35°$$

Es gilt:

$$\sin\beta = \frac{\text{Gegenkathete}}{\text{Hypotenuse}}$$

$$\sin 35° = \frac{\overline{AD}}{1\,500} \quad |\cdot 1\,500$$

$$\overline{AD} = 1\,500 \cdot \sin 35°$$

$$\overline{AD} = 860{,}364\ldots$$

$$\overline{AD} \approx 860{,}36$$

Die Länge der Strecke $\overline{AD}$ beträgt ca. **860,36 m**.

oder

Berechnung von $\overline{AD}$ mithilfe des Satzes von Pythagoras:
Es gilt: $\overline{AB} = 1\,229$ m (Wert ist vorgegeben in Teilaufgabe 3 a)

Satz von Pythagoras:

$$\overline{AD}^2 + \overline{AB}^2 = \overline{BD}^2$$

$$\overline{AD}^2 + 1\,229^2 = 1\,500^2$$

$$\overline{AD}^2 + 1\,510\,441 = 2\,250\,000 \quad |-1\,510\,441$$

$$\overline{AD}^2 = 739\,559 \quad |\sqrt{}$$

$$\overline{AD} = 859{,}976\ldots$$

$$\overline{AD} \approx 859{,}98$$

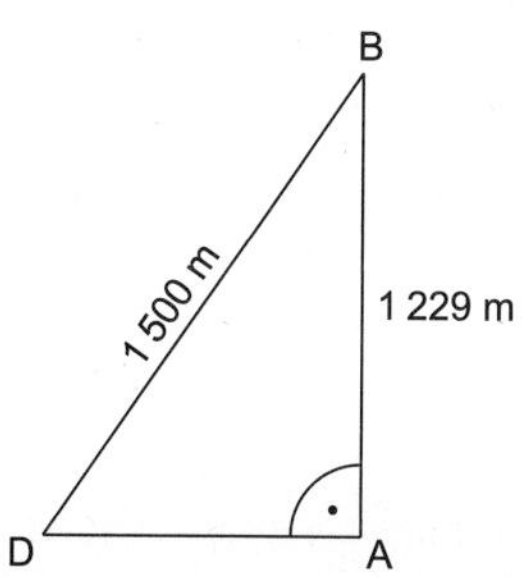

Die Länge der Strecke $\overline{AD}$ beträgt ca. **859,98 m**.

Hinweis: Die unterschiedlichen Ergebnisse sind Folge des Rechnens mit dem gerundeten Wert für $\overline{AB}$.

c) Zunächst Berechnung des Winkels γ im Viereck ABCD:
Die Winkelsumme im Viereck beträgt 360°.
Damit gilt:

$$\begin{aligned} 90°+109°+\gamma+(60°+55°)&=360° \\ 90°+109°+\gamma+115°&=360° \\ \gamma+314°&=360° \quad \vert -314° \\ \gamma&=46° \end{aligned}$$

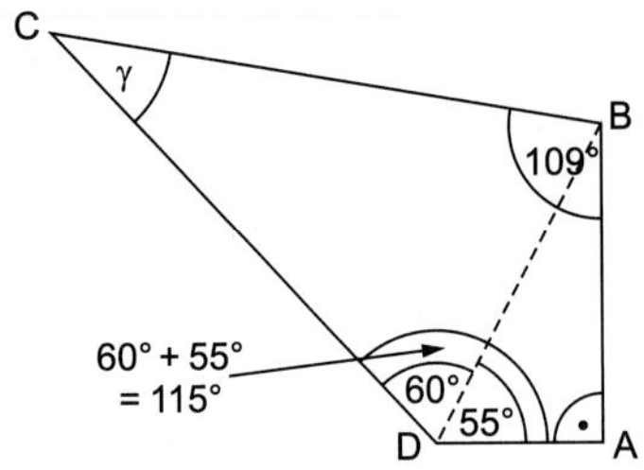

Berechnung von $\overline{BC}$ im allgemeinen Dreieck BCD mithilfe des Sinussatzes:

$$\frac{\overline{BC}}{\sin 60°}=\frac{\overline{BD}}{\sin 46°}$$

$$\frac{\overline{BC}}{\sin 60°}=\frac{1\,500}{\sin 46°} \quad \vert \cdot \sin 60°$$

$$\overline{BC}=\frac{1\,500\cdot\sin 60°}{\sin 46°}$$

$$\overline{BC}=1\,805{,}875\ldots$$

$$\overline{BC}\approx 1\,805{,}88$$

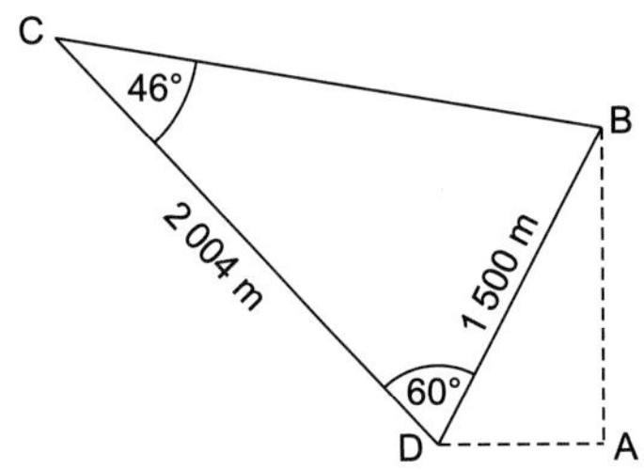

Es gilt 1 805,88 m $\neq$ 2 004 m. Somit ist $\overline{BC}\neq\overline{DC}$.
Die Aussage stimmt **nicht**.

oder

Lösung über die Eigenschaften eines gleichschenkligen Dreiecks:
Wenn die Aussage $\overline{BC}=\overline{DC}$ stimmen würde, wäre das Dreieck BCD gleichschenklig. In einem gleichschenkligen Dreieck sind nicht nur zwei Seiten gleich lang (die sog. Schenkel), sondern wegen der Symmetrieeigenschaften auch die anliegenden Winkel gleich groß (die sog. Basiswinkel). Es ist also zu prüfen, ob $\beta'=60°$ ist.

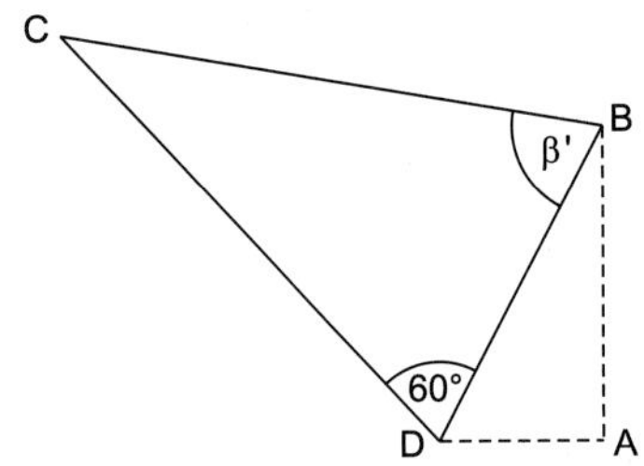

Berechnung der Winkelgröße β':
Zunächst Bestimmung von β im Dreieck ABD über die Winkelsumme im Dreieck (vgl. Teilaufgabe a):
$\beta=180°-90°-55°=35°$
Weiter gilt:

$$\begin{aligned} \beta'+\beta&=109° \\ \beta'+35°&=109° \quad \vert -35° \\ \beta'&=74° \end{aligned}$$

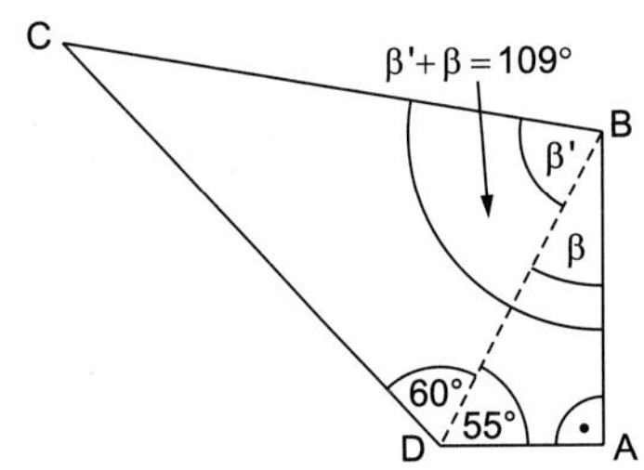

Alternative Berechnung von β':
Zunächst Bestimmung von γ im Viereck ABCD über die Winkelsumme im Viereck (vgl. oben):
$\gamma=360°-90°-109°-(60°+55°)=46°$

Berechnung von β' im Dreieck BCD:
Die Winkelsumme im Dreieck beträgt 180°. Damit gilt:

$$\begin{aligned} \beta'+60°+\gamma&=180° \\ \beta'+60°+46°&=180° \\ \beta'+106°&=180° \quad \vert -106° \\ \beta'&=74° \end{aligned}$$

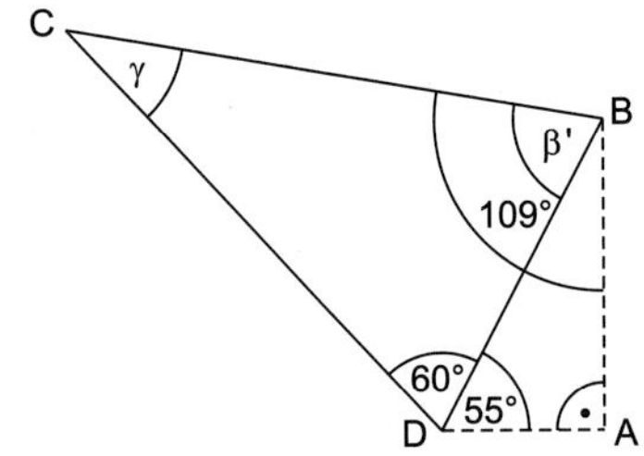

Vergleich der möglichen Basiswinkel:
$60°\neq 74°=\beta'$
Da die Größe der möglichen Basiswinkel im Dreieck BCD unterschiedlich ist, liegt kein gleichschenkliges Dreieck vor. Somit sind die Längen der Strecken $\overline{BC}$ und $\overline{DC}$ nicht gleich. Die Aussage stimmt **nicht**.

Aufgabe 4

a) Gegeben: $h = 95$ cm
$r = 29$ cm

Gesucht: V in Liter

Berechnung des Volumens in cm^3:

$V = \pi \cdot r^2 \cdot h$
$V = \pi \cdot 29^2 \cdot 95$
$V \approx 250\,997{,}55$

Das Volumen der Regentonne beträgt etwa 250 997,55 cm^3.

Umrechnung in ℓ ($1\,000\ cm^3 = 1\ dm^3 = 1\ \ell$):
$250\,997{,}55\ cm^3 = 250\,997{,}55 : 1\,000\ dm^3 = 250{,}99755\ dm^3 \approx 251\ dm^3$
$251\ dm^3 = 251\ \ell$

Es passen etwa 251 ℓ Wasser in die Regentonne, die Angabe des Herstellers stimmt.

b) Entscheidung und Begründung am konkreten Beispiel:
Maße der Regentonne mit doppeltem Radius:
$h = 95$ cm
$r_2 = 2 \cdot r = 2 \cdot 29\ cm = 58$ cm

Berechnung des neuen Volumens V_2 in cm^3:
$V_2 = \pi \cdot {r_2}^2 \cdot h$
$V_2 = \pi \cdot 58^2 \cdot 95$
$V_2 \approx 1\,003\,990{,}18$

Umrechnung in ℓ ($1\,000\ cm^3 = 1\ dm^3 = 1\ \ell$):
$1\,003\,990{,}18\ cm^3 = 1\,003\,990{,}18 : 1\,000\ dm^3 = 1\,003{,}99018\ dm^3 \approx 1\,004\ dm^3$
$1\,004\ dm^3 = 1\,004\ \ell$

Vergleich von $V_2 = 1\,004\ \ell$ mit der Herstellerangabe $V_1 = 250\ \ell$:
Die Werte werden zueinander in Relation gesetzt, d. h., man berechnet, wie oft der kleinere Wert in den größeren Wert passt:
$V_2 : V_1 = 1\,004 : 250 = 4{,}016 \approx 4$

Die Annahme von Herrn Gärtner trifft **nicht** zu. Wenn der Radius seiner Regentonne verdoppelt wird, passt 4-mal so viel Wasser hinein.

oder

Entscheidung und allgemeine Begründung:

Ausgangswerte der Regentonne:
Radius: r
Volumen: $V_r = \pi \cdot r^2 \cdot h$

Regentonne mit doppeltem Radius:
Radius: 2r
Volumen: $V_{2r} = \pi \cdot (2r)^2 \cdot h = \pi \cdot 4r^2 \cdot h$

Vergleich der Volumina:
Die Werte werden zueinander in Relation gesetzt, d. h., man berechnet, wie oft der kleinere Wert in den größeren Wert passt:

$$\frac{V_{2r}}{V_r} = \frac{\not{\pi} \cdot 4 \cdot \not{r^2} \cdot \not{h}}{\not{\pi} \cdot \not{r^2} \cdot \not{h}} = \frac{4}{1} = 4$$

Die Annahme von Herrn Gärtner trifft **nicht** zu. Wird bei einem Zylinder der Radius verdoppelt, vervierfacht sich das Volumen.

oder

Entscheidung und Begründung durch einen Text:
Die Annahme von Herrn Gärtner trifft **nicht** zu. Bei der Berechnung des Volumens mit der Formel $V = \pi \cdot r^2 \cdot h$ wird der Wert für den Radius quadriert. Setzt man für den Radius den doppelten Wert ein (also 2r), wird dieser komplett quadriert, also $(2r)^2 = 2^2 \cdot r^2 = 4 \cdot r^2$. Verdoppelt man den Radius, vervierfacht sich somit das Volumen des Zylinders.

c) *Vorüberlegungen:*

- *zum Sachverhalt:*
  Die kreisförmige Öffnung der Regentonne hat einen Radius von $r = 29$ cm und somit einen Durchmesser von $2r = 2 \cdot 29$ cm $= 58$ cm. Der Durchmesser verläuft durch den Mittelpunkt M des Kreises und ist der längste Abstand, den zwei Punkte der Kreislinie voneinander haben. Somit sind die Punkte der Kreislinie, die durch den Durchmesser verbunden werden, immer 58 cm voneinander entfernt. Da die eine Seite des Rechtecks nur 55 cm lang ist, kann die Platte den Kreis nicht vollständig abdecken, es fehlen 3 cm.
- *zur Zeichnung:*
  Der Maßstab gibt das Verhältnis von Bildgröße zu Originalgröße an.
  Bei einem Maßstab von 1 : 10 entspricht 1 cm in der Zeichnung 10 cm im Original. Dies bedeutet für die Zeichnung: Beim Maßstab 1 : 10 wird das Rechteck mit den Maßen 5,5 cm × 8 cm und der Kreis mit dem Radius 2,9 cm gezeichnet. Die vorgegebene Zeichenfläche in der Prüfung war ca. 14 cm × 14 cm und reicht für diese Darstellung aus. Die hier in der Aufgabenstellung abgebildete Zeichenfläche ist mit 13 cm × 11 cm etwas kleiner, reicht aber ebenfalls aus.

Zeichnung im Maßstab 1 : 10:

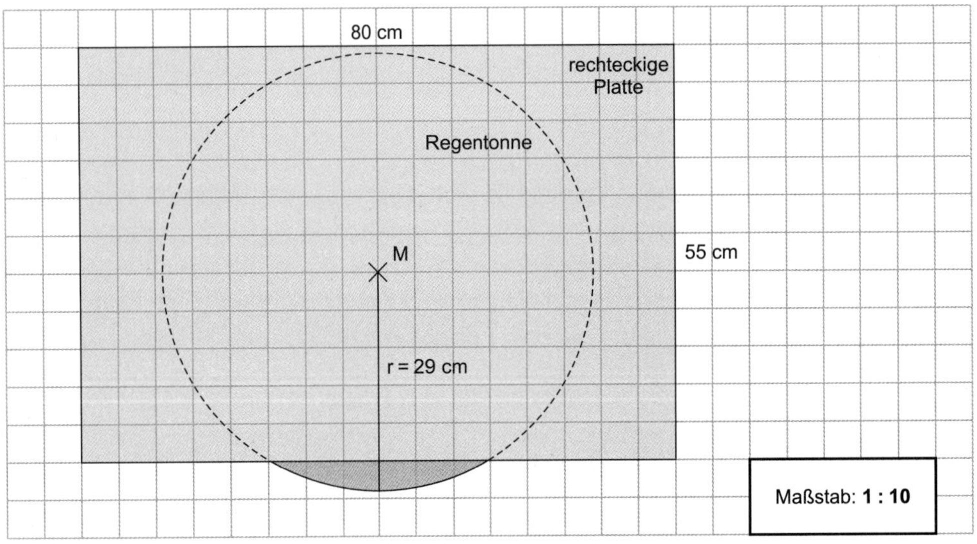

Antwort: Die Platte kann die Regentonne **nicht** vollständig bedecken.

Aufgabe 5

a) • Die Spannweite w einer Datenreihe ist die Differenz aus dem größten (x_{max}) und dem kleinsten Datenwert (x_{min}):
$w = x_{max} - x_{min}$

Datenreihe der bewegten Container (in Millionen):

7,0 7,9 9,0 8,9 9,3 **9,7** 8,8 8,9 8,8

kleinster Wert: $x_{min} = 7{,}0$ Mio. $= 7\,000\,000$ — größter Wert: $x_{max} = 9{,}7$ Mio. $= 9\,700\,000$

Berechnung der Spannweite:
$w = 9{,}7 \text{ Mio.} - 7{,}0 \text{ Mio.} = 2{,}7 \text{ Mio.} = 2\,700\,000$

Die Spannweite der Anzahl der bewegten Container in den Jahren 2009 bis 2017 beträgt **2,7 Mio.** oder **2 700 000**.

- Der Durchschnitt (oder das arithmetische Mittel) m einer Datenreihe ist die Summe aller Werte dividiert durch die Anzahl aller Werte.

$$m = \frac{\text{Summe aller Werte}}{\text{Anzahl aller Werte}} = \frac{x_1 + x_2 + x_3 + \ldots + x_n}{n}$$

Berechnung des Durchschnitts:

$$m = \frac{7{,}0 + 7{,}9 + 9{,}0 + 8{,}9 + 9{,}3 + 9{,}7 + 8{,}8 + 8{,}9 + 8{,}8}{9} \text{ Mio.} = \frac{78{,}3}{9} \text{ Mio.} = 8{,}7 \text{ Mio.} = 8\,700\,000$$

Die durchschnittliche Anzahl der bewegten Container in den Jahren 2009 bis 2017 beträgt **8,7 Mio.** oder **8 700 000**.

- Berechnung der prozentualen Erhöhung der Anzahl der bewegten Container im Jahr 2011 gegenüber der Zahl von 2010:
  Anzahl der bewegten Container im Jahr 2010: 7,9 Mio.
  Anzahl der bewegten Container im Jahr 2011: 9 Mio.

  Lösung mit dem Dreisatz:

  $$:7{,}9 \left(\begin{array}{c} 7{,}9\text{ Mio.} \mathrel{\hat{=}} 100\,\% \\ 1\text{ Mio.} \mathrel{\hat{=}} \frac{100}{7{,}9}\,\% \\ 9\text{ Mio.} \mathrel{\hat{=}} 113{,}92\,\% \end{array} \right) :7{,}9 \quad \cdot 9$$

  oder

  Lösung über proportionale Zuordnung:

  $$\frac{x}{9} = \frac{100}{7{,}9} \quad |\cdot 9$$
  $$x = \frac{100 \cdot 9}{7{,}9}$$
  $$x \approx 113{,}92$$

  Gegenüber dem Vorjahr hat sich die Anzahl der bewegten Container im Jahr 2011 auf 113,92 % erhöht, d. h., die Anzahl ist um **13,92 %** gestiegen.

b) • Die Summe aller prozentualen Anteile in % entspricht 100 %:
Anteil(Schrott) % + Anteil(Flüssigkeiten) % + Anteil(Container) % + Anteil(Getreide) % + Anteil(Sonstiges) % = 100 %

Berechnung des fehlenden Wertes für „Flüssigkeiten":

$$17 + x + 66 + 6 + 1 = 100$$
$$x + 90 = 100 \quad |-90$$
$$x = 10$$

Güter	Schrott	Flüssigkeiten	Container	Getreide	Sonstiges	**Gesamt**
Angaben in %	17	**10**	66	6	1	**100**

- Im Kreisdiagramm werden prozentuale Anteile durch Kreissektoren dargestellt, deren Größe durch den Mittelpunktswinkel bestimmt wird.

  Lösung durch „Augenmaß":
  Zuordnung:
  Da sich die Größen der fünf Kreissektoren deutlich unterscheiden, kann man ohne Rechnung zuordnen:
  größter Kreissektor → höchster Prozentsatz (66 %, Container)
  zweitgrößter Kreissektor → zweithöchster Prozentsatz (17 %, Schrott)
  drittgrößter Kreissektor → dritthöchster Prozentsatz (10 %, Flüssigkeiten)
  viertgrößter Kreissektor → vierthöchster Prozentsatz (6 %, Getreide)
  kleinster Kreissektor → kleinster Prozentsatz (1 %, Sonstiges)

  Beschriftung:

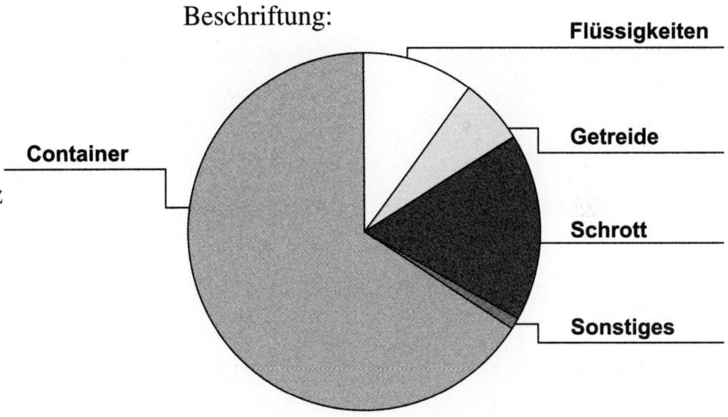

  oder
  Lösung durch Berechnen und Messen der Winkelgrößen:
  Berechnung der zu den angegebenen Prozentsätzen gehörigen Winkelgrößen:
  Zunächst Bestimmung des Umrechnungsfaktors:
  100 % entsprechen dem gesamten Kreis mit 360°.

  $$:100 \left(\begin{array}{c} 100\,\% \mathrel{\hat{=}} 360° \\ 1\,\% \mathrel{\hat{=}} 3{,}6° \end{array} \right) :100$$

  Berechnung der Winkelgrößen mit dem Umrechnungsfaktor:
  Schrott: $17\,\% \mathrel{\hat{=}} 17 \cdot 3{,}6° = 61{,}2°$
  Container: $66\,\% \mathrel{\hat{=}} 66 \cdot 3{,}6° = 237{,}6°$
  Getreide: $6\,\% \mathrel{\hat{=}} 6 \cdot 3{,}6° = 21{,}6°$
  Sonstiges: $1\,\% \mathrel{\hat{=}} 1 \cdot 3{,}6° = 3{,}6°$

  Messung der Mittelpunktswinkel mithilfe des Geodreiecks:

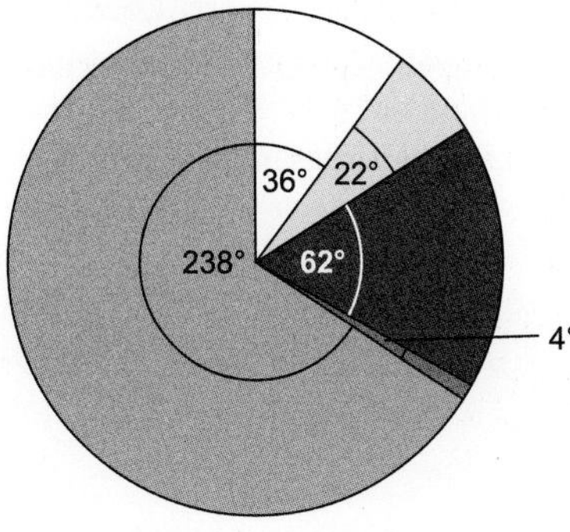

Zuordnung der berechneten Werte zu den gemessenen Werten und entsprechende Beschriftung:

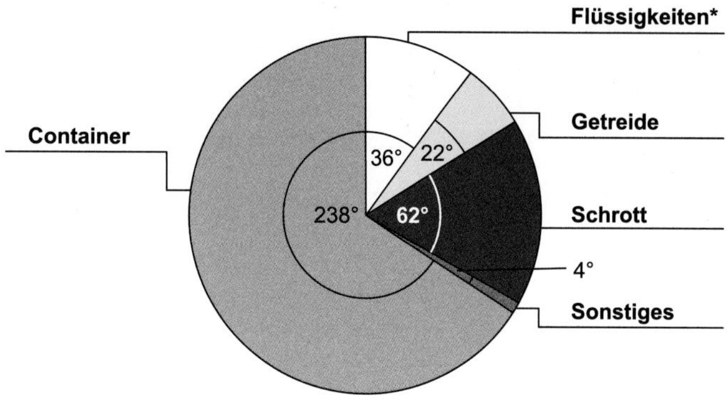

*Da der gemessene Winkel von 36° zu keinem der berechneten Werte passt, kann es sich nur um den Kreissektor für „Flüssigkeiten" handeln.

Aufgabe 6

a) *Vorüberlegungen:*

- Es liegt eine Zuordnung vor: Die Höhe einer brennenden Kerze wird der Zeit, in der die Kerze brennt, zugeordnet.
- Die Zeit wird in Minuten angegeben und steigt in der Tabelle gleichmäßig in Schritten von 10 Minuten an.
- Die Höhe der Kerze wird in cm angegeben und verringert sich gleichmäßig.
- In jeder Zeiteinheit von 10 Minuten verkleinert sich die Höhe der Kerze um 2 cm.
- Die Höhe der Kerze beim Anzünden wird mit 40 cm angegeben.

Bestimmung der beiden fehlenden Werte in der Tabelle:

1. Wert: Höhe der Kerze nach 0 Minuten Brenndauer

Lösung über die vorgegebenen Informationen:
Beim Anzünden, was 0 Minuten Brenndauer entspricht, beträgt die Höhe der Kerze 40 cm.
Der gesuchte Wert ist **40**.

oder

Lösung über eine Gleichung:
Nach 10 Minuten beträgt die Höhe 38 cm. Da sich die Höhe der Kerze pro 10 Minuten um 2 cm verringert, gilt für den gesuchten vorherigen Wert h:

$$h - 2 = 38 \quad |+2$$
$$h = \mathbf{40}$$

2. Wert: Höhe der Kerze nach 80 Minuten Brenndauer
Lösung über Ergänzungen in der Tabelle:
Die fehlenden Tabellenwerte für 50, 60, 70 und 80 Minuten werden schrittweise ergänzt. Mit jedem Zeitschritt von 10 Minuten wird die Kerze um 2 cm kürzer.

+10 +10 +10 +10

Zeit in Minuten	0	10	20	30	40	50	60	70	80
Höhe der Kerze in cm	40	38	36	34	32	30	28	26	**24**

−2 −2 −2 −2

Nach 80 Minuten Brenndauer hat die Kerze noch eine Höhe von 24 cm. Der gesuchte Wert ist **24**.

oder

In 10 Minuten brennt die Kerze 2 cm herunter. Außerdem ist bekannt, dass die Kerze nach 40 min Brenndauer noch eine Höhe von 32 cm hat. Zu berechnen ist also, wie viele cm davon in 80 min − 40 min = 40 min herunterbrennen.
Die Lösung erfolgt über den Dreisatz oder über proportionale Zuordnung:

+40

40	…	80
32	…	24

−x cm

Dreisatz:

$$\cdot 4 \left(\begin{array}{l} 10 \text{ min} \mathrel{\hat{=}} 2 \text{ cm} \\ 40 \text{ min} \mathrel{\hat{=}} 8 \text{ cm} \end{array} \right) \cdot 4$$

oder

proportionale Zuordnung:

$$\frac{x}{40} = \frac{2}{10} \quad |\cdot 40$$
$$x = \frac{40 \cdot 2}{10}$$
$$x = 8$$

Somit beträgt die Kerzenhöhe nach 80 Minuten Brenndauer 32 cm − 8 cm = 24 cm. Der gesuchte Wert ist **24**.

Ausgefüllte Tabelle:

Zeit in Minuten	0	10	20	30	40	…	80
Höhe der Kerze in cm	**40**	38	36	34	32	…	**24**

b) *Vorüberlegungen:*

- *Einteilung der x-Achse:* Es stehen 22 Kästchen für Zeit-Werte von 0 bis 80 Minuten mit der Schrittweite 10 zur Verfügung. Es bietet sich die Einteilung „2 Kästchen ≙ 10 Minuten" an.
- *Einteilung der y-Achse:* Es stehen 21 Kästchen für Höhenwerte von 0 bis 40 cm zur Verfügung. Es bietet sich die Einteilung „2 Kästchen ≙ 5 cm" an.
- Beim Einzeichnen der Punkte muss beachtet werden, dass für $x = 50$, $x = 60$ und $x = 70$ Lücken entstehen, weil keine y-Werte vorhanden sind.
- Da die Höhe der Kerze gleichmäßig um 2 cm pro 10 Minuten abnimmt, ist der Graph eine Gerade.

Einzeichnen der Punktc, die durch eine Gerade verbunden werden:

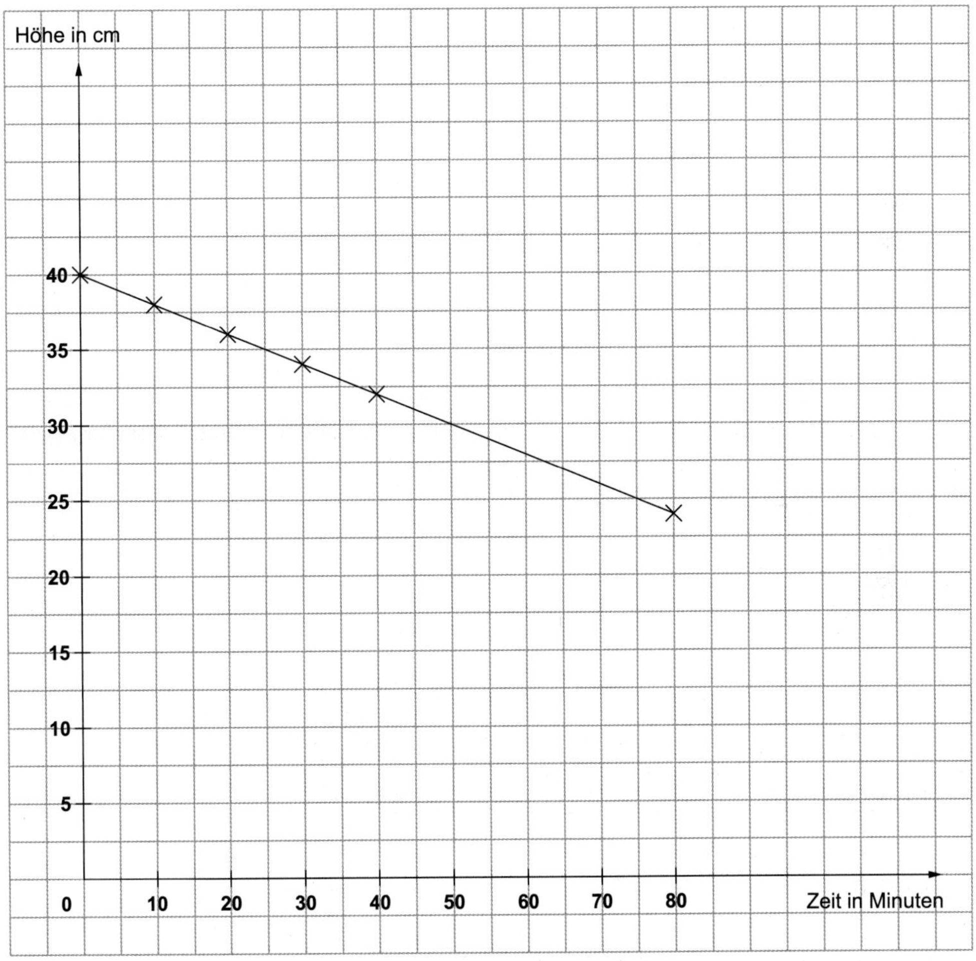

c) *Hinweis:* Die Funktionsgleichung $y = -0{,}2x + 40$ beschreibt das Abbrennen der Kerze **pro Minute** und nicht mehr, wie in den Teilaufgaben zuvor, das Abbrennen der Kerze **pro Zeitspanne von 10 Minuten**.

Bedeutung der Bestandteile:

y	**Höhe der Kerze in cm in Abhängigkeit von der Brenndauer in min**
−0,2	In einer Minute brennt die Kerze um 0,2 cm ab.
x	**Anzahl der Minuten, in denen die Kerze brennt** *oder* **Dauer des Abbrennens**
40	**Höhe der Kerze zum Zeitpunkt null** *oder* **Anfangswert**

d) Lösung über die vorgegebene Funktionsgleichung $y=-0{,}2x+40$:
Das vollständige Abbrennen der Kerze bedeutet, dass ihre Höhe null wird. Da y für die Höhe der Kerze und x für die Brennzeit steht, wird $y=0$ gesetzt:

$$\begin{aligned} 0 &= -0{,}2x+40 \quad &&|+0{,}2x \\ 0{,}2x &= 40 &&|:0{,}2 \\ x &= 200 \end{aligned}$$

Es dauert **200 Minuten**, bis die Kerze vollständig heruntergebrannt ist.

oder

Lösung über den Dreisatz oder über proportionale Zuordnung:
In 10 Minuten brennt die Kerze um 2 cm herunter. Zu berechnen ist, wie lange es dauert, bis 40 cm heruntergebrannt sind.

Dreisatz: **oder** proportionale Zuordnung:

Dreisatz:

$$\begin{aligned} &2\text{ cm} \mathrel{\hat=} 10\text{ min} \\ :2 \quad &1\text{ cm} \mathrel{\hat=} 5\text{ min} \quad :2 \\ \cdot 40 \quad &40\text{ cm} \mathrel{\hat=} 200\text{ min} \quad \cdot 40 \end{aligned}$$

proportionale Zuordnung:

$$\begin{aligned} \frac{x}{40} &= \frac{10}{2} \quad &&|\cdot 40 \\ x &= \frac{40\cdot 10}{2} \\ x &= 200 \end{aligned}$$

Es dauert **200 Minuten**, bis die Kerze vollständig heruntergebrannt ist.

Aufgabe 7

a) Bei den drei Gleichungen handelt es sich um Funktionsgleichungen linearer Funktionen der Form $y=mx+n$. Dabei ist y die abhängige Variable und x die unabhängige Variable.

Sachverhalt 1:
Der Fahrpreis (y) ist abhängig von der Anzahl der gefahrenen Kilometer (x).
Achtung: Es werden unterschiedliche Einheiten angegeben. Da nur Werte mit gleicher Einheit addiert werden dürfen, werden zunächst Cent (ct) in Euro (€) umgewandelt:
20 ct = 0,20 €

Nun werden die Satzteile in eine Gleichung übersetzt:

$$\underbrace{\text{Der Fahrpreis}}_{y}\ \underbrace{\text{setzt sich aus}}_{=}\ \underbrace{5\text{ € Grundgebühr}}_{5}\ \underbrace{\text{und}}_{+}\ \underbrace{0{,}20\text{ €}}_{0{,}20}\ \underbrace{\text{pro}}_{\cdot}\ \underbrace{\text{gefahrenen Kilometer}}_{x}\ \text{zusammen.}$$

Damit lautet die zugehörige Gleichung:
$y=0{,}20x+5$

Sachverhalt 2:
Der Monatspreis (y) ist abhängig von der Anzahl der gebuchten Kurse (x).
Die Satzteile werden in eine Gleichung übersetzt:

$$\underbrace{\text{Der Monatspreis}}_{y}\ \underbrace{\text{setzt sich aus}}_{=}\ \underbrace{20\text{ € Grundgebühr}}_{20}\ \underbrace{\text{und}}_{+}\ \underbrace{5\text{ €}}_{5}\ \underbrace{\text{pro}}_{\cdot}\ \underbrace{\text{gebuchten Kurs}}_{x}\ \text{zusammen.}$$

Damit lautet die zugehörige Gleichung:
$y=5x+20$

Somit ergibt sich folgende Zuordnung:

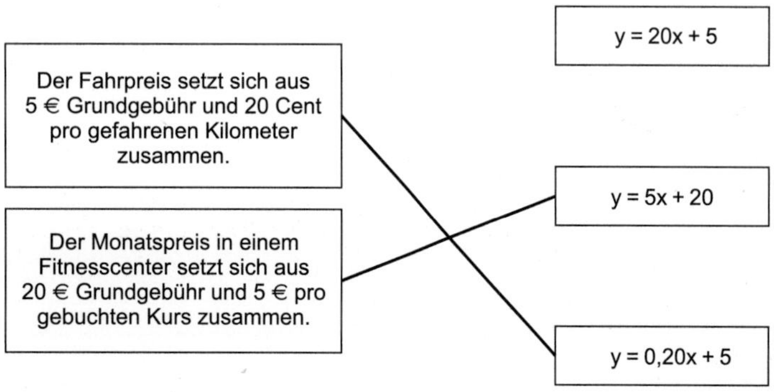

b) • Es handelt sich um ein lineares Gleichungssystem mit zwei Unbekannten. Als Unbekannte werden der Eintrittspreis für Erwachsene und der Eintrittspreis für Kinder gesucht. Um die Übersicht zu behalten, legt man vor dem Aufstellen der Gleichungen fest, welche Variable für welchen unbekannten Wert stehen soll.

Festlegen der Variablen x und y:
Eintrittspreis für Erwachsene: x
Eintrittspreis für Kinder: y

Anhand der Sachverhalte werden nun die Gleichungen aufgestellt:

Sachverhalt I:

Familie Beyer	(zwei Erwachsene	und	zwei Kinder)	zahlt	77,80 €.
	2-mal Eintrittspreis für Erwachsene	+	2-mal Eintrittspreis für Kinder	kosten	77,80 €.
	$2 \cdot x$	$+$	$2 \cdot y$	$=$	77,80 €

Sachverhalt II:

Familie Gouvan	(ein Erwachsener	und	drei Kinder)	zahlt	64,90 €.
	1-mal Eintrittspreis für Erwachsene	+	3-mal Eintrittspreis für Kinder	kosten	64,90 €.
	$1 \cdot x$	$+$	$3 \cdot y$	$=$	64,90 €

Somit lauten die Gleichungen:
(I) $\mathbf{2x + 2y = 77{,}80}$
(II) $\mathbf{x + 3y = 64{,}90}$

• Lösen des Gleichungssystems:
Lineare Gleichungssysteme werden über das Additions-, das Einsetzungs- oder das Gleichsetzungsverfahren gelöst. Hier bieten sich das Additions- oder das Einsetzungsverfahren an. Zur Anwendung des Gleichsetzungsverfahrens müssten beiden Gleichungen durch mehrere Umformungsschritte nach einer Variablen umgestellt werden.

1. Schritt: Lösen
Additionsverfahren:

(I) $2x + 2y = 77{,}80$
(II) $x + 3y = 64{,}90 \quad | \cdot (-2)$

Eine Gleichung (oder wenn nötig beide Gleichungen) so mit bestimmten Zahlen multiplizieren, dass beim Addieren der beiden Gleichungen eine Variable wegfällt.

(I) $2x + 2y = 77{,}80$
(II) $-2x - 6y = -129{,}80$ } +

Die Gleichungen addieren, eine Variable (hier: x) entfällt.

(I) + (II) $-4y = -52 \quad | : (-4)$
$y = 13$

Entstandene Gleichung lösen.

$y = 13$ einsetzen in Gleichung (II):
(II) $x + 3 \cdot 13 = 64{,}90$
$x + 39 = 64{,}90 \quad | -39$
$x = 25{,}90$

Die Lösung für die erste Variable in eine der beiden Ausgangsgleichungen einsetzen (hier: II) und die andere Variable berechnen.

oder

Einsetzungsverfahren:

(I) $2x + 2y = 77{,}80$
(II) $x + 3y = 64{,}90 \quad | -3y$

Eine der beiden Gleichungen (hier: II) nach einer Variablen (hier: x) umstellen.

(I) $2x + 2y = 77{,}80$
(II) $x = 64{,}90 - 3y$

Einsetzen des Terms für die Variable (hier: x) in die andere Gleichung (hier: I).

(II) in (I) $2 \cdot (64{,}90 - 3y) + 2y = 77{,}80$
$129{,}80 - 6y + 2y = 77{,}80 \quad | -129{,}80$
$-4y = -52 \quad | : (-4)$
$y = 13$

Entstandene Gleichung lösen.

$y = 13$ einsetzen in Gleichung (I):
(I) $2x + 2 \cdot 13 = 77{,}80$
$2x + 26 = 77{,}80 \quad | -26$
$2x = 51{,}80 \quad | : 2$
$x = 25{,}90$

Die Lösung für die erste Variable in eine der beiden Ausgangsgleichungen einsetzen (hier: I) und die andere Variable berechnen.

2. Schritt: Probe am Text

Sachverhalt I:

Familie Beyer (zwei Erwachsene und zwei Kinder) zahlt 77,80 €.

$$2 \cdot 25{,}90\,€ + 2 \cdot 13\,€ \stackrel{?}{=} 77{,}80\,€$$
$$51{,}80\,€ + 26\,€ \stackrel{?}{=} 77{,}80\,€$$
$$77{,}80\,€ = 77{,}80\,€$$

Sachverhalt II:

Familie Gouvan (ein Erwachsener und drei Kinder) zahlt 64,90 €.

$$1 \cdot 25{,}90\,€ + 3 \cdot 13\,€ \stackrel{?}{=} 64{,}90\,€$$
$$25{,}90\,€ + 39\,€ \stackrel{?}{=} 64{,}90\,€$$
$$64{,}90\,€ = 64{,}90\,€$$

3. Schritt: Antwort

Der Eintrittspreis beträgt 25,90 € für Erwachsene und 13 € für Kinder.

c) Es handelt sich bei beiden Gleichungen um quadratische Gleichungen.

- *Überlegungen:*

Überprüfung der 1. Aussage:

Lösung mithilfe der Produkt-Null-Regel:

Ein Produkt ist genau dann null, wenn mindestens einer der Faktoren null ist.

Umwandlung der Potenz in ein Produkt:

$$(x+7)^2 = 0$$
$$(x+7) \cdot (x+7) = 0$$

Zur Ermittlung der Lösungen werden die einzelnen Faktoren nacheinander gleich null gesetzt. Da hier beide Faktoren identisch sind, nämlich $(x+7)$, gibt es nur eine Lösung:

$$x + 7 = 0 \quad |-7$$
$$x = -7$$

Die Aussage ist **wahr**.

oder

Lösung mithilfe der p-q-Formel:

Umformen der Gleichung auf Normalform:

$$(x+7)^2 = 0 \quad |\text{1. binomische Formel}$$
$$x^2 + 14x + 49 = 0 \quad (\text{Normalform: } p = 14;\ q = 49)$$

p-q-Formel:

$$x_{1/2} = -\frac{p}{2} \pm \sqrt{\left(\frac{p}{2}\right)^2 - q}$$

Einsetzen in die p-q-Formel:

$$x_{1/2} = -\frac{14}{2} \pm \sqrt{\left(\frac{14}{2}\right)^2 - 49}$$
$$x_{1/2} = -7 \pm \sqrt{49 - 49}$$
$$x_{1/2} = -7 \pm \sqrt{0}$$
$$x = -7$$

Es gibt nur eine Lösung, die Aussage ist **wahr**.

Überprüfung der 2. Aussage:

Lösung durch Einsetzen der Werte in die Gleichung:

Es werden für x die Werte 4 und 12 in die Gleichung $(x+8)^2 = 16$ eingesetzt und überprüft, ob sich eine wahre oder falsche Aussage ergibt.

Überprüfung für $x_1 = 4$:

$$(4+8)^2 \stackrel{?}{=} 16$$
$$12^2 \stackrel{?}{=} 16$$
$$144 \neq 16$$

Überprüfung für $x_2 = 12$:

$$(12+8)^2 \stackrel{?}{=} 16$$
$$20^2 \stackrel{?}{=} 16$$
$$400 \neq 16$$

Die Aussage ist **falsch**.

oder

Lösung mithilfe der p-q-Formel:

Umformen der Gleichung auf Normalform:

$$(x+8)^2 = 16 \quad |\text{1. binomische Formel}$$
$$x^2 + 16x + 64 = 16 \quad |-16$$
$$x^2 + 16x + 48 = 0 \quad (\text{Normalform: } p = 16;\ q = 48)$$

p-q-Formel:

$$x_{1/2} = -\frac{p}{2} \pm \sqrt{\left(\frac{p}{2}\right)^2 - q}$$

Einsetzen in die p-q-Formel:

$$x_{1/2} = -\frac{16}{2} \pm \sqrt{\left(\frac{16}{2}\right)^2 - 48}$$
$$x_{1/2} = -8 \pm \sqrt{64 - 48}$$
$$x_{1/2} = -8 \pm \sqrt{16}$$
$$x_{1/2} = -8 \pm 4$$

$x_1 = -8 + 4 = -4$ und $x_2 = -8 - 4 = -12$

Die Aussage ist **falsch**.

Ausgefüllte Tabelle:

Aussage		wahr	falsch
$(x+7)^2=0$	Diese Gleichung hat genau eine Lösung.	☒	☐
$(x+8)^2=16$	Die Zahlen 4 und 12 sind Lösungen dieser Gleichung.	☐	☒

- Bestimmung einer quadratischen Gleichung, die keine Lösung hat:
Eine quadratische Gleichung hat keine Lösung, wenn beim Lösungsschritt „Wurzelziehen“ der Ausdruck unter der Wurzel (Diskriminante) kleiner als null, also negativ ist.

Bestimmung von nicht lösbaren reinquadratischen Gleichungen der Form $x^2=q$:

$x^2=q \quad |\sqrt{}$

$x_{1/2}=\sqrt{q}$

Wenn $q<0$ ist, ist die Gleichung nicht lösbar.

Somit haben folgende quadratische Gleichungen keine Lösung:

$x^2=-1$

oder $x^2=-2$

oder $x^2=-7{,}5$

etc.

(beispielhaft für unendlich viele Angaben)

oder

Bestimmung von nicht lösbaren allgemeinen quadratischen Gleichungen der Form $x^2+px+q=0$:

Lösungsformel ist die p-q-Formel:

$$x_{1/2}=-\frac{p}{2}\pm\sqrt{\left(\frac{p}{2}\right)^2-q}$$

Wird der Ausdruck $\left(\frac{p}{2}\right)^2-q$ unter dem Wurzelzeichen kleiner als null, so ist die quadratische Gleichung nicht lösbar:

$$\left(\frac{p}{2}\right)^2-q<0$$

Ermittlung von p und q für nicht lösbare Gleichungen:
p wird willkürlich gewählt und daraus wird q bestimmt.

1. Beispiel: $p=2$

Einsetzen liefert:

$$\left(\frac{2}{2}\right)^2-q=1^2-q=1-q$$

Für $p=2$ und $q=2, 3, 4, \ldots$ wird der Term $\left(\frac{p}{2}\right)^2-q$ unter der Wurzel negativ.

Somit haben folgende quadratische Gleichungen keine Lösungen:

$x^2+2x+2=0$

oder $x^2+2x+5=0$

oder $x^2+2x+8{,}5=0$

etc.

(beispielhaft für unendlich viele Angaben)

oder

2. Beispiel: $p=10$

Einsetzen liefert:

$$\left(\frac{10}{2}\right)^2-q=5^2-q=25-q$$

Für $p=10$ und $q=26, 27, 28, \ldots$ wird der Term $\left(\frac{p}{2}\right)^2-q$ unter der Wurzel negativ.

Somit haben folgende quadratische Gleichungen keine Lösungen:

$x^2+5x+26=0$

oder $x^2+5x+30=0$

oder $x^2+5x+32{,}7=0$

etc.

(beispielhaft für unendlich viele Angaben)

Mittlerer Schulabschluss und erweiterte Berufsbildungsreife 2022

Aufgabe 1

a) Lösung durch Kopfrechnen:
10 % von 15 Kästchen sind 1,5 Kästchen.
20 % von 15 Kästchen sind das Doppelte von 10 %,
also auch das Doppelte von 1,5 Kästchen.
Es müssen **3 Kästchen** markiert werden.

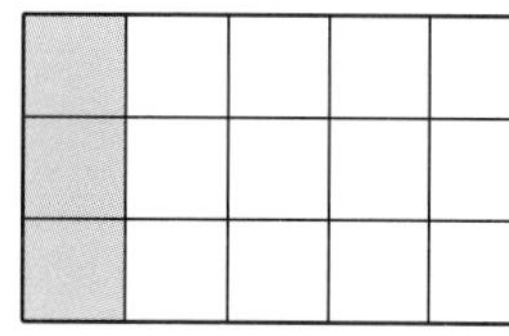

oder
Lösung über proportionale Zuordnung:

$$\frac{x}{20} = \frac{15}{100} \quad | \cdot 20$$
$$x = \frac{15 \cdot 20}{100}$$
$$x = 3$$

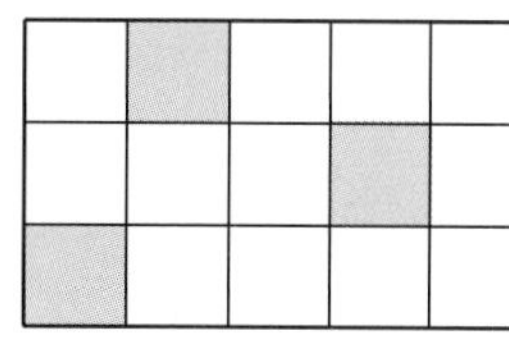

Es müssen **3 Kästchen** markiert werden.

oder
Lösung mit dem Dreisatz:

$:100$ (100 % ≙ 15 Kästchen) $:100$
1 % ≙ $\frac{15}{100}$ Kästchen
$\cdot 20$ (20 % ≙ **3 Kästchen**) $\cdot 20$

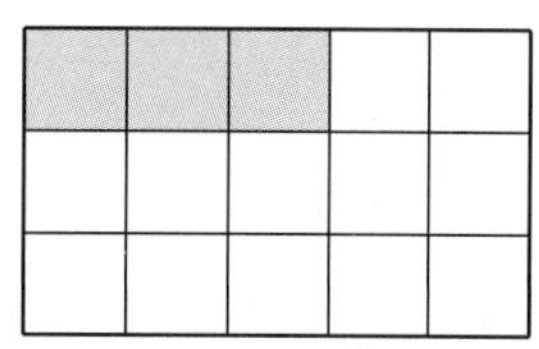

Hinweis:
Für die Lösung dieser Aufgabe es ist wichtig, dass genau 3 Kästchen markiert werden. Welche Kästchen das sind, ist egal.

b) Lösung über proportionale Zuordnung:

$$\frac{x}{5} = \frac{4{,}80}{3} \quad | \cdot 5$$
$$x = \frac{4{,}80 \cdot 5}{3}$$
$$x = 8$$

5 kg Äpfel kosten **8 €**.

oder

Lösung mit dem Dreisatz:

$:3$ (3 kg Äpfel ≙ 4,80 €) $:3$
1 kg Äpfel ≙ 1,60 €
$\cdot 5$ (5 kg Äpfel ≙ 8 €) $\cdot 5$

5 kg Äpfel kosten **8 €**.

c) Lösung der vorgegebenen Gleichung:

$$5 - 2x = 3x - 25 \quad | -3x$$
$$5 - 5x = -25 \quad | -5$$
$$-5x = -30 \quad | :(-5)$$
$$x = 6$$

oder
Einsetzen der vorgegebenen Zahlen in die Gleichung:

Für x = 2:
$$5 - 2 \cdot 2 \stackrel{?}{=} 3 \cdot 2 - 25$$
$$5 - 4 \stackrel{?}{=} 6 - 25$$
$$1 \neq -19$$

Für x = 4:
$$5 - 2 \cdot 4 \stackrel{?}{=} 3 \cdot 4 - 25$$
$$5 - 8 \stackrel{?}{=} 12 - 25$$
$$-3 \neq -13$$

Für x = 6:
$$5 - 2 \cdot 6 \stackrel{?}{=} 3 \cdot 6 - 25$$
$$5 - 12 \stackrel{?}{=} 18 - 25$$
$$-7 = -7 \quad ✓$$

Für x = 8:
$$5 - 2 \cdot 8 \stackrel{?}{=} 3 \cdot 8 - 25$$
$$5 - 16 \stackrel{?}{=} 24 - 25$$
$$-11 \neq -1$$

Somit gilt:

☐ x = 2 ☐ x = 4 ☒ x = 6 ☐ x = 8

d) Berechnung des fehlenden Wertes durch Kopfrechnen:
Die Durchschnittstemperatur $m = 20$ ist gegeben und die Temperatur vom Samstag ist gesucht.
Die Tabelle wird zunächst so neu sortiert, dass jeweils Werte, deren Durchschnitt 20 °C beträgt, zusammengefasst werden. Aus dem Wert, der übrig bleibt, und $m = 20$ wird dann der Wert für Samstag berechnet.

Tabelle neu sortiert:

Dienstag	Freitag	Sonntag	Montag	Mittwoch	Donnerstag	Samstag
20 °C	20 °C	20 °C	21 °C	19 °C	22 °C	x
Diese Werte entsprechen $m = 20$. Sie müssen bei der Berechnung von m **nicht** berücksichtigt werden.			$21 = m + 1$ $19 = m - 1$ Diese Werte gleichen sich aus. Ihr Durchschnitt ist $m = 20$.		$22 = m + 2$ $x = m - 2$ Ausgleich: $x = m - 2 = 20 - 2 = \mathbf{18}$	

oder

Berechnung mithilfe der Formel:
Der Durchschnitt m ist die Summe aller Werte dividiert durch deren Anzahl:

$$m = \frac{\text{Summe aller Werte}}{\text{Anzahl aller Werte}} = \frac{x_1 + x_2 + x_3 + \ldots + x_n}{n}$$

Gegeben: $m = 20; n = 7$
$x_1 = 21; x_2 = 20; x_3 = 19; x_4 = 22; x_5 = 20; x_6 = 20$

Gesucht: x_7

$$m = \frac{x_1 + x_2 + x_3 + \ldots + x_n}{n}$$

$$20 = \frac{21 + 20 + 19 + 22 + 20 + 20 + x_7}{7} \quad |\cdot 7$$

$$140 = 21 + 20 + 19 + 22 + 20 + 20 + x_7 \quad |\text{Zusammenfassen}$$

$$140 = 122 + x_7 \quad |-122$$

$$x_7 = 18$$

Ergänzte Tabelle:

Montag	Dienstag	Mittwoch	Donnerstag	Freitag	Samstag	Sonntag
21 °C	20 °C	19 °C	22 °C	20 °C	**18 °C**	20 °C

e) Die Formel zur Berechnung des Flächeninhalts eines Dreiecks lautet:

$$A = \frac{1}{2} \cdot \text{Länge der Grundseite} \cdot \text{Länge der zugehörigen Höhe}$$

$$A = \frac{1}{2} \cdot g \cdot h_g$$

Da die Seiten e und d einen rechten Winkel einschließen, kann man sie als Grundseite e mit der zugehörigen Höhe d betrachten.
Einsetzen der Werte in die Formel liefert die Gleichung zur Berechnung des Flächeninhalts:

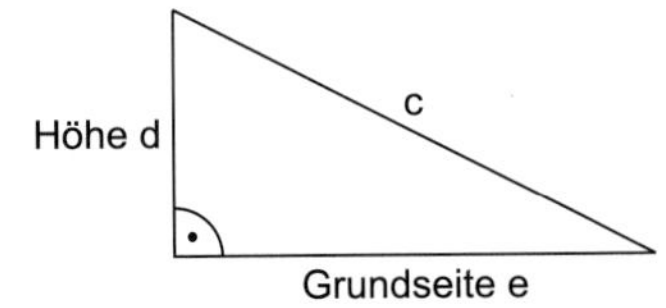

$$A = \frac{1}{2} \cdot e \cdot d \quad \textbf{oder} \quad A = \frac{e \cdot d}{2}$$

f) Lösung durch Kopfrechnen:
Jeder 5. Jugendliche ist einer von 5 Jugendlichen, d. h.:
$1 : 5 = 0{,}20 = 20\,\%$

oder Lösung über proportionale Zuordnung:

$$\frac{x}{1} = \frac{100}{5}$$

$$x = 20$$

oder Lösung mit dem Dreisatz:

:5 (5 Jugendliche ≙ 100 %) :5
1 Jugendlicher ≙ 20 %

Damit gilt:

☐ 5 %   ☒ 20 %   ☐ 25 %   ☐ 50 %

g) ☐ Dem rechten Winkel liegt eine Kathete gegenüber.
Falsch: Dem rechten Winkel liegt immer die Hypotenuse gegenüber.

☐ $c = a + b$
Falsch: Wenn die Summe aus 2 Seiten so lang ist wie die dritte Seite, kann kein Dreieck entstehen.

☒ Die Summe der Flächeninhalte der Kathetenquadrate ist gleich dem Flächeninhalt des Hypotenusenquadrates.
Richtig: Es wird der Satz des Pythagoras in Textform beschrieben, kurz: $a^2 + b^2 = c^2$.

h) Umrechnung der Wassermenge von 1,5 ℓ in mℓ:
1 ℓ = 1 000 mℓ, die Umrechnungszahl ist 1 000.
1,5 ℓ = (1,5 · 1 000) mℓ = 1 500 mℓ

Berechnung der Anzahl der Gläser:
Lösung über proportionale Zuordnung:

$$\frac{x}{1500} = \frac{1}{300} \quad | \cdot 1500$$
$$x = \frac{1500}{300}$$
$$x = 5$$

Es sind **5** volle Gläser Wasser.

oder

Lösung mit dem Dreisatz:

$$:300 \quad 300\ m\ell \mathrel{\hat{=}} 1 \text{ Glas Wasser} \quad :300$$
$$1\ m\ell \mathrel{\hat{=}} \frac{1}{300} \text{ Glas Wasser}$$
$$\cdot 1500 \quad 1500\ m\ell \mathrel{\hat{=}} 5 \text{ Gläser Wasser} \quad \cdot 1500$$

oder

Umrechnung der Glasgröße von 300 mℓ in ℓ:
1 ℓ = 1 000 mℓ, die Umrechnungszahl ist 1 000.
300 mℓ = (300 : 1 000) ℓ = 0,3 ℓ

Berechnung der Anzahl der Gläser:
Lösung über proportionale Zuordnung:

$$\frac{x}{1{,}5} = \frac{1}{0{,}3} \quad | \cdot 1{,}5$$
$$x = \frac{1{,}5}{0{,}3}$$
$$x = 5$$

Es sind **5** volle Gläser Wasser.

oder

Lösung mit dem Dreisatz:

$$:0{,}3 \quad 0{,}3\ \ell \mathrel{\hat{=}} 1 \text{ Glas Wasser} \quad :0{,}3$$
$$1\ \ell \mathrel{\hat{=}} \frac{1}{0{,}3} \text{ Glas Wasser}$$
$$\cdot 1{,}5 \quad 1{,}5\ \ell \mathrel{\hat{=}} 5 \text{ Gläser Wasser} \quad \cdot 1{,}5$$

i) Im gleichschenkligen Trapez sind die Seiten b und d gleich lang. Dadurch sind auch die Winkel α und β bzw. γ und δ gleich groß. Somit gibt es genau eine Symmetrieachse, die die Seiten a und c halbiert.

Es gilt:

☐	☒	☐	☐	☐	☐
0	1	2	3	4	5

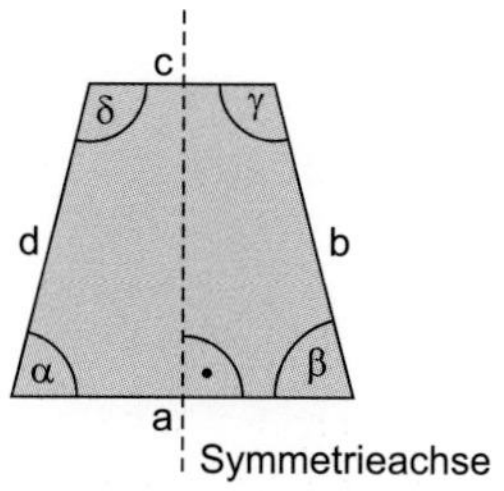

j) Eine Potenz mit negativem Exponenten kann auch als Bruch geschrieben werden: $a^{-n} = \frac{1}{a^n}$

Somit gilt:

$$2^{-5} = \frac{1}{2^5} = \frac{1}{32} = 0{,}03125 < 0{,}25$$

oder

$$\left.\begin{array}{l} 2^{-5} = \frac{1}{2^5} = \frac{1}{32} \\ 0{,}25 = \frac{25}{100} = \frac{1}{4} \end{array}\right\} \Rightarrow 2^{-5} = \frac{1}{32} < \frac{1}{4} = 0{,}25$$

Damit gilt:

2^{-5} [<] 0,25

Aufgabe 2

a) Auswahl des richtigen Netzes:

Vorüberlegung:

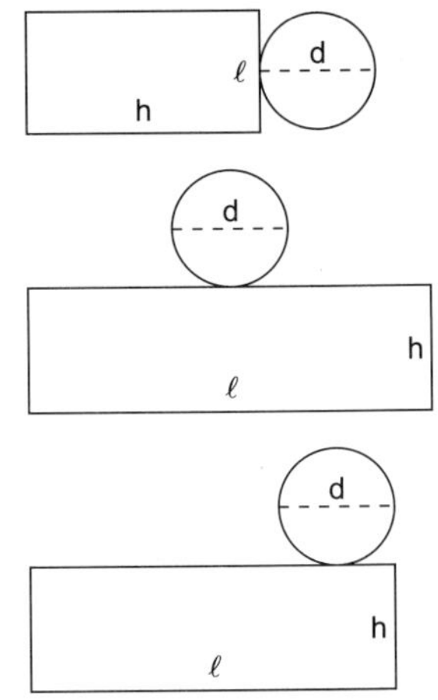

- Alle vorgegebenen Netze bestehen aus der kreisförmigen Grundfläche, verbunden mit dem rechteckigen Mantel des Zylinders. Die Seite ℓ der Mantelfläche muss genauso lang sein wie der Umfang der Grundfläche und ist bei allen drei Netzen unterschiedlich. Die andere Seite h der Mantelfläche entspricht der Höhe des Zylinders.
- Die oberste Skizze entfällt als mögliche Lösung, weil man aus diesem Netz keinen Zylinder formen kann. Der Umfang der Grundfläche ist viel größer als die Länge der anliegenden Seite ℓ der Mantelfläche.
- Es gilt herauszufinden, welche der beiden anderen Mantelflächen exakt um die Grundfläche passt, sodass keine Lücke im Mantel des Zylinders entsteht und kein Teil des Mantels überlappt wird. Dafür wird der Umfang der kreisförmigen Grundfläche bestimmt und jeweils mit den in den Skizzen gemessenen Seitenlängen ℓ verglichen.

  Berechnung des Umfangs des Kreises aus der Skizze:
  Gegeben: Durchmesser (gemessen): $d \approx 1{,}5$ cm $\Rightarrow$ $r = 0{,}75$ cm
  Gesucht: u
  $u = 2 \cdot \pi \cdot r$
  $u = 2 \cdot \pi \cdot 0{,}75$
  $u \approx 4{,}71$
  Vergleich der gemessenen Seitenlängen ℓ mit dem Umfang u:
  Mittlere Skizze: $\ell = 5{,}2 \text{ cm} > 4{,}71 \text{ cm}$ (Mantel zu lang)
  Unterste Skizze: $\ell = 4{,}7 \text{ cm} \approx 4{,}71 \text{ cm}$ (Mantel passt)
  Fazit: Nur bei der unteren Skizze stimmt die Seitenlänge des Mantels mit dem Umfang ungefähr überein.

Es gilt:

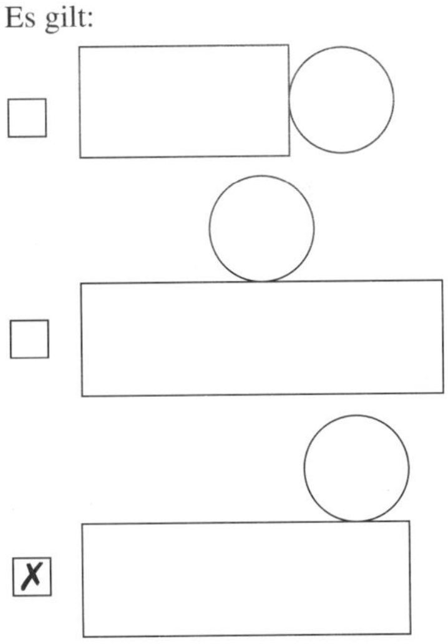

Bestimmung von Länge und Breite der Mantelfläche:
Skizze des Mantels eines Zylinders:

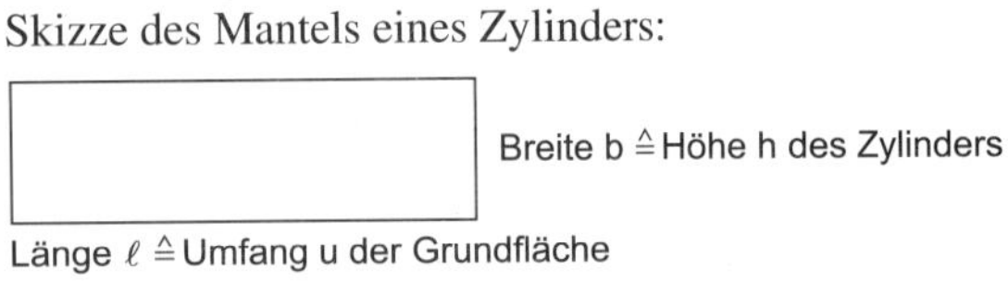

Gegeben: $h = 7$ cm; $r = 3{,}2$ cm

Länge der Mantelfläche (≙ Umfang u der Grundfläche):
$u = 2 \cdot \pi \cdot r$
$u = 2 \cdot \pi \cdot 3{,}2$
$u \approx 20{,}11$
Breite der Mantelfläche (≙ Höhe h des Zylinders):
$h = 7$ cm

Die Mantelfläche hat eine Länge von **20,11 cm** und eine Breite von **7 cm**.

b) Gegeben: $r = 3{,}2\,\text{cm}$; $h = 7\,\text{cm}$
Gesucht: V

Berechnung des Zylindervolumens in cm^3:
$V = \pi \cdot r^2 \cdot h$
$V = \pi \cdot 3{,}2^2 \cdot 7$
$V \approx 225{,}19$

Umrechnung in $m\ell$ ($1\,\text{cm}^3 = 1\,m\ell$):
$225{,}19\,\text{cm}^3 = 225{,}19\,m\ell$

Nachweis:
$225{,}19\,m\ell > 200\,m\ell$

Es passen 200 $m\ell$ Flüssigkeit in den Becher.

c) Berechnung der Länge des Stabes „im Becher“:
Der Durchmesser d, die Körperhöhe h und die Länge x des Stabes „im Becher“ bilden ein rechtwinkliges Dreieck mit den Katheten d und h sowie der Hypotenuse x.

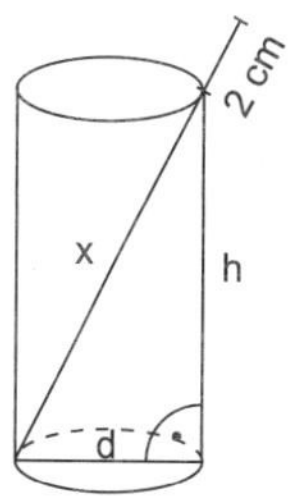

Durchmesser d des Bechers:
$r = 3{,}2\,\text{cm} \;\Rightarrow\; d = 2 \cdot r = 2 \cdot 3{,}2\,\text{cm} = 6{,}4\,\text{cm}$

Satz von Pythagoras:
$x^2 = d^2 + h^2$
$x^2 = 6{,}4^2 + 7^2$
$x^2 = 40{,}96 + 49$
$x^2 = 89{,}96 \quad |\sqrt{\ }$
$x = 9{,}484\ldots$
$x \approx 9{,}48$

Berechnung der Gesamtlänge des Stabes:
Die Länge des Stabes setzt sich aus der Länge x des Stabes „im Becher“ und den 2 cm außerhalb des Bechers zusammen.
$\text{Gesamtlänge} = x + 2 = 9{,}48 + 2 = 11{,}48$

Der Stab hat eine Länge von **11,48 cm**.

d) Gegeben: $V = 425\,m\ell = 425\,\text{cm}^3$
$h = 7\,\text{cm}$

Gesucht: r

Berechnung des Radius:
$V = \pi \cdot r^2 \cdot h$
$425 = \pi \cdot r^2 \cdot 7 \quad |:7$
$\frac{425}{7} = \pi \cdot r^2 \quad |:\pi$
$r^2 = \frac{425}{7\pi} \quad |\sqrt{\ }$
$r = 4{,}396\ldots$
$r \approx 4{,}40$

Der Becher hat einen Radius von **4,40 cm**.

Aufgabe 3

a) Zeichnen des Graphen f der linearen Funktion:

Zeichnen des Graphen mithilfe des y-Achsenabschnitts und des Steigungsdreiecks:

$y = -2x + 3$

Steigung $m = -2$

y-Achsenabschnitt $n = 3$ (Schnittstelle mit der y-Achse)

Vorgehensweise:

- Den y-Achsenabschnitt $n = 3$ auf der y-Achse markieren.
- Von diesem Punkt aus das Steigungsdreieck einzeichnen, was für $m = -2 = -\frac{2}{1}$ bedeutet: „1 LE nach rechts, 2 LE nach unten." Den Punkt markieren.
- Beide Punkte durch eine Gerade verbinden.

oder

Zeichnen des Graphen mithilfe von 2 Punkten:
Der Graph einer linearen Funktion ist eine Gerade. Um eine Gerade zeichnen zu können, braucht man keine vollständige Wertetabelle, es genügen 2 Punkte.

Vorgehensweise:

- Zwei Wertepaare durch Einsetzen der x-Werte in $y = -2x + 3$ bestimmen, z. B.:

  für $x_1 = 0$: $y_1 = -2 \cdot 0 + 3 = 3$

  für $x_2 = 2$: $y_2 = -2 \cdot 2 + 3 = -1$

  Wertepaare in einer Tabelle:

x	0	2
y	3	−1

- Die Punkte $P_1(0|3)$ und $P_2(2|-1)$ einzeichnen und durch eine Gerade verbinden.

Zeichnung:

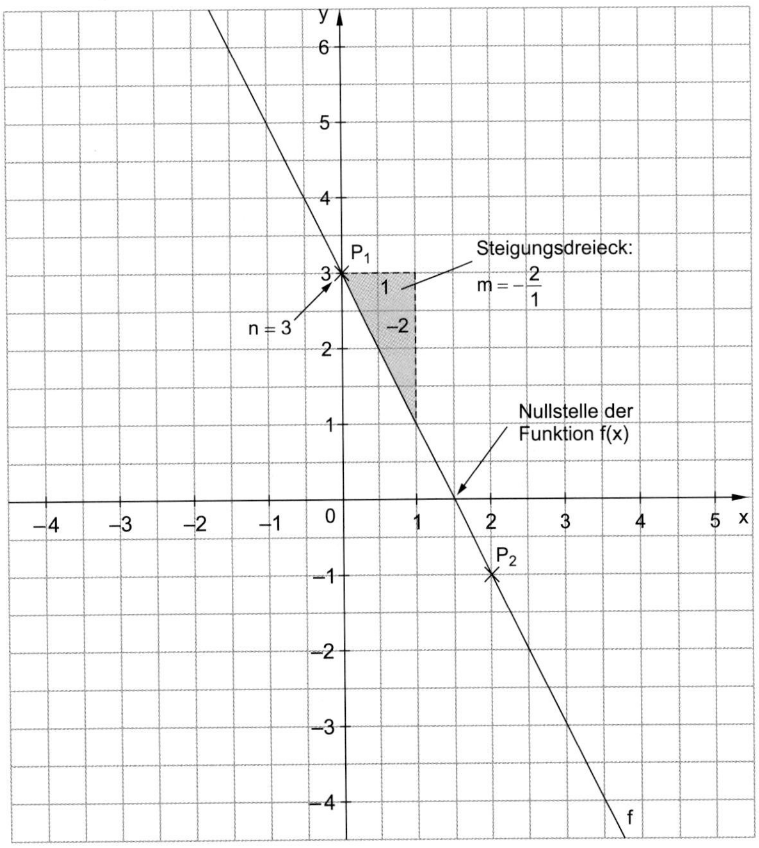

Bestimmung der Nullstelle:
An dem Punkt, an dem der Graph einer Funktion die x-Achse schneidet, wird die y-Koordinate gleich null. Die zugehörige x-Koordinate bezeichnet man als Nullstelle der Funktion.

Bestimmung durch Ablesen aus der Zeichnung:
$\mathbf{x_N = 1{,}5}$

oder

Bestimmung der Nullstelle durch Rechnung:
Einsetzen von $y = 0$ liefert:

$$0 = -2x + 3 \quad |+2x$$
$$2x = 3 \quad |:2$$
$$x = 1{,}5$$

Nullstelle: $\mathbf{x_N = 1{,}5}$

b) Die Funktionsgleichung der Parabel ist in der Scheitelpunktform angegeben, aus der die Koordinaten des Scheitelpunktes S direkt entnommen werden können.

Scheitelpunktform der verschobenen Normalparabel:
$y=(x+d)^2+e \Rightarrow S(-d \mid e)$

Funktionsgleichung von p:
$y=(x-2)^2-4 \Rightarrow \mathbf{S(2 \mid -4)}$

Hinweis:
Man kann diese Aufgabe auch zeichnerisch lösen. Die Parabel wird mithilfe einer Wertetabelle in ein Koordinatensystem eingezeichnet. Der Scheitelpunkt S ist der tiefste bzw. höchste Punkt der Parabel. Da dafür aber viele Werte berechnet werden müssen, ist dieser Lösungsweg deutlich fehleranfälliger.

c) Berechnung der Schnittpunkte der Geraden f mit der Parabel p:
Um die Schnittpunkte zu ermitteln, werden die Funktionsterme $f(x)=-2x+3$ und $p(x)=(x-2)^2-4$ gleichgesetzt.

Berechnung der x-Koordinaten mithilfe der p-q-Formel:

$f(x)=p(x)$
$-2x+3=(x-2)^2-4$ (Klammer auflösen, 2. binomische Formel)
$-2x+3=x^2-4x+4-4$
$-2x+3=x^2-4x \quad |+2x-3$ (Gleichung null setzen)
$0=x^2-2x-3$ (Normalform: $p=-2$; $q=-3$)

p-q-Formel:

$$x_{1/2}=-\frac{p}{2}\pm\sqrt{\left(\frac{p}{2}\right)^2-q}$$

Einsetzen in die p-q-Formel:

$$x_{1/2}=-\frac{-2}{2}\pm\sqrt{\left(\frac{-2}{2}\right)^2-(-3)}$$

$x_{1/2}=1\pm\sqrt{1+3}$

$x_{1/2}=1\pm\sqrt{4}$

$x_{1/2}=1\pm 2$

$x_1=1+2=3$ und $x_2=1-2=-1$

Berechnung der y-Koordinaten:
Zur Berechnung der y-Koordinaten werden $x_1=3$ und $x_2=-1$ in eine der beiden Funktionsgleichungen eingesetzt.

Einsetzen von $x_1=3$ in $f(x)=-2x+3$:
$f(3)=-2\cdot 3+3$
$f(3)=-6+3$
$f(3)=-3$

Einsetzen von $x_2=-1$ in $f(x)=-2x+3$:
$f(-1)=-2\cdot(-1)+3$
$f(-1)=2+3$
$f(-1)=5$

Die Gerade f schneidet die Parabel p in den Punkten $\mathbf{S_1(3 \mid -3)}$ und $\mathbf{S_2(-1 \mid 5)}$.

Hinweis:
Man kann diese Aufgabe ebenfalls zeichnerisch lösen. Die Graphen der Funktionen $f(x)=-2x+3$ und $p(x)=(x-2)^2-4$ werden dazu in ein Koordinatensystem eingezeichnet und die Koordinaten der Schnittpunkte abgelesen.

Aufgabe 4

a) Angeben von Minimum und Maximum:
Das Minimum ist der kleinste Wert einer Datenreihe und das Maximum ist der größte Wert einer Datenreihe.

Lösung mithilfe der Säulenhöhen aus dem Säulendiagramm:
Die niedrigste Säule steht für das Minimum und die höchste Säule für das Maximum der Anzahl an Jugendlichen, die mehrmals pro Woche Bücher lesen. Zur niedrigsten Säule (ganz rechts) gehört der Wert 400, daher ist das Minimum $\mathbf{x_{min} = 400}$. Zur höchsten Säule (in der Mitte) gehört der Wert 485, daher ist das Maximum $\mathbf{x_{max} = 485}$.

oder
Lösung durch Ablesen und Vergleichen der Werte aus dem Säulendiagramm:
Die Datenwerte werden aus dem Säulendiagramm entnommen und verglichen:
468 432 485 470 400

Der kleinste Wert ist das Minimum: $\mathbf{x_{min} = 400}$
Der größte Wert ist das Maximum: $\mathbf{x_{max} = 485}$

Bestimmung der durchschnittlichen Anzahl:
Der Durchschnittswert und das arithmetische Mittel einer Datenreihe sind verschiedene Bezeichnungen für dasselbe. Man berechnet den Durchschnittswert einer Datenreihe, indem man die Summe aller Werte durch die Anzahl aller Werte teilt:

$$m = \frac{\text{Summe aller Werte}}{\text{Anzahl aller Werte}} = \frac{x_1 + x_2 + x_3 + \ldots + x_n}{n}$$

Berechnung der durchschnittlichen Anzahl:

$$m = \frac{468 + 432 + 485 + 470 + 400}{5} = \frac{2\,255}{5} = 451$$

Die durchschnittliche Anzahl der befragten Jugendlichen, die mehrmals pro Woche ein Buch lesen, beträgt **451**.

b) Die Anzahl der Jugendlichen für 2020 und 2021 wird aus dem Diagramm abgelesen:
Anzahl im Jahr 2020: 470
Anzahl im Jahr 2021: 400

Berechnung des prozentualen Anteils:
Lösung über proportionale Zuordnung:

$$\frac{x}{400} = \frac{100}{470} \quad | \cdot 400$$
$$x = \frac{100 \cdot 400}{470}$$
$$x \approx 85{,}11$$

oder

Lösung mit dem Dreisatz:

$$:470 \quad 470 \text{ Jugendliche} \mathrel{\hat{=}} 100\,\% \quad :470$$
$$1 \text{ Jugendlicher} \mathrel{\hat{=}} \frac{100}{470}\,\%$$
$$\cdot 400 \quad 400 \text{ Jugendliche} \mathrel{\hat{=}} \frac{100 \cdot 400}{470}\,\% \quad \cdot 400$$
$$\approx 85{,}11\,\%$$

Berechnung der prozentualen Änderung:
$100\,\% - 85{,}11\,\% = \mathbf{14{,}89\,\%}$

oder
Differenz der Anzahlen der Jugendlichen von 2020 und 2021:
$470 - 400 = 70$

Berechnung des prozentualen Anteils:
Lösung über proportionale Zuordnung:

$$\frac{x}{70} = \frac{100}{470} \quad | \cdot 70$$
$$x = \frac{100 \cdot 70}{470}$$
$$x \approx 14{,}89$$

oder

Lösung mit dem Dreisatz:

$$:470 \quad 470 \text{ Jugendliche} \mathrel{\hat{=}} 100\,\% \quad :470$$
$$1 \text{ Jugendlicher} \mathrel{\hat{=}} \frac{100}{470}\,\%$$
$$\cdot 70 \quad 70 \text{ Jugendliche} \mathrel{\hat{=}} \frac{100 \cdot 70}{470}\,\% \quad \cdot 70$$
$$\approx 14{,}89\,\%$$

Die Anzahl der Jugendlichen, die mehrmals pro Woche ein Buch lesen, ist von 2020 bis 2021 um **14,89 %** gesunken.

c) Paolos Aussage stimmt **nicht**.

Mögliche Begründungen:

- Die Anzahl der Jugendlichen, die mehrmals pro Woche ein Buch lesen, nimmt über den betrachteten Zeitraum von 2018 bis 2021 zunächst zu und dann ab. Bezogen auf das Jahr 2018 steigt die Anzahl sogar zweimal an, in den Jahren 2019 und 2020. Damit ist die Aussage falsch, dass von Jahr zu Jahr immer weniger Jugendliche Bücher lesen.
- Für das Jahr 2018 sind es 432 Jugendliche, die mehrmals pro Woche ein Buch lesen. Die Hälfte von 432 ist 216. Würde sich, wie Paolo meint, die Anzahl von 2018 bis 2021 um mehr als die Hälfte reduzieren, wäre die Anzahl der Jugendlichen, die mehrmals pro Woche ein Buch lesen, im Jahr 2021 eine Zahl, die kleiner ist als 216. Das stimmt aber nicht, da im Jahr 2021 die Anzahl der lesenden Jugendlichen 400 ist.
- Vergleicht man im Diagramm die Säule für 2018 mit der Säule für 2021, so hat sich zwar die Höhe der Säule um mehr als die Hälfte reduziert, aber nicht die tatsächliche Anzahl der lesenden Jugendlichen. Das liegt daran, dass die senkrechte y-Achse bei 390 und nicht bei 0 beginnt. Es handelt sich um eine verfälschte Darstellung im Diagramm.

d) Beschriftung des Kreisdiagramms:
Da die Beschriftung für die Antwort „nie" schon vorgenommen wurde, bleiben drei unterschiedlich große Kreissektoren, denen die drei unterschiedlich großen Prozentsätze 39 %, 27 % und 18 % zugeordnet werden müssen. Auch ohne Winkelmessung erkennt man den größten, den mittleren und den kleinsten Kreissektor, denen die Antworten für den größten, den mittleren und den kleinsten Prozentsatz zugeordnet werden:
höchster Prozentsatz 39 % (mehrmals pro Woche) für den größten Kreissektor
mittlerer Prozentsatz 27 % (einmal im Monat) für den mittleren Kreissektor
kleinster Prozentsatz 18 % (einmal pro Woche) für den kleinsten Kreissektor

Es gilt:

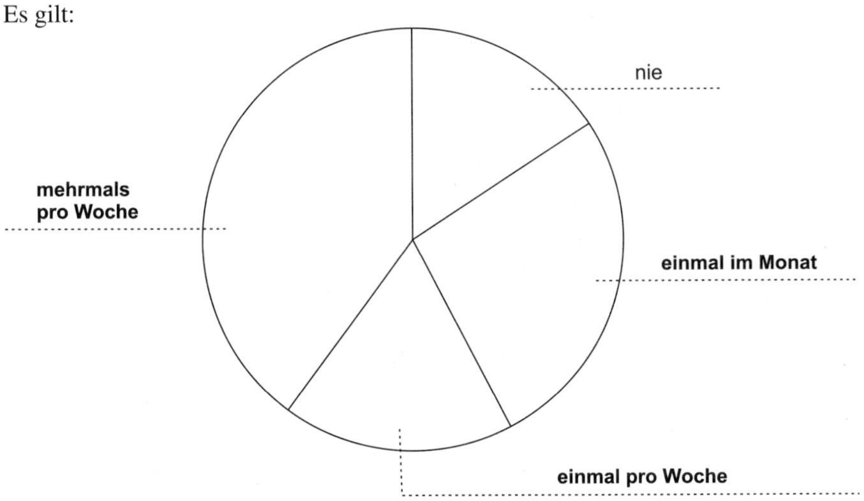

Berechnung der Winkelgröße für den Anteil „nie":
Der Tabelle kann man entnehmen, dass der prozentuale Anteil der Antwortmöglichkeit „nie" 16 % beträgt.

Berechnung der Winkelgröße für 16 % als Anteil am Vollkreis:
100 % entsprechen dem gesamten Kreis mit 360°.

Lösung über proportionale Zuordnung:

$$\frac{x}{16} = \frac{360}{100} \quad |\cdot 16$$

$$x = \frac{360 \cdot 16}{100}$$

$$x = 57{,}6$$

Die Winkelgröße für den Anteil „nie" beträgt **57,6°**.

oder

Lösung mit dem Dreisatz:

$$:100 \; (\; 100\,\% \mathrel{\hat{=}} 360° \;) :100$$

$$1\,\% \mathrel{\hat{=}} 3{,}6°$$

$$\cdot 16 \; (\; 16\,\% \mathrel{\hat{=}} 57{,}6° \;) \cdot 16$$

oder

Berechnung der Winkelgröße für 16 % mit dem Umrechnungsfaktor 3,6:
1 % im Kreisdiagramm entspricht einem Winkel von 3,6°, deshalb wird zur Ermittlung der Winkelgröße der Prozentsatz (16) mit 3,6 multipliziert:

$16 \cdot 3{,}6 = 57{,}6 \;\Rightarrow\; \alpha = \mathbf{57{,}6°}$

Aufgabe 5

a) Berechnung der Länge der Strecke $\overline{AD}$ im rechtwinkligen Dreieck ADC mithilfe des Satzes von Pythagoras:

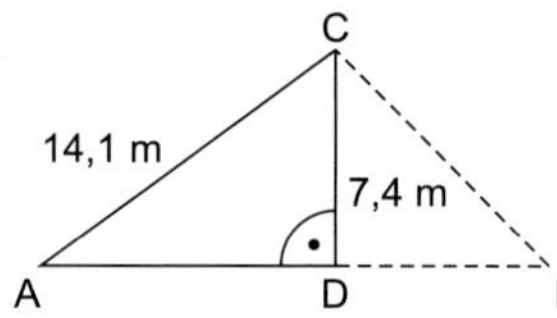

$$\overline{AD}^2 + \overline{DC}^2 = \overline{CA}^2$$
$$\overline{AD}^2 + 7{,}4^2 = 14{,}1^2$$
$$\overline{AD}^2 + 54{,}76 = 198{,}81 \qquad |-54{,}76$$
$$\overline{AD}^2 = 144{,}05 \qquad |\sqrt{\ }$$
$$\overline{AD} = 12{,}002\ldots$$
$$\overline{AD} \approx 12{,}0$$

Die Strecke $\overline{AD}$ hat eine Länge von etwa **12,0 m**.

b) Berechnung des Winkels α:
Mithilfe des Sinus im Dreieck ADC:

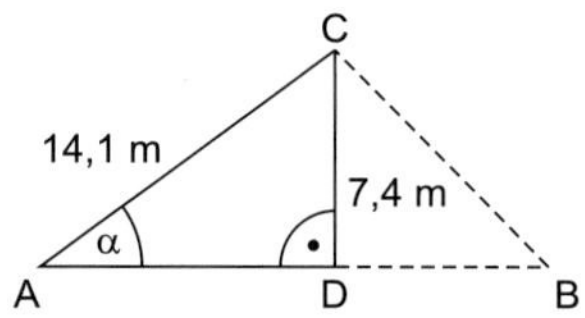

$$\sin\alpha = \frac{\text{Gegenkathete}}{\text{Hypotenuse}}$$
$$\sin\alpha = \frac{7{,}4}{14{,}1}$$
$$\sin\alpha = 0{,}524\ldots \qquad |\sin^{-1}$$
$$\alpha = 31{,}656\ldots°$$
$$\boldsymbol{\alpha \approx 31{,}66°}$$

oder

Mithilfe des Kosinus im Dreieck ADC:

$$\cos\alpha = \frac{\text{Ankathete}}{\text{Hypotenuse}}$$
$$\cos\alpha = \frac{12{,}0}{14{,}1}$$
$$\cos\alpha = 0{,}851\ldots \qquad |\cos^{-1}$$
$$\alpha = 31{,}672\ldots$$
$$\boldsymbol{\alpha \approx 31{,}67°}$$

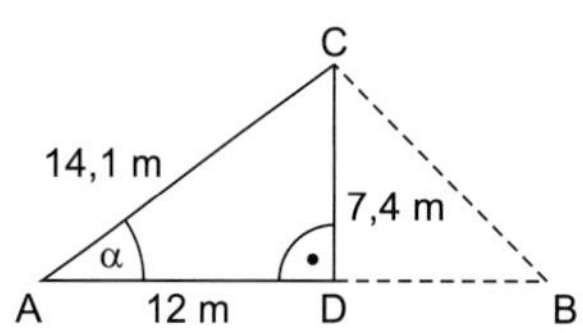

oder

Mithilfe des Tangens im Dreieck ADC:

$$\tan\alpha = \frac{\text{Gegenkathete}}{\text{Ankathete}}$$
$$\tan\alpha = \frac{7{,}4}{12{,}0}$$
$$\tan\alpha = 0{,}616\ldots \qquad |\tan^{-1}$$
$$\alpha = 31{,}660\ldots°$$
$$\boldsymbol{\alpha \approx 31{,}66°}$$

Hinweis: Da beim Kosinus mit einem gerundeten Wert gerechnet wird, kommt es zur Abweichung im Ergebnis.

c) Berechnung des Winkels γ_1 im rechtwinkligen Dreieck DBC über die Winkelsumme im Dreieck:
Die Winkelsumme im Dreieck beträgt 180°.

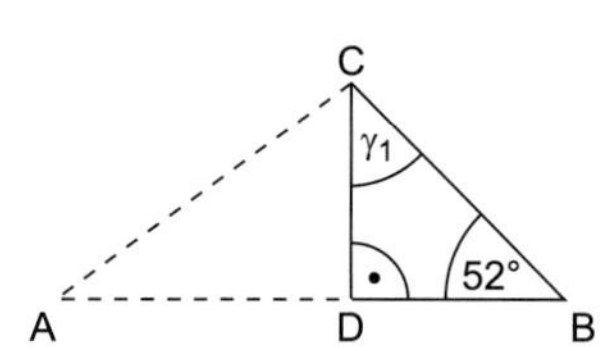

$$90° + 52° + \gamma_1 = 180°$$
$$142° + \gamma_1 = 180° \qquad |-142°$$
$$\boldsymbol{\gamma_1 = 38°}$$

d) Berechnung der Länge der Seite a:
Sinus im rechtwinkligen Dreieck DBC:

$$\sin 52° = \frac{\text{Gegenkathete}}{\text{Hypotenuse}}$$
$$\sin 52° = \frac{7{,}4}{a} \qquad |\cdot a$$
$$a \cdot \sin 52° = 7{,}4 \qquad |:\sin 52°$$
$$a = \frac{7{,}4}{\sin 52°}$$
$$a = 9{,}390\ldots$$
$$a \approx 9{,}39$$

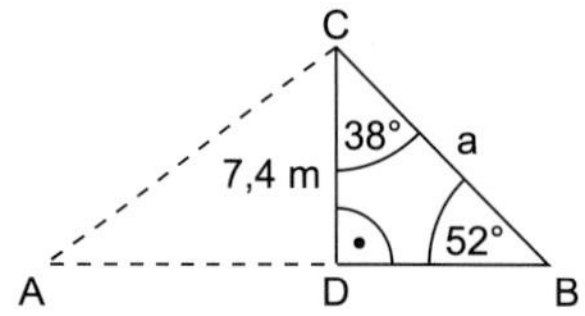

oder

Kosinus im rechtwinkligen Dreieck DBC:

$$\cos 38° = \frac{\text{Ankathete}}{\text{Hypotenuse}}$$
$$\cos 38° = \frac{7{,}4}{a} \qquad |\cdot a$$
$$a \cdot \cos 38° = 7{,}4 \qquad |:\cos 38°$$
$$a = \frac{7{,}4}{\cos 38°}$$
$$a = 9{,}390\ldots$$
$$a \approx 9{,}39$$

Die Seite a hat eine Länge von **9,39 m**.

oder

Sinussatz im allgemeinen Dreieck ABC:

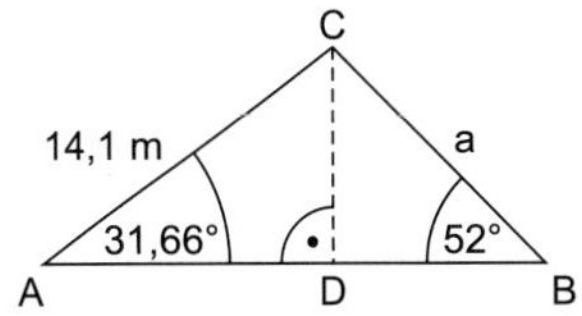

$$\frac{a}{\sin\alpha} = \frac{b}{\sin\beta} \quad \text{(Sinussatz)}$$

$$\frac{a}{\sin 31{,}66°} = \frac{14{,}1}{\sin 52°} \quad |\cdot \sin 31{,}66°$$

$$a = \frac{14{,}1 \cdot \sin 31{,}66°}{\sin 52°}$$

$$a = 9{,}391\ldots$$

$$a \approx 9{,}39$$

Die Seite a hat eine Länge von **9,39 m**.

e) Berechnung des Flächeninhalts des Dreiecks ABC:
Zunächst Berechnung von $\overline{DB}$ mithilfe des Tangens:

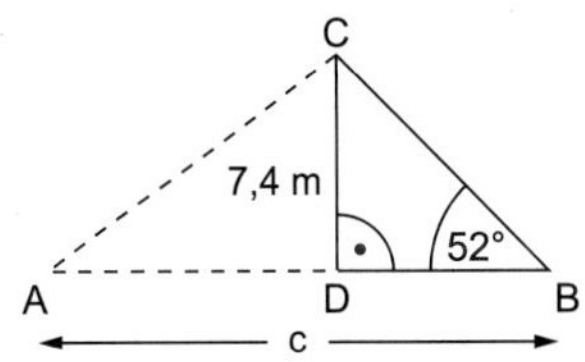

$$\tan 52° = \frac{\text{Gegenkathete}}{\text{Ankathete}}$$

$$\tan 52° = \frac{7{,}4}{\overline{DB}} \quad |\cdot \overline{DB}$$

$$\overline{DB} \cdot \tan 52° = 7{,}4 \quad |: \tan 52°$$

$$\overline{DB} = \frac{7{,}4}{\tan 52°}$$

$$\overline{DB} = 5{,}781\ldots$$

$$\overline{DB} \approx 5{,}78$$

Länge der Seite c:

$$c = \overline{AB} = \overline{AD} + \overline{DB}$$

$$c = 12{,}0 + 5{,}78$$

$$c = 17{,}78$$

Flächeninhalt des Dreiecks ABC:

$$A = \frac{1}{2} \cdot c \cdot h_c$$

$$A = \frac{1}{2} \cdot 17{,}78 \cdot 7{,}4$$

$$A = 65{,}786$$

Der Flächeninhalt beträgt **65,79 m²**.

oder

Zerlegung des Dreiecks ABC in zwei Dreiecke:
Die Höhe h_c teilt das Dreieck ABC in die beiden rechtwinkligen Teildreiecke $A_1 = ADC$ und $A_2 = DBC$. Zur Berechnung der Flächeninhalte werden jeweils die Seiten, die den rechten Winkel bilden, als Grundseite mit der zugehörigen Höhe in die Formel $A = \frac{1}{2} \cdot g \cdot h_g$ eingesetzt.

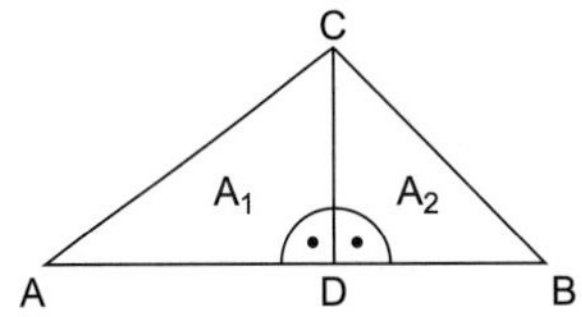

Berechnung von A_1:

$$A_1 = \frac{1}{2} \cdot \overline{AD} \cdot \overline{DC} = \frac{1}{2} \cdot 12{,}0 \cdot 7{,}4 = 44{,}4$$

Berechnung von A_2:

$$A_2 = \frac{1}{2} \cdot \overline{DB} \cdot \overline{DC} = \frac{1}{2} \cdot 5{,}78 \cdot 7{,}4 = 21{,}386 \approx 21{,}39$$

Flächeninhalt A des Dreiecks ABC:

$$A = A_1 + A_2 = 44{,}4\ m^2 + 21{,}39\ m^2 = \mathbf{65{,}79\ m^2}$$

oder

Lösung mithilfe der Formel für allgemeine Dreiecke (siehe Formelübersicht):
Zunächst Berechnung des Winkels γ:
Winkelsumme im Dreieck:

$$\alpha+\beta+\gamma=180^\circ$$
$$31{,}66^\circ+52^\circ+\gamma=180^\circ$$
$$83{,}66^\circ+\gamma=180^\circ \quad |-83{,}66^\circ$$
$$\gamma=96{,}34^\circ$$

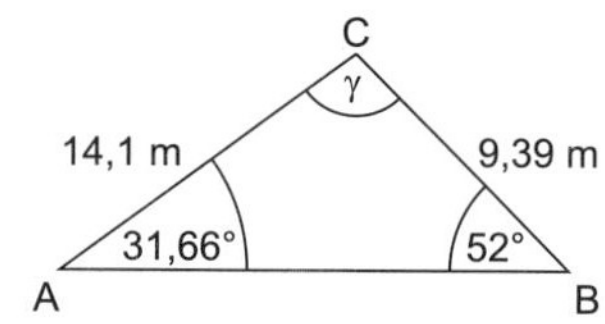

Berechnung des Flächeninhalts:

$$A=\frac{1}{2}\cdot a\cdot b\cdot \sin\gamma$$
$$A=\frac{1}{2}\cdot 9{,}39\cdot 14{,}1\cdot \sin 96{,}34^\circ$$
$$A=65{,}794\ldots$$
$$A\approx 65{,}79$$

Der Flächeninhalt beträgt **65,79 m²**.

Aufgabe 6

a) Berechnung des Sparguthabens von Maxi nach 1 Jahr:

Gegeben:	Anfangsguthaben:	1 472 €
	monatlicher Sparbetrag:	22 €
	Anzahl der Monate:	12
Gesucht:	Guthaben G nach 12 Monaten	

Guthaben nach 12 Monaten:
G = Anfangsguthaben + monatlicher Sparbetrag mal 12

$$G=1\,472+22\cdot 12$$
$$G=1\,472+264$$
$$G=1\,736$$

Maxi hat nach einem Jahr 1 736 € in der Spardose.

b) Aufstellen der Gleichung für Paulas Gesamtguthaben y nach x Monaten:

Gegeben:	Anfangsguthaben:	990 €
	monatlicher Sparbetrag:	55 €
Gesucht:	Gesamtguthaben y in Abhängigkeit von der Anzahl x der Monate	

Gleichung:
Gesamtguthaben = Anfangsguthaben + monatlicher Sparbetrag · Anzahl der Monate

$$y \quad = \quad 990 \quad + \quad 55 \quad \cdot \quad x$$
$$\mathbf{y=990+55\cdot x}$$

oder

In Form einer Gleichung einer linearen Funktion:
$\mathbf{y=55\cdot x+990}$

Berechnung der Anzahl der Monate:
Lösung mithilfe der Gleichung:
Einsetzen von $y=2\,000$ in $y=990+55\cdot x$:

$$2\,000=990+55\cdot x \quad |-990$$
$$1\,010=55\cdot x \quad |:55$$
$$x=18{,}363\ldots$$
$$x\approx 18{,}36$$

Paula muss mindestens **19 Monate** sparen.

Hinweis:
Hier muss aufgerundet werden, weil nach 18 Monaten die 2 000 € noch nicht erreicht sind.

oder
Lösung durch Rückwärtsrechnen:
Höhe des Guthabens G_m, das Paula noch sparen muss:
G_m = Endguthaben – Anfangsguthaben
$G_m = 2\,000 - 990$
$G_m = 1\,010$

Paula muss also insgesamt 1 010 € mit ihren monatlichen Beträgen zusammensparen.

Anzahl der Monate, die Paula für 1 010 € sparen muss:
Paula spart in 1 Monat 55 €. Nach x Monaten hat sie 1 010 € gespart.

Lösung über proportionale Zuordnung:

$$\frac{x}{1\,010} = \frac{1}{55} \quad |\cdot 1\,010$$
$$x = \frac{1010}{55}$$
$$x \approx 18{,}36$$

oder

Lösung mit dem Dreisatz:

$$:55 \left(\quad 55\text{ €} \mathrel{\hat{=}} 1\text{ Monat} \quad \right) :55$$
$$1\text{ €} \mathrel{\hat{=}} \frac{1}{55}\text{ Monat}$$
$$\cdot 1\,010 \left(\quad \right) \cdot 1\,010$$
$$1\,010\text{ €} \mathrel{\hat{=}} \frac{1\,010}{55}\text{ Monate}$$
$$\approx 18{,}36\text{ Monate}$$

Paula muss mindestens **19 Monate** sparen.

Aufgabe 7

a) Die Gleichungen I und II bilden ein lineares Gleichungssystem mit den Variablen x und y.

Gleichung I: $x + y = 63$ €
Sachverhalt I: 1 Apfelbaum und 1 Pflaumenbaum kosten zusammen 63 €.

Gleichung II: $9x + 3y = 352{,}20$ €
Sachverhalt II: Für 9 Apfelbäume und 3 Pflaumenbäume zahlt sie 352,20 €.

Somit haben x und y folgende Bedeutungen:
x: Preis für einen Apfelbaum
y: Preis für einen Pflaumenbaum

b) Lösen des Gleichungssystems:
Lineare Gleichungssysteme werden über das Additions-, das Einsetzungs- oder das Gleichsetzungsverfahren gelöst. Hier bieten sich das Additions- oder das Einsetzungsverfahren an. Vor der Anwendung des Gleichsetzungsverfahrens müssten beide Gleichungen durch mehrere Umformungsschritte nach einer Variablen umgestellt werden.

1. Schritt: Lösen
Additionsverfahren:

$$\begin{array}{ll} \text{I} & x + y = 63 \quad |\cdot(-3) \\ \text{II} & 9x + 3y = 352{,}20 \end{array}$$

Eine Gleichung (oder wenn nötig beide Gleichungen) so mit bestimmten Zahlen multiplizieren, dass beim Addieren der beiden Gleichungen eine Variable (hier: y) wegfällt.

$$\left.\begin{array}{ll} \text{I} & -3x - 3y = -189 \\ \text{II} & 9x + 3y = 352{,}20 \end{array}\right\} +$$

Die Gleichungen addieren.

$$\begin{array}{ll} \text{I+II} & 6x = 163{,}20 \quad |:6 \\ & x = 27{,}20 \end{array}$$

Entstandene Gleichung lösen.

$x = 27{,}20$ einsetzen in I:

$$27{,}20 + y = 63 \quad |-27{,}20$$
$$y = 35{,}80$$

Die Lösung für die erste Variable in eine der beiden Ausgangsgleichungen einsetzen (hier: I) und die andere Variable berechnen.

oder
Einsetzungsverfahren:

$$\begin{array}{ll} \text{I} & x + y = 63 \quad |-y \\ \text{II} & 9x + 3y = 352{,}20 \end{array}$$

Eine der beiden Gleichungen (hier: I) nach einer Variablen umstellen (hier: x).

$$\begin{array}{ll} \text{I} & x = 63 - y \\ \text{II} & 9x + 3y = 352{,}20 \end{array}$$

I in II einsetzen:

$$9 \cdot (63 - y) + 3y = 352{,}20$$

$$567 - 9y + 3y = 352{,}20 \quad |-567$$

$$-6y = -214{,}80 \quad |:(-6)$$

$$y = 35{,}80$$

Einsetzen des Terms für die Variable (hier: x) in die andere Gleichung (hier: II).

Entstandene Gleichung lösen.

y = 35,80 einsetzen in I:

$$x + 35{,}80 = 63 \quad |-35{,}80$$

$$x = 27{,}20$$

Die Lösung für die erste Variable in eine der beiden Ausgangsgleichungen einsetzen (hier: I) und die andere Variable berechnen.

2. Schritt: Probe am Text

Sachverhalt I:

1 Apfelbaum und 1 Pflaumenbaum kosten zusammen 63 €.

$$1 \cdot 27{,}20\ € + 1 \cdot 35{,}80\ € \stackrel{?}{=} 63\ €$$

$$27{,}20\ € + 35{,}80\ € \stackrel{?}{=} 63\ €$$

$$63\ € = 63\ €$$

Sachverhalt II:

Für 9 Apfelbäume und 3 Pflaumenbäume zahlt sie 352,20 €.

$$9 \cdot 27{,}20\ € + 3 \cdot 35{,}80\ € \stackrel{?}{=} 352{,}20\ €$$

$$244{,}80\ € + 107{,}40\ € \stackrel{?}{=} 352{,}20\ €$$

$$352{,}20\ € = 352{,}20\ €$$

3. Schritt: Antwort

Ein Apfelbaum kostet 27,20 € und ein Pflaumenbaum kostet 35,80 €.

Mittlerer Schulabschluss und erweiterte Berufsbildungsreife 2023

Um dir die Lösungen zur Prüfung 2023 schnellstmöglich zur Verfügung stellen zu können, bringen wir sie in digitaler Form heraus.

Sobald die Original-Prüfungsaufgaben 2023 freigegeben sind, können die dazugehörigen Lösungen als PDF auf der Plattform **MyStark** heruntergeladen werden (Zugangscode vgl. Umschlaginnenseite).

Aktuelle Prüfung

www.stark-verlag.de/mystark